天津市
空气质量预测预警系统技术研究及示范应用

TIANJINSHI
KONGQI ZHILIANG YUCE YUJING XITONG
JISHU YANJIU JI SHIFAN YINGYONG

AIR QUALITY

陈 魁 孙 韧 关玉春 邓小文 等/编著

中国环境出版集团·北京

图书在版编目（CIP）数据

天津市空气质量预测预警系统技术研究及示范应用 / 陈魁等编著 .—北京：中国环境出版集团，2018.4
ISBN 978-7-5111-3572-8

Ⅰ . ①天… Ⅱ . ①陈… Ⅲ . ①环境空气质量－预测－研究－天津 ②环境空气质量－预警系统－研究－天津Ⅳ . ① X831

中国版本图书馆 CIP 数据核字（2018）第 054802 号

出 版 人 武德凯
责任编辑 宋慧敏
责任校对 任 丽
封面设计 彭 杉

出版发行 中国环境出版集团（100062 北京市东城区广渠门内大街16号）
网 址：http://www.cesp.com.cn
电子邮箱：bjgl@cesp.com.cn
联系电话：010-67112765（编辑管理部）
010-67112738（环境科学分社）
发行热线：010-67125803 010-67113405（传真）
印 刷 北京中科印刷有限公司
经 销 各地新华书店
版 次 2018年4月第1版
印 次 2018年4月第1次印刷
开 本 787×960 1/16
印 张 14.5
字 数 274千字
定 价 45.00元

《天津市空气质量预测预警系统技术研究及示范应用》编委会

主　编：陈　魁　孙　韧　关玉春　邓小文

副主编：肖致美　徐　虹　张裕芬　韩素芹

编　委：李　鹏　高璟赟　杨　宁　毕温凯
吴建会　蔡子颖　梁丹妮　唐　邈
郑乃源

前 言

2012 年以来，我国多地尤其是京津冀区域空气重污染天气频发，引发公众对空气质量的空前关注。为科学准确地反映和评估环境空气质量状况，2012 年 2 月 29 日，环境保护部正式发布新修订的《环境空气质量标准》（GB 3095—2012），增加了臭氧（O_3）和细颗粒物（$PM_{2.5}$）两项污染物控制标准，加严了可吸入颗粒物（PM_{10}）、二氧化氮（NO_2）等污染物的限值要求；环境空气评价也由 API（空气污染指数）评价转向 AQI（空气质量指数）评价，评价项目由原来的 3 项（PM_{10}、SO_2、NO_2）转变为 6 项（PM_{10}、$PM_{2.5}$、SO_2、NO_2、O_3、CO），环境空气质量预测也由 API 时代转向 AQI 时代。

面对新的环境形势，传统的以 API 预测为基础的空气质量预测模型无法预测 $PM_{2.5}$ 及 O_3，无法适应新的《环境空气质量标准》及环境管理需求，开发适应于新《环境空气质量标准》和管理需求的空气质量预测预报模式已势在必行。同时，2013 年 9 月 10 日，国务院出台《大气污染防治行动计划》，明确要求各地建立监测预警应急体系，妥善应对重污染天气。2013 年 9 月 28 日，天津市政府印发《天津市清新空气行动方案》，要求建立重污染天气监测预警体系，加强重污染天气预警研究，制定监测预警方案，完善监测预警系统，不断提高预测预报的准确性。

基于以上背景，为适应新的环境形势，响应《大气污染防治行动计划》和《天津市清新空气行动方案》要求，本书编著者根据天津市污染和气象长期观测资料，系统研究了天津市重污染天气特征，建立了重污染案例库和重污染天气概念模型；开展不同季节大气污染物浓度、二次粒子反应强度及气象条件研究，确定影响二次颗粒物生成潜势的主要因素，估算不同季节、不同天气状况下二次颗粒物气态前体物的转化程度；开展天津市数值模型优化及本地化研究，构建基于 NAQPMS 模型、CMAQ 模型、CAMx 模型和 WRF-Chem 模型的多模式数值预报系统，形成了完善的天津市重污染天气预报预警体系，研究实现了天津市未来 5 ～ 7 天的空气质量预测，重污染天气过程预报准确率达 90% 以上，并通过 GIS 平台、手机 APP 等多种发布渠道发布预报信息。

本书研究由天津市科技计划项目（14ZCDGSF00027）资助，天津市环境监测中心、南开大学、天津市气象科学研究所合作完成。陈魁、孙韧、关玉春、邓小文负责全书的总体构思和结构设计，肖致美、徐虹、李鹏、高璟赟、杨宁、毕温凯、唐邈、郑乃源负责第 1 章、第 2 章、第 3 章、第 6 章、第 7 章、第 8 章编写，张裕芬、吴建会、梁丹妮负责第 5 章编写，韩素芹、蔡子颖负责第 4 章编写。由于作者水平有限，书中的缺点、错误在所难免，诚恳希望各界读者朋友提出宝贵意见。

编著者

2017 年 12 月

目 录

第 1 章 绪论……1

1.1 国内外研究现状……1

1.1.1 空气质量预报方法……1

1.1.2 空气质量业务预报系统……3

1.1.3 数值模式预报……4

1.2 研究背景与意义……6

1.3 主要内容……7

1.3.1 天津市重污染天气特征研究……7

1.3.2 天津市二次颗粒物生成潜势研究……8

1.3.3 多模式数值预报模型研究……8

1.3.4 重污染天气预警体系研究……8

1.4 研究目标……8

1.5 技术路线……9

第 2 章 天津市概况……10

2.1 地理环境……11

2.1.1 地理位置……11

2.1.2 地质条件……12

2.1.3 地貌特征……12

2.2 气候特征……13

2.3 经济发展情况 13
2.4 社会发展情况 14

第 3 章 天津市空气质量演变及影响因素 15

3.1 能源消耗情况 15
3.1.1 煤炭消耗量变化趋势 15
3.1.2 燃料油和燃气消耗量变化趋势 16
3.2 污染源排放情况 17
3.2.1 固定源 17
3.2.2 流动源 18
3.3 环境空气质量演变趋势 19
3.3.1 环境空气质量现状 19
3.3.2 环境空气质量变化趋势 21
3.3.3 小结 27

第 4 章 天津市重污染天气特征研究 29

4.1 重污染天气形势特征 29
4.1.1 重污染天气 500 hPa 天气形势 29
4.1.2 重污染天气 850 hPa 天气形势 29
4.1.3 重污染天气过程的地面天气形势 30
4.1.4 重污染天气概念模型 30
4.2 重污染期间气象要素特征 38
4.2.1 环流形势和气象要素对污染物质量浓度的影响 38
4.2.2 边界层特征量对污染物质量浓度的影响 40
4.3 重污染过程污染物分布特征 43
4.3.1 低压槽型重污染过程分析 44
4.3.2 均压场型重污染过程分析 47
4.3.3 高压后型重污染过程分析 50

4.4 典型重污染过程 54
4.4.1 重污染过程描述 55
4.4.2 天气形势背景 55
4.4.3 气象要素及边界层高度变化 56
4.4.4 湍流特征 57
4.4.5 雾对霾消散的影响 60
4.4.6 结论 62
4.5 总结 63
第 5 章 天津市二次颗粒物生成潜势研究 66
5.1 二次颗粒物生成潜势季节特征 66
5.1.1 各季节二次颗粒物的污染特征和生成潜势 66
5.1.2 不同季节的污染情况及二次颗粒物生成潜势对比 94
5.1.3 与国内外研究结果的比较 97
5.1.4 天津市不同季节二次颗粒物估算 99
5.2 污染天与非污染天二次颗粒物生成潜势研究 99
5.2.1 总体天气污染状况 100
5.2.2 前体物质量浓度特征 102
5.2.3 二次离子质量浓度特征 105
5.2.4 SOR、NOR 变化 106
5.2.5 小结 112
5.3 两个重污染过程研究 113
5.3.1 气象条件状况 114
5.3.2 前体物质量浓度特征 115
5.3.3 二次离子质量浓度特征 116
5.3.4 SOR、NOR 变化 118
5.4 总结 119

第 6 章 多模式数值预报模型研究 120

6.1 多模式数值预报原理 120

6.1.1 NAQPMS 模型 120

6.1.2 CMAQ 模型 121

6.1.3 CMAx 模型 122

6.1.4 WRF-Chem 模型 123

6.2 空气质量数值预报模型建立及本地化 123

6.2.1 气象场模拟及其设置 123

6.2.2 排放源清单及处理过程 126

6.2.3 污染资料实时同化 127

6.2.4 空气质量模型区域及参数化设置 128

6.2.5 空气质量多模式集成 130

6.2.6 空气质量模型本地化 131

6.3 预报结果评估 132

6.3.1 评估方法 132

6.3.2 调优方法 134

6.3.3 评估结果 135

6.4 天津市空气质量预报预警系统 146

6.4.1 预报分析 147

6.4.2 重污染预警管理 156

6.4.3 预报评估 158

6.5 多模式数值预报模型存在的问题 160

6.6 总结 161

第 7 章 重污染天气预警体系研究 162

7.1 重污染天气预警工作体系研究 162

7.1.1 重污染天气分级体系 162

7.1.2 重污染预警工作流程 172

7.1.3 区域联合会商情况 173

7.2 重污染天气预警发布体系研究 173

7.2.1 天津市空气质量发布平台概述 174

7.2.2 天津市环境空气质量 GIS 发布平台 174

7.2.3 手机客户端发布平台 176

7.2.4 微博发布平台 179

7.2.5 微信发布平台 181

7.2.6 报刊发布平台 182

第 8 章 预测预警技术示范应用 183

8.1 APEC 会议期间保障效果评估 183

8.1.1 活动期间空气质量分析 183

8.1.2 预测预报结果评估 188

8.1.3 减排措施效果评估 190

8.2 纪念抗战胜利 70 周年大会期间保障效果评估 193

8.2.1 活动保障期间空气质量分析 193

8.2.2 预测预报结果评估 199

8.2.3 减排措施效果评估 203

8.3 典型重污染过程效果评估 209

8.3.1 重污染天气过程分析 209

8.3.2 预测预报结果评估 210

8.3.3 减排措施效果评估 211

参考文献 215

第 1 章　绪论

2012 年以来，京津冀区域空气重污染天气频发，引发公众对空气质量的空前关注，空气质量预报预警也受到公众的高度关注，及时准确的空气质量预报是重污染天气预警的前提和基础，直接关系到预警预案的实施及其所带来的社会影响。只有准确监测污染数据、及时发布空气质量信息，深入分析污染来源、成因，才能为采取各项环境空气质量改善措施提供科学依据。$PM_{2.5}$ 是《环境空气质量标准》（GB 3095—2012）实施后天津市重污染天气的首要污染指标，但由于观测数据积累较少，除一次排放外的二次颗粒物生成机制及影响因素尚不明确，与气象条件的耦合关系仍需探讨，加之预报手段和经验有限，为重污染天气准确预报和及时预警带来一定困难，因此亟须探究天津市二次颗粒物与前体污染物的关系及其生成机制和影响因素，明确气象条件、污染源排放以及大气气溶胶的物理化学反应对天津市空气质量的影响，选择先进的适用于天津市本地的空气质量预报预警模式，建立天津市重污染天气预报预警系统平台，为天津市重污染天气预警和应急响应，以及大气污染防治和空气质量改善提供有力的技术支撑。

1.1　国内外研究现状

1.1.1　空气质量预报方法

城市大气环境可视为一个具有复杂转换机理的大系统，并包含多个变量，因素之间关系错综复杂，具有多维性、系统信息不完善等特点。其中，大气污染物浓度受到污染源、气象场、复杂下垫面、多重理化过程等复杂因素的影响，体现出非常强的非线性特征。

国际上预报研究开始于 20 世纪 60 年代，开展国家主要有美国、英国、日本、荷兰等，主要是基于气象因子，采用潜势预报方法进行定性分析；80 年代以后，随着区域大气环境自动监测联网的形成，国际上对空气质量预报的研究开始逐渐趋向于定量分析。目前，空气质量预测领域中常用的预报方法有统计预报和数值预报，其中，美国、日本、荷兰、加拿大等发达国家主要致力于发展数值预报。

我国对空气质量预测的研究起步较晚，在 20 世纪 80 年代，北京首次进行了空气污染物浓度的潜势预报，紧接着是沈阳和上海等城市环保部门逐步将空气质量预报工作发展到日常业务中。随着近几年社会对空气质量关注度的飞速提高，尤其是 2012 年以后，空气质量相关工作被提上重要日程，大部分城市紧急开展空气质量监测、预报等研究工作。下面将对常用预报方法进行详细介绍。

统计预报是以统计学方法为基础的一种预报方法。它不依赖空气污染物物理化学过程的机理，主要分为两种：一种是以单一空气质量监测数据为研究对象，建立基于时间序列的空气质量预报模型；另一种是通过空气质量与气象因子之间的统计分析，研究污染物浓度的迁移变化规律，建立大气污染浓度与气象因子间的统计预报模型，从而预测空气质量。Singh 等（2012）利用偏最小二乘法和多元多项式回归法建立了颗粒物、SO_2、NO_2 等污染物统计预报模型，预报结果的均方根误差分布在 3.2 ～ 17.77 $\mu g/m^3$ 范围内。涂丽娟等（2008）将西安市空气污染物监测数据与相同时期的气象资料进行统计分析，利用主成分分析法简化变量，最后采用多元线性回归方法建立了预测回归方程，模型预报准确率达到了 66.11%。曲丹等（2007）基于线性多元回归模型，对长春市空气质量预报工作进行了研究，分季节建立了空气污染物浓度预报模型，预报结果误差在 30% 左右。孙峰（2004）对北京市空气质量状况进行了线性回归模型研究，采用的模型主要包括线性回归、分类判别、以上两种方法的集合模型以及动态统计预报模型、多点预报模型等，综合对比了模型性能，结果表明动态统计预报模型预报效果良好，长期高污染状态下预报误差较小。由于统计模型构建简单，使用方便，不需要输入污染源排放清单，目前在国际上应用较广泛且行之有效。

数值预报是一种基于物理化学过程的确定性的预报方法。将空气污染物的输送、扩散、迁移、转化过程使用复杂的偏微分方程来解析，并利用数值模拟方法求解，通过展示模式得到空气污染物浓度的空间分布及变化趋势。它是目前各国业务预报系统采用的主要方法。空气质量数值预报作为一种三维中尺度研究问题，它的基础实现工具就是模式系统，20 世纪 90 年代末美国研制出 Models-3/CMAQ(Community Multi-scale Air Quality) 模型，在亚洲国家也得到广泛应用。此外，也有其他中尺度数据值模型，如 MC2-CALGRID、EURAD 等其他模型。近年来，我国也在数值模式上做了不少研究。中国科学院大气物理研究所开发的城市大气污染数值预测系统、嵌套网格空气质量数值预测模式系统（NAQPMS）和中国气象科学研究院研发的城市空气质量数值预测系统（CAPPS）等。陈训来等（2007）采用 Models-3 (MM5/SMOKE/CMAQ) 研究了珠江三角洲城市群一次灰霾天气的演变过程，分析了 PM_{10} 等污染物的浓度变化。传统静态统计学预报方法难以建立准确度较高的数学模型来描述理化过程，且难以反映当地污染源变化。而数值预报方法在描述理化过程方面虽有较完善的理论基础，但该方法需建立较高分辨率的排放源清单，而当前要建立高准确度排放源清单具有较大难度，因此排放源清单的准确性将影响数值预报的精度，且数值预报方法难度大、计算量大，将制约数值预报方法的实用性。目前研究多将人工智能和数据驱动方法引入空气质量预报研究领域，智能化的数据挖掘方法具有较强的非线性处理能力，突破了传统线性统计预报的局限性。Perez 和 Reyes（2002）以当日 6 点之前及预测的气象参量作为输入参数，建立了可预测未来 30 h 内 PM_{10} 日平均浓度的人工神经网络模型，该技术还被广泛应用于预测大气中 PM_{10}、O_3、CO、NO 和 NO_2 等浓度。Wu 等（2011）将人工神经网络应用于可吸入颗粒物的空气污染指数的预测，取得了较好的应用效果。Singh 等（2012）采用线性 (PLSR)、非线性模型 (MPR) 和人工神经网络模型 (MLPN、RBFN、GRNN) 对 RSPM、NO_2、SO_2 日均浓度进行预测，并对三类模型的预报结果进行对比，结果表明线性模型效果好于非线性模型，但不及人工神经网络模型。张伟等（2010）为了提高奥运会空气质量实时预报精度，将 NAQPMS、CAMx、CMAQ 三种模式的输出结果作为 BP 神经网络的输入值，建立了多模式的集成预报系统，与其中的单个模式预报结果对比，通过 BP 神经网络模型集成得到的预报误差更小。综上所述，国内外对空气质量预报的研究已有较好进展，人工智能等数据挖掘技术的引用，增强了预报系统对非线性模拟与知识的识别功能，系统处理速度和预报精度也有所提高，多种方法结合的空气质量集成预报模型将会吸引更多领域研究人员的眼球。

1.1.2　空气质量业务预报系统

基于上述空气质量预报基本方法，在国内外已形成了各种空气质量业务预报系统。

目前，国际上比较先进的空气质量预报系统是由美国国家海洋和大气管理局（National Oceanic and Atmospheric Administration，NOAA）与美国国家环境保护

局 (EPA) 联合构建的全国空气质量预报（Air Quality Forecast，AQF）系统。其中EPA 主要传输空气质量监测信息，并收集污染源排放清单，NOAA 则是将气象数据和污染排放源数据综合导入系统，实现空气污染物浓度预测。目前 AQF 系统已实现臭氧、颗粒物、雾霾、气溶胶等预报，并且预报精确度较高。

对于我国，空气质量数值预报系统（CAPPS）目前已经在多个城市预报业务中使用，它由中国气象科学研究院研制。CAPPS 是用多尺度箱格预报模型与中尺度数值模式 MM4 或 MM5 嵌套形成，不需要输入污染源数据，但是它的缺陷在于对过去邻近日污染浓度依赖性大，并且出现预报结果滞后现象。

另外，北京市基于中尺度气象预报模式建立了重污染时期集成预报系统，实现了从趋势预报、统计预报、数值预报、重污染日指标判别等手段综合至重污染日业务预警发布的模式。而广东省的空气质量预报系统，则采用自己研发的烟团模式和动态统计方法，结合平流扩散箱格模式集成形成。预报产品具有一定的预报指导作用。

国内外对大气污染浓度预测的研究都存在不足的地方。首先，没有准确捕捉排放源、气象、地理等因素的综合影响；其次，复杂的排放源难以准确掌握，国外先进的数值模式不直接适用于我国这种污染现状，数值预报针对我国这种区域突发性重污染预报能力差，模型计算较为复杂。实验室曾对预报模型进行了不少相关研究，谢敏（2009）基于 BP 神经网络，针对机动车污染建立了路边空气质量预报模型，并针对城市建立了夏季和非夏季的季节性预报模型。李璐（2011）在 BP 神经网络的基础上提出了三层样本优化准则，并建立了遗传算法与神经网络结合的改进算法，建立了 SO_2、NO_2 和 PM_{10} 三种污染物的日均值预报模型，有效提高了预报精确度。朱倩茹（2013）针对不同程度的空气污染情景，建立了 BP 神经网络和多元逐步回归相结合的组合式城市空气质量预报模型。

1.1.3 数值模式预报

大气污染物输送扩散数值模拟是以大气动力学理论为基础，基于对大气物理和化学过程的理解，建立大气污染物在空气中的输送扩散数值模型，借助计算机来模拟大气污染物在空气中的动态分布。所以，输送扩散数值模型是对大气污染物散布过程的模拟，又称空气质量模式，在具备输入资料的条件下，其可以被用来计算污染物的浓度及其随时空的变化。当前仍有多个因素影响空气质量模式预报准确度，除污染源清单外，模式中大气边界层参数以及二次颗粒物的转化系数是重要的影响因素。

1.1.3.1　大气边界层

离地面 1 ～ 2 km 的大气边界层是人类生活和生产活动的主要空间，地气之间相互作用以及大气污染主要发生在这里。大气边界层对于地气之间的动量、热量和水汽的交换具有十分重要的作用，是地球大气系统中最复杂和最重要的一部分，因此在模式中对于边界层的描述是非常重要的。

边界层大气具有大量复杂难测的湍流运动，层中的流体运动几乎总是处于湍流状态，所以湍流自然成为大气边界层物理研究中的基础问题。但因在技术上对湍流运动的观测十分困难，相应的理论还不太成熟，所以，大量的研究以及结果还是处于半理论半经验的水平。大气边界层大气强势的湍流属性注定边界层的过程必然使用参数化方法处理。

一方面，因为湍流主要集中在边界层内，所以大气运动中的动能大部分消耗在边界层内，湍流对大气运动产生重要的影响，在时间稍长的天气预报模式及气候模式中都必须考虑边界层的摩擦作用。另一方面，边界层中热量和水汽的 Ekman 抽吸则直接为自由大气提供能源和水汽，成为天气系统演变的一个重要环节。因此，精确地计算出感热、潜热和水汽通量是准确模拟天气和气候变化的必要条件。而且，由于下垫面及边界层状况在不同地区不同时刻变化很大，因此这些通量的变化也很大，其结果必然会对天气和气候产生巨大的影响，在气候模式中常常通过下垫面对边界层的影响把地气系统耦合起来以模拟不同地区的气候变化。

近年来，围绕着边界层参数化方案的选择，许多研究者做了大量的工作（江勇等，2002；朱蓉和徐大海，2004；蔡蕊等，2005；蔡芗宁等，2006），但这些研究工作大都侧重于不同边界层参数化方案对模式模拟降水结果的影响，对空气质量的模拟并不多。由于气象场输入不同导致的空气质量模式模拟效果差异会更大。因此，为了提高模式预报的准确度，有必要对天津市边界层参数化方案进行优化选择。

1.1.3.2　二次颗粒物生成

二次颗粒物是指自然和人为排放的一次污染物进入大气，经过积聚、生长、化学反应等过程形成的新颗粒物。二次颗粒物主要包括硫酸盐、硝酸盐、二次有机碳（SOC）等，是由气态前体物 SO_2、NO_x、VOCs 等经大气化学反应转化而来。

二次离子（SO_4^{2-}、NO_3^-、NH_4^+）占细颗粒可溶性组分的75%以上，是$PM_{2.5}$中水溶性离子的主要成分。SO_4^{2-}、NO_3^-作为水溶性阴离子中最重要的两种，是大气颗粒物源解析所关注的重要化学组分，对大气酸碱度有直接影响，并决定了半挥发性化合物（如NH_3、HNO_3等）在气态和粒子态的分布形态，并且对成核和云滴增长起到了重要的作用。大气中硫酸盐的浓度主要由SO_2的浓度和SO_2转化成硫酸盐的程度决定。NO_2在有利的气象及化学条件下迅速转化为NO_3^-，占据$PM_{2.5}$离子组分的主体，但NH_4NO_3的不稳定性及海盐粒子对硝酸盐的置换作用导致NO_3^-存在周期较短，而颗粒中的SO_4^{2-}较为稳定，可长时间存在于颗粒物中，并且能通过长距离传输影响其他区域，从而产生区域性污染。

目前缺乏关于二次颗粒物生成机制的研究。在模式预报过程中化学反应机制采用的是WRF-Chem中的Chem模块里的化学反应方程。为提高预报准确度，有必要针对二次化学反应潜势进行相关研究，并进行本地化修正。

作为大气颗粒物中最主要的二次水溶性离子，SO_4^{2-}和NO_3^-主要是由SO_2和NO_x通过一系列的光化学反应形成。为了反映SO_2和NO_x转化为SO_4^{2-}和NO_3^-的程度，用硫氧化率（Sulfur Oxidation Ratio，SOR）和氮氧化率（Nitrogen Oxidation Ratio，NOR）来表示大气中SO_2和NO_x的转化程度。SOR和NOR值越高，说明气态污染物的氧化性越强，颗粒物中由气态前体物转化而来的SO_4^{2-}和NO_3^-越多，二次离子的生成潜势越高。确定了二次颗粒物的生成潜势大小，便可通过其前体物的浓度预测出环境中二次颗粒物的含量。但是由于生成潜势只代表了生成的可能性大小，本身具有不确定性，因此只能用来估算和预测二次颗粒物的生成情况。且二次颗粒物的生成潜势与气象条件及前体物的浓度相关联，具有一定的地域性，本研究结果应用于其他地区时，应根据当地情况进行修正。

1.2 研究背景与意义

2012年2月29日，环境保护部正式发布新修订的《环境空气质量标准》（GB 3095—2012），不仅收紧了常规污染物NO_2和PM_{10}的国家标准限值，还增设了引起复合型大气污染的重点污染物$PM_{2.5}$和8 h臭氧（O_3）的浓度限值，并将其纳入环境空气污染物基本项目。2012年冬季至2013年春季期间我国多地发生区域空气重污染事件，引起社会广泛关注并首次向大众敲响警钟。2013年1月14日，环境保护部办公厅下发《关于进一步做好重污染天气条件下空气质量监测预警工作的通知》，提出加强空气质量监测，制定并完善重污染天气应急预案。2013年

9月10日，国务院出台《大气污染防治行动计划》，明确要求各地建立监测预警应急体系，妥善应对重污染天气。为加快以 $PM_{2.5}$ 为重点的大气污染治理，切实改善环境空气质量，同年天津市政府印发《天津市清新空气行动方案》，要求建立重污染天气监测预警体系，加强重污染天气预警研究，制定监测预警方案，完善监测预警系统，不断提高预测预报的准确性。

京津冀、珠三角、长三角等城市经济圈是我国典型的大气复合污染区域，其中尤以京津冀地区大气污染最为严重，出现连续重污染天气的频次最高、时间最长、范围最广。天津市作为京津冀区域的重点城市之一，随着城市化进程加快以及石化、化工、冶金等产业规模扩大，挥发性有机物（VOCs）、氮氧化物（NO_x）等前体污染物排放量显著增加，近地面 O_3 浓度升高，大气氧化性增强，$PM_{2.5}$ 污染加重，灰霾发生频率增加，大气复合污染问题凸显。因此，开展天津市重污染天气特征分析、二次颗粒物生成机制和影响研究，明确气象条件、污染源排放以及大气气溶胶的物理化学反应对天津市空气质量的影响，建立适合于天津市的预测预警技术方法体系，及时发布预报预警信息已成为当前环境保护的重要任务。

1.3 主要内容

基于天津市大气重污染特征及气象要素、污染源、前体污染物等对重污染天气形成的影响机制研究，建立适合于天津市的环境空气质量数值预报模式，构建天津市重污染天气预报预警平台，形成完善的重污染天气预警体系，提高重污染天气预报预警的准确率和及时性，为天津市环境空气质量管理和重污染应急响应提供服务。具体研究内容分为以下几个方面。

1.3.1 天津市重污染天气特征研究

根据环境空气质量监测网络长时间序列大气污染物监测数据，识别天津市典型重污染天气过程，根据不同污染过程的天气要素，总结天津市重污染天气的天气形势特征，以及主要气象要素对重污染天气的影响；并针对天津市各重污染天气过程，全面系统分析重污染天气过程中各类大气污染物的浓度水平、时空分布特征及其相关前体污染物浓度变化、理化组分特征和光学特性，深入探讨典型重污染天气过程的污染特点，为天津市大气重污染判别和预报提供参考。

1.3.2 天津市二次颗粒物生成潜势研究

根据天津市大气颗粒物和气态前体物的历史观测数据，建立典型气象条件和重污染条件下，二次颗粒物及其前体物浓度之间的关系，识别影响二次颗粒物形成的关键污染物和主要污染源，分析其对二次无机气溶胶的生成潜势，探讨二次颗粒物的形成机制及其影响因素。

1.3.3 多模式数值预报模型研究

利用 Model3/CMAQ、WRF-Chem、CMAx、NAQPMS 等国内外先进的空气质量数值预报模型，结合天津市大气环流和边界层特征、污染扩散输送及化学转化特点、大气污染源排放清单及空气质量实时监测数据，构建天津市环境空气质量多模式数值预报系统，并通过优化关键参数，同化不确定参数，开发完善相关模块，实现环境空气质量多模式数值预报的本地化校验和集成，提高预测预报特别是重污染天气预报的准确性。

1.3.4 重污染天气预警体系研究

基于环境空气质量多模式数值预报系统，着重开展重污染天气预警体系研究，构建集重污染业务预报、预警启动和解除、应急预案评估、预警信息发布为一体的天津市重污染天气预报预警体系，理顺重污染预警流程、科学选择应急预案、评估应急实施效果、拓展预警发布渠道，提高天津市重污染天气预警的科学性和时效性，最大限度地保障公众身体健康。

1.4 研究目标

基于天津市空气质量长期监测数据，建立天津市重污染天气案例库，分析天津市重污染天气污染特征；基于气象、环境要素的综合外场观测，研究天津市二次颗粒物形成机制及其影响因素，建立不同气象条件下，二次颗粒物及其前体物浓度之间的定量关系，识别二次颗粒物形成的关键污染物和主要污染源；构建天津市环境空气质量预测及重污染天气预警模式，提高预测预警的准确度，并开展示范工程研究；开展多渠道、多方式发布环境空气质量预报及预警信息研究，最大限度地保障公众身体健康。

1.5 技术路线

总体技术路线如图 1-1 所示。

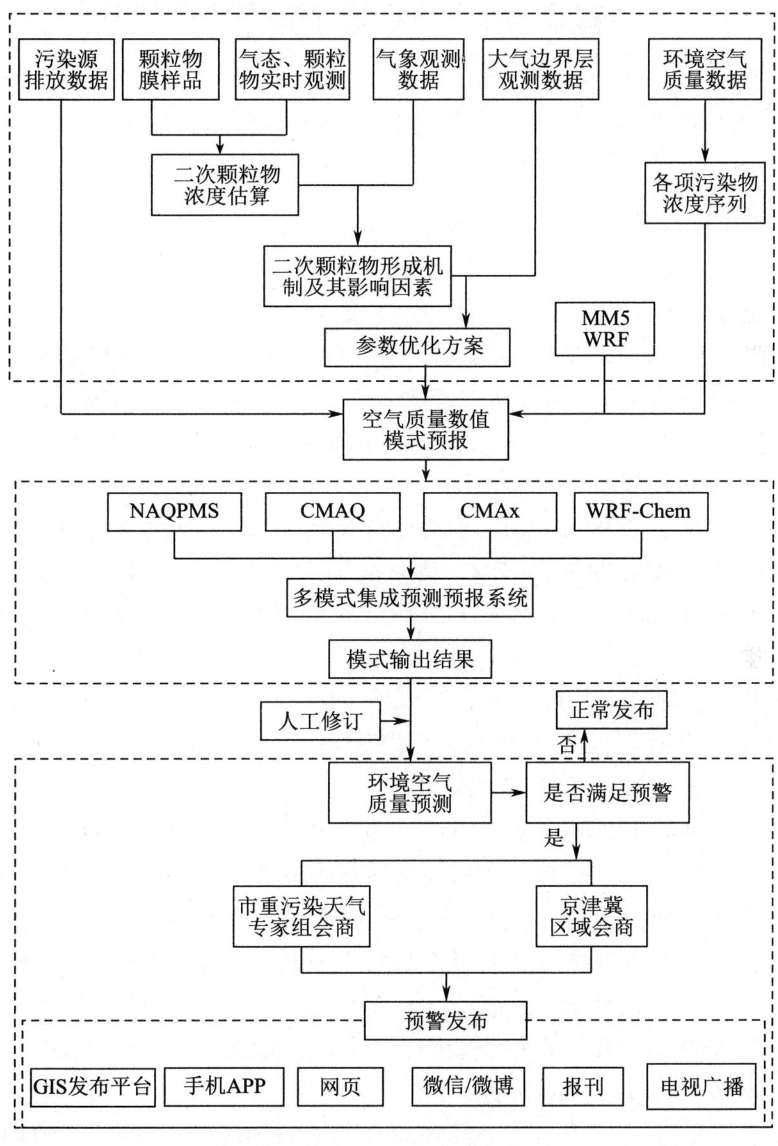

图 1-1 总体技术路线图

第2章　天津市概况

天津是中国四大直辖市之一，位于华北平原东北部、海河五大支流汇流处，东临渤海，北依燕山，地跨海河两岸，是北京通往东北、华东地区铁路的交通咽喉和远洋航运的港口。按照国家部署，天津在京津冀协同发展中的定位是“一基地三区”，即全国先进制造研发基地、北方国际航运核心区、金融创新运营示范区、改革开放先行区。天津市整体空间战略布局为“双城双港、相向拓展、一轴两带、南北生态”。滨海新区定位于依托京津冀、服务环渤海、辐射“三北”、面向东北亚，努力建设成为我国北方对外开放的门户、高水平的现代制造业和研发转化基地、北方国际航运中心和国际物流中心，逐步成为经济繁荣、社会和谐、环境优美的宜居生态型新城区。中国（天津）自由贸易试验区（以下简称天津自贸试验区）是中国中央政府在天津直辖市设立的区域性自由贸易园区。它是中国北方第一个自由贸易试验区，也是继中国（上海）自由贸易试验区之后，中央政府设立的第二批自由贸易试验区之一；以制度创新为核心任务，以可复制、可推广为基本要求，努力成为京津冀协同发展高水平对外开放平台、中国改革开放先行区和制度创新试验田、面向世界的高水平自由贸易园区。

根据《天津市城市总体规划（2005—2020年）》，天津城市发展战略为：

（1）构筑高层次产业结构。积极发展现代都市型农业和特色养殖业，逐步提高农业的综合生产能力和经济效益。充分利用天津市雄厚的产业基础，发挥资源、交通、科技人才和对外开放等优势，发展壮大支柱产业和高新技术产业，加快建设现代制造和研发转化基地。完善自主研发体系，提高自主创新能力，建设一批高水平的技术研发中心和高科技企业孵育基地。大力发展金融、物流、旅游等现代服务业，增强城市综合服务功能。

（2）加快基础设施建设。充分发挥海洋和港口的优势，加快天津港和疏港通道建设，打造北方国际航运中心和国际物流中心。加强天津机场与首都机场的合作，共同构建东北亚地区国际航空客货运枢纽。完善陆路交通体系，加快天津各功能区与周边城市基础设施建设的衔接，努力构筑与周边地区紧密联系的综合交通网络。推进物流网络化和信息化，加快建设现代化物流基地，建立国际贸易信息服务体系。

（3）加强区域合作。积极推进环渤海地区在产业结构、生态建设、环境保护、城镇空间与基础设施布局等方面的协调发展。发挥天津港口、交通和现代服务业等优势，为环渤海地区扩大开放和产业转移提供通道和载体。进一步形成以京津冀为经济核心区、以辽东半岛和山东半岛为两翼的环渤海区域经济共同发展的大格局。

（4）实施科教优先发展和人才战略。依托京津地区高等院校、科研机构密集的优势，发挥创新孵化器、企业研发中心、博士后工作站等多层次的科研创新体系和科技人才创新基地的作用，加快培育各类高素质人才，广泛吸引人才，为天津乃至整个环渤海地区的发展提供强有力的人才支撑和智力保障。

（5）节约资源和保护环境。坚持可持续发展，节约集约利用土地、水资源和能源。按照规划，充分利用不适宜耕种的盐碱地作为城市发展用地，加强对耕地、湿地的保护。大力发展循环经济，节约用水，循环用水，加强环境保护和治理；节约用能，提高能源利用效率，建设节约型、环保型的生态城市。

（6）推进和谐社会建设。坚持以人为本，大力发展教育、文化、卫生、体育等社会事业，提高社会保障水平，构筑社会防控、应急管理和城市安全保障体系，创造和谐、优美、安全的人居环境。推动经济建设、政治建设、文化建设，建立城乡协调发展机制，发挥城市对农村的辐射带动作用，加快城乡一体化发展，推进农村现代化建设。

2.1 地理环境

2.1.1 地理位置

天津市位于东经 116°43′～118°4′、北纬 38°34′～40°15′之间。处于中纬度亚欧大陆东岸，位于华北平原东北部、海河五大支流汇流处，环渤海地区的中心地带，北依燕山，东临渤海，与北京市和河北省接壤，区位优势明显。天津市总面积 11 916.85 km^2，海岸线长 153.334 km，是我国北方最大的港口城市。

天津市北起蓟州区黄崖关，南至滨海新区翟庄子沧浪渠；东起滨海新区洒金坨以东陡河西干渠，西至静海区子牙河王进庄以西滩德干渠。天津市疆域周长

1 290.814 km，其中海岸线长 153.334 km，陆界长 1 137.48 km。东、西、南、北分别与唐山、廊坊、沧州、北京接壤。对内腹地辽阔，辐射华北、东北、西北，对外面向东北亚，是中国北方最大的沿海开放城市。

2.1.2 地质条件

天津地区地处Ⅰ级构造单元华北地区东北部，以宁河—宝坻断裂为界分为北区和南区。北区属于Ⅱ级构造单元燕山台褶带的Ⅲ级构造单元蓟宝隆褶；南区属华北断坳，华北断坳自西向东又可分为 3 个Ⅲ级构造单元，即冀中拗陷、沧县隆起和黄骅拗陷。

天津地区绝大部分被第四系覆盖，古老岩系仅在北区蓟县北部出露，面积约 640 km^2，其中以中上元古界长城系、蓟县系和青白口系为主，太古界迁西群及下古生界仅零星分布。

从太古界至新生界均有发育，但其中缺失上奥陶至下石炭统、中上三叠统、上侏罗统、上白垩统及古近系古新统和始新统。北区一般不发育新近系和古近系，第四系缺失下更新统中下部；南区广泛发育着第四系和巨厚的新近系和古近系渐新统地层。

2.1.3 地貌特征

天津地质构造复杂，大部分被新生代沉积物覆盖。地势以平原和洼地为主，北部有低山丘陵，海拔由北向南逐渐下降。北部最高，海拔 1 052 m；东南部最低，海拔 3.5 m。天津市最高峰九山顶海拔 1 078.5 m。地貌总轮廓为西北高而东南低。天津有山地、丘陵和平原三种地形，平原约占 93%。除北部与燕山南侧接壤之处多为山地外，其余均属冲积平原，蓟州区北部山地为海拔千米以下的低山丘陵。靠近山地是由洪积冲积扇组成的倾斜平原，呈扇状分布。倾斜平原往南是冲积平原，东南是滨海平原。

根据地貌基本形态和成因类型，可以划分为山地丘陵、堆积平原、海岸潮间带 3 个大的地貌形态类型和 8 个次级地貌形态类型。

山地丘陵区：位于天津市北部，面积 840.3 km^2，占天津市总面积的 7% 左右。可进一步划分为构造侵蚀中低山区、构造剥蚀低山丘陵区和剥蚀堆积山间盆地区 3 个次一级地貌单元。中低山海拔多在 200 ～ 800 m 之间；低山丘陵海拔

100 ～ 300 m，相对高度 50 ～ 100 m；山间盆地分布在于桥水库以东一带，海拔 20 ～ 50 m。

堆积平原区：海拔高度 1 ～ 50 m，面积 11 000 余 km^2，占天津市总面积的 93% 左右。按成因由北向南（东南）进一步划分为山前冲积洪积倾斜平原区、洪积冲积平原区、冲积平原区、海积冲积平原区和海积低平原区 5 个次一级地貌单元。

海岸潮间带区：分布于天津市东部沿海，位于海积平原至水下岸坡之间（特大潮线以下地区）。地势平坦开阔，宽 3 ～ 7 km，总面积 42.9 万亩（1 亩 ≈ 666.7 m^2）。

2.2　气候特征

天津地处北温带，位于中纬度亚欧大陆东岸，主要受季风环流的支配，是东亚季风盛行的地区，属暖温带半湿润季风性气候。冬季受蒙古冷高压控制，盛行西北风，天气寒冷干燥；夏季受西北太平洋副热带高压西侧影响，多偏南风，且高温高湿，雨热同季；春季干旱多风，冷暖多变；秋季天高云淡，风和日丽。天津主要为大陆性气候特征，但受渤海影响，有时也显现出海洋性气候特征，海陆风现象比较明显。主要气候特征是：四季分明，春季多风，干旱少雨；夏季炎热，雨水集中；秋季气爽，冷暖适中；冬季寒冷，干燥少雪。冬半年多西北风，气温较低，降水也少；夏半年太平洋副热带暖高压加强，以偏南风为主，气温高，降水多。

年平均气温在 11.4 ～ 12.9℃，市区平均气温最高为 12.9℃；1 月最冷，平均气温在 –5 ～ –3℃；7 月最热，平均气温在 26 ～ 27℃。天津季风盛行，冬、春季风速最大，夏、秋季风速最小；年平均风速为 2 ～ 4 m/s，多为西南风。年平均降水量为 520 ～ 660 mm，1949—2010 年平均值是 600 mm 上下。降水日数为 63 ～ 70 天。在地区分布上，山地多于平原，沿海多于内地。在季节分布上，6 月、7 月、8 月 3 个月降水量占全年的 75% 左右。天津平均无霜期为 196 ～ 246 天，最长无霜期为 267 天，最短无霜期为 171 天。在四季中，冬季最长，有 156 ～ 167 天；夏季次之，有 87 ～ 103 天；春季 56 ～ 61 天；秋季最短，仅为 50 ～ 56 天。天津日照时间较长，年日照时数为 2 500 ～ 2 900 h。

2.3　经济发展情况

2015 年，天津市生产总值 16 538.19 亿元，按可比价格计算，比上年增长 9.3%。第一产业增加值 210.51 亿元，增长 2.5%；第二产业增加值 7 723.60 亿元，增长

9.2%，其中，工业增加值 6 981.27 亿元，增长 9.2%；第三产业增加值 8 604.08 亿元，增长 9.6%，占全市生产总值的 52.0%，首次超过第二产业，形成“三二一”产业结构。天津历年全市生产总值及一般公共预算收入情况如表 2-1 所示。

表 2-1 天津历年全市生产总值（GDP）及一般公共预算收入

年份	GDP/ 亿元	增长速度 /%	一般公共预算收入 / 亿元	增长速度 /%
2015	16 538.19	9.3	2 667.11	11.6
2014	15 722.47	10.0	2 390.35	15.0
2013	14 370.16	12.5	2 079.07	18.1
2012	12 885.18	13.8	1 760.02	21.0
2011	11 307.28	16.4	1 455.13	36.1
2010	9 224.46	17.4	1 068.81	30.1
2009	7 521.85	16.5	821.99	21.6
2008	6 719.01	16.5	675.62	25.1
2007	5 252.76	15.5	540.44	29.7
2006	4 462.74	14.7	417.05	25.7
2005	3 663.86	14.5	331.85	28.2

2015 年天津市城乡居民收入继续增长，城镇居民人均可支配收入达 34 101 元，增速 8.2%（未扣除物价），农村居民人均纯收入达 18 482 元，增速 8.6%。居民消费水平继续提高，城镇居民人均消费性支出 26 230 元，比上年增长 8.0%（未扣除物价）。消费“八大项”都有不同程度的上涨。

2.4 社会发展情况

天津现有 16 个市辖区，包括滨海新区、和平区、河西区、南开区、河东区、河北区、红桥区、东丽区、津南区、西青区、北辰区、武清区、宝坻区、宁河区、静海区、蓟州区。

截至 2015 年底，天津常住人口 1 546.95 万人，比 2013 年天津市常住人口（1 472.21 万人）增加 74.74 万人；其中，2015 年天津市外来人口 500.23 万人，占常住人口的 32.3%。2015 年末天津市户籍人口 1 026.90 万人，其中，农业人口 370.30 万人，非农业人口 656.60 万人。2015 年天津市人口出生率 5.84‰，死亡率 5.61‰，自然增长率 0.23‰。

第 3 章　天津市空气质量演变及影响因素

近年来，随着京津冀区域经济社会的快速发展和能源消耗的迅猛增加，大气污染呈现出显著的复合型污染特征，以霾和光化学烟雾为表征的 $PM_{2.5}$ 和 O_3 污染日益严重。天津是我国北方经济发展最快的城市之一，当前大气污染问题非常复杂，传统 SO_2、NO_x、PM_{10} 污染问题未得到根本解决，主要表现为：SO_2 有明显改善，但采暖期污染依然突出；NO_2、PM_{10} 质量浓度在 2013 年分别达到 54 μg/m^3、150 μg/m^3，均超过国家年均二级标准限值（GB 3095—2012）。在传统污染物尚未得到控制的情况下，以 $PM_{2.5}$ 污染为典型代表的复合型污染问题凸显：2013 年 $PM_{2.5}$ 质量浓度达到 96 μg/m^3，远远超过国家年均二级标准限值，是影响天津市环境空气质量的首要污染物。本章主要从天津市能源消费及污染源排放变化趋势、环境空气污染物浓度变化趋势等方面对天津市空气质量演变趋势进行分析。

3.1　能源消耗情况

3.1.1　煤炭消耗量变化趋势

天津市煤炭消耗量主要以工业消耗为主，工业消耗量占 78.4% ～ 97.1%，随着天津市能源结构调整和集中供暖等措施的实施，生活煤炭消耗量逐渐降低，2002 年以来，工业煤炭消耗量占全市消耗量的比例稳定在 90% 以上。

2001—2014 年天津市煤炭消耗量出现一定的反复（如图 3-1 所示），但总体呈现显著上升的趋势，煤炭消耗量由 2001 年的 2 500 万 t 上升到 2014 年的 5 473 万 t，增幅为 118.9%。

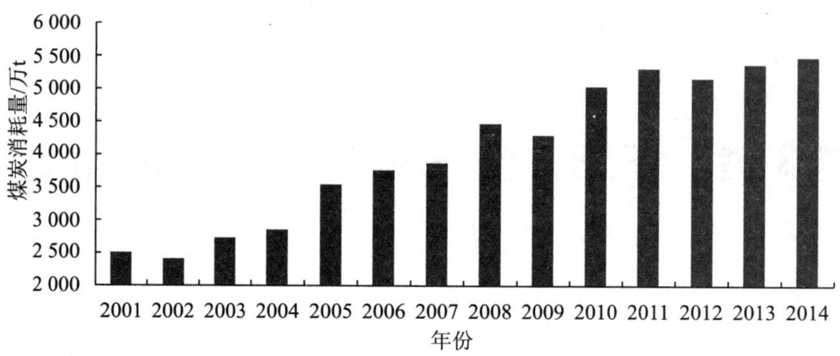

图 3-1 2001—2014 年天津市煤炭消耗量变化趋势

3.1.2 燃料油和燃气消耗量变化趋势

2001—2014 年天津市燃料油消耗量总体呈现显著下降的趋势(如图 3-2 所示)，燃料油消耗量由 2001 年的 52.33 万 t 下降到 2014 年的 8.47 万 t，降幅为 83.8%。

2001—2014 年天津市燃气消耗量（标态）总体呈现显著上升的趋势（如图 3-2 所示），由 2001 年的 42 190 万 m^3 上升到 2014 年的 289 143 万 m^3，增幅为 585.3%。

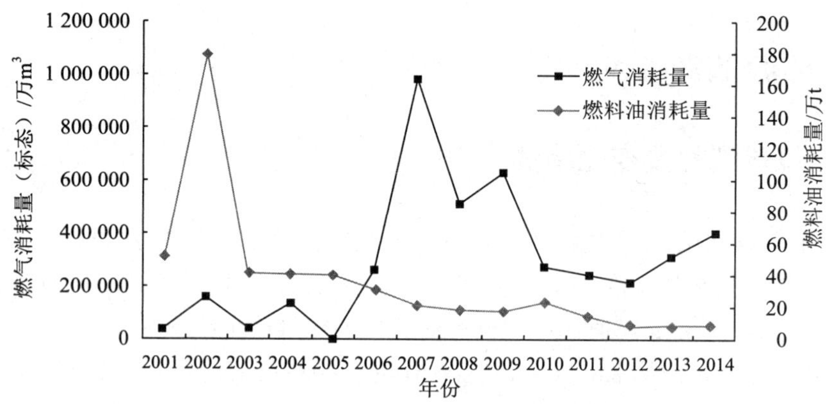

图 3-2 2001—2014 年天津市燃料油和燃气消耗量变化趋势

3.2　污染源排放情况

3.2.1　固定源

2001—2014 年，天津市工业及生活烟（粉）尘排放量总体呈现下降的趋势（如图 3-3 所示），但 2013—2014 年，烟（粉）尘排放量出现反弹，呈现上升趋势。由 2001 年的 15.7 万 t 下降到 2013 年的 8.7 万 t，2014 年上升为 13.9 万 t。

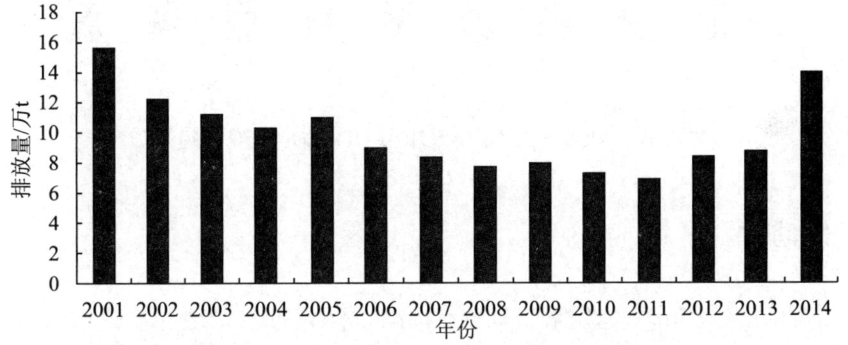

图 3-3　2001—2014 年天津市烟（粉）尘排放量变化趋势

2001—2014 年，天津市 SO_2 排放量出现一定的反复，总体呈现下降的趋势（如图 3-4 所示），由 2001 年的 26.8 万 t 下降到 2014 年的 20.9 万 t，降幅为 22.0%。

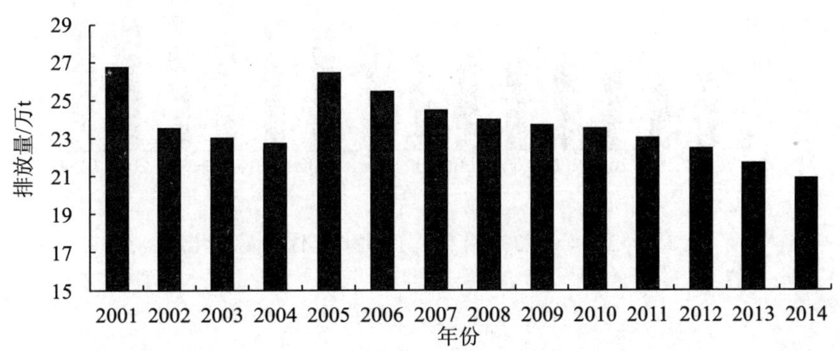

图 3-4　2001—2014 年天津市 SO_2 排放量变化趋势

2006—2014 年，天津市 NO_x 排放量总体呈现上升的趋势（如图 3-5 所示），由 2006 年的 16.0 万 t 上升到 2014 年的 27.8 万 t，升幅为 73.8%。从近年来的排放趋势上看，2012 年以后，NO_x 排放量呈现递减趋势。

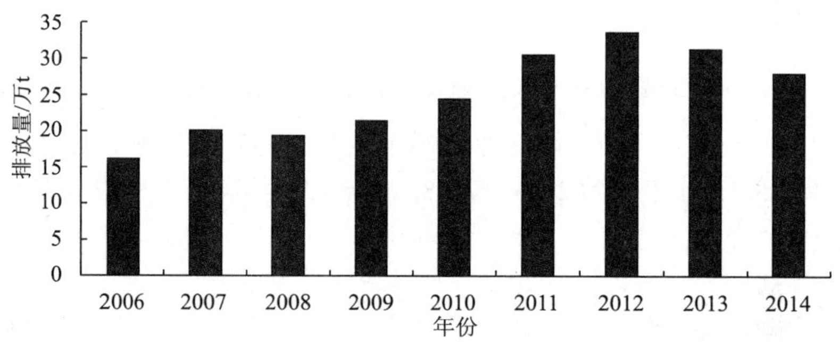

图 3-5 2006—2014 年天津市 NO_x 排放量变化趋势

3.2.2 流动源

随着天津市经济的快速发展，天津市机动车保有量也呈现井喷式增长趋势（如图 3-6 所示），机动车保有量由 2001 年的 84 万辆增加到 2014 年的 288 万辆，增幅为 242.9%。随着机动车保有量的不断增加，机动车产生的尾气污染已成为城市大气污染源构成的重要部分。

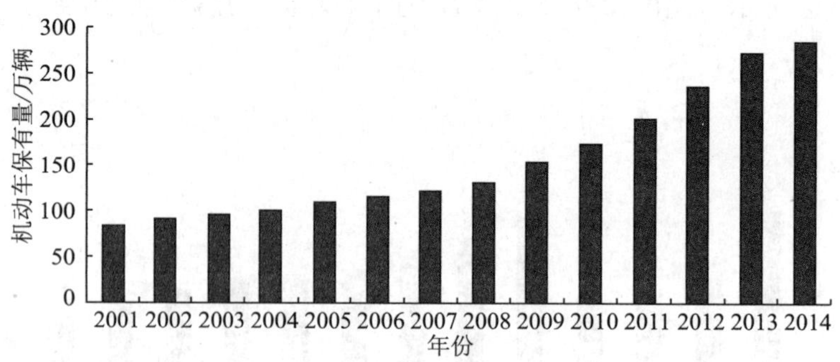

图 3-6 2001—2014 年天津市机动车保有量变化趋势

3.3　环境空气质量演变趋势

3.3.1　环境空气质量现状

2015 年，天津市空气质量达标天数 220 天，同比增加 45 天，达标天数比例由 2013 年的 40%、2014 年的 48% 稳步提高至 60.3%；重污染天数 26 天，较 2014 年减少 8 天，较 2013 年累计减少 23 天。空气质量综合指数 6.86，较 2014 年下降 15.7%，较 2013 年累计下降 24.4%。6 项主要污染物中，$PM_{2.5}$、PM_{10}、NO_2、SO_2 年均质量浓度分别为 70 μg/m^3、116 μg/m^3、42 μg/m^3、29 μg/m^3，CO 24 h 平均质量浓度第 95 百分位数为 3.1 mg/m^3，O_3 日最大 8 h 平均质量浓度第 90 百分位数为 142 μg/m^3。其中，$PM_{2.5}$、PM_{10} 和 NO_2 3 项污染物质量浓度超标，分别超标 1.00 倍、0.66 倍和 0.05 倍。6 项主要污染物质量浓度同比均显著下降，其中 $PM_{2.5}$ 较 2014 年下降 15.7%，较 2013 年累计下降 27.1%；PM_{10}、SO_2 和 NO_2 年均质量浓度较 2014 年分别下降 12.8%、40.8% 和 22.2%。

天津市空气各项污染物季节分布特征明显（如图 3-7 所示），2015 年采暖季 SO_2、NO_2、$PM_{2.5}$、PM_{10} 和 CO 的质量浓度分别是非采暖季质量浓度的 3.72 倍、1.89 倍、1.64 倍、1.52 倍和 1.86 倍，O_3 污染主要发生在夏季。除 O_3 质量浓度夏季较

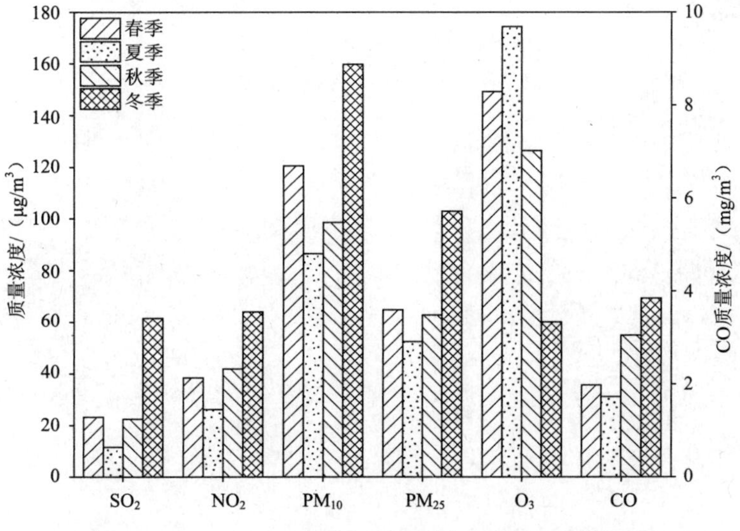

图 3-7　2015 年天津市空气主要污染物质量浓度季节分布

高外，其余各项污染物质量浓度呈现冬季高、夏季低的特点，其中 PM_{10} 和 $PM_{2.5}$ 在春季质量浓度也较高。

从空间分布上看，天津市主要污染物质量浓度表现为不同的特点（如图 3-8 所示）：$PM_{2.5}$ 主要表现为西南部及中心城区北部质量浓度较高，滨海新区、北部地区质量浓度较低；与 $PM_{2.5}$ 相比，PM_{10} 在空间分布上较为均匀，仅滨海新区及天津市北部地区相对较低；SO_2 质量浓度在中心城区、西南地区明显偏高；NO_2 在中心城区、滨海新区以及天津市西南地区质量浓度较高；CO 表现为从西北向东南质量浓度逐渐降低；O_3 的质量浓度高值区主要表现在武清、中心城区以及静海一带。整体来看天津市污染水平较重的地区集中在中心城区和西南部地区。

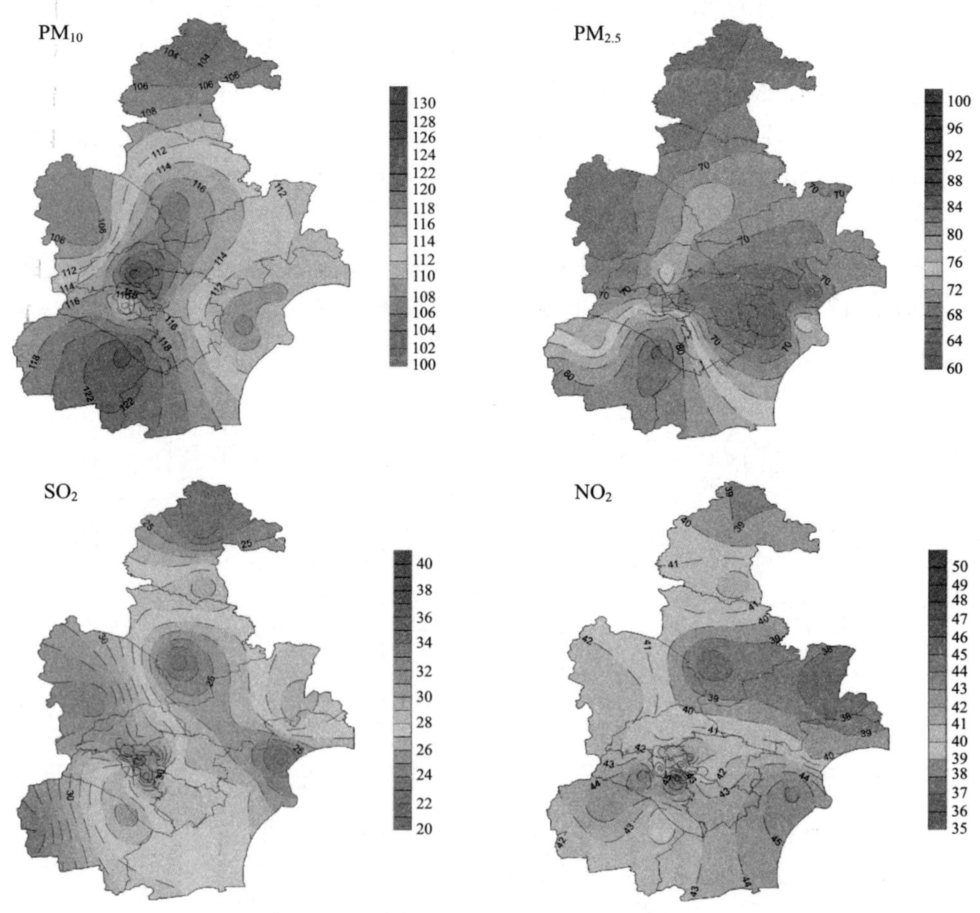

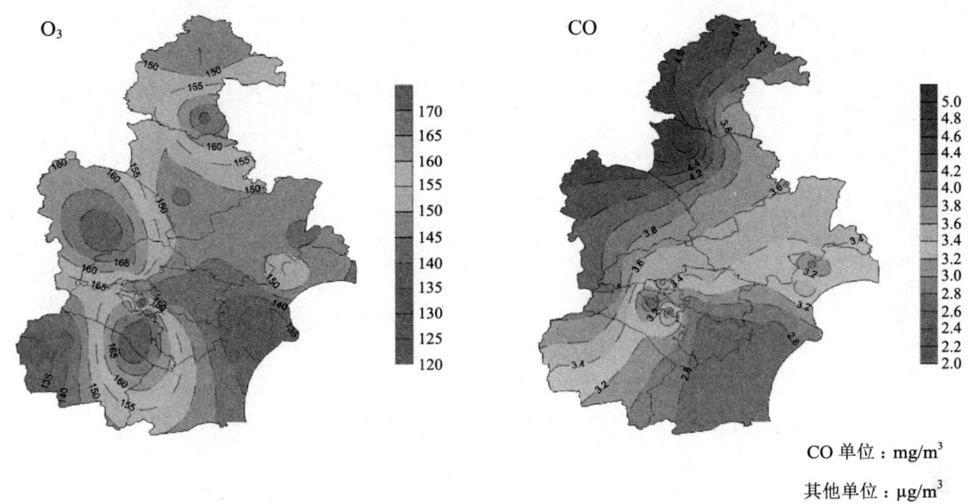

图 3-8　2015 年天津市主要污染物质量浓度的空间分布特征

3.3.2　环境空气质量变化趋势

3.3.2.1　二氧化硫（SO_2）

2001—2015 年，天津市 SO_2 质量浓度整体呈现下降趋势，采暖期质量浓度和年均质量浓度下降趋势明显（如图 3-9 所示）。2005 年 SO_2 质量浓度出现反弹，与该年度天津市 SO_2 排放量大幅增长有关；2006—2011 年 SO_2 年均质量浓度稳步下降，但 2012—2013 年出现明显回升，2014—2015 年 SO_2 年均质量浓度再次稳步下降。

从 2009 年开始，天津市 SO_2 年均质量浓度连续 7 年达到国家年均质量浓度二级标准，但采暖期 SO_2 污染依然严重，以 SO_2 为首要污染物出现的现象均发生在采暖季。2014 年，天津市深入推进大气污染防治工作，控煤方面改燃并网或拆除燃煤锅炉 118 座，实施煤炭经营使用和煤质管理地方标准，整合提升 76 家煤炭堆场；控制工业污染方面实施 200 项重点行业工业污染治理项目，全市 20 万 kW 以上火电机组全部完成脱硫、脱硝和除尘治理。环境监测数据显示，2015 年 SO_2 年均质量浓度较 2014 年下降 40.8%，较 2013 年下降 50.8%。

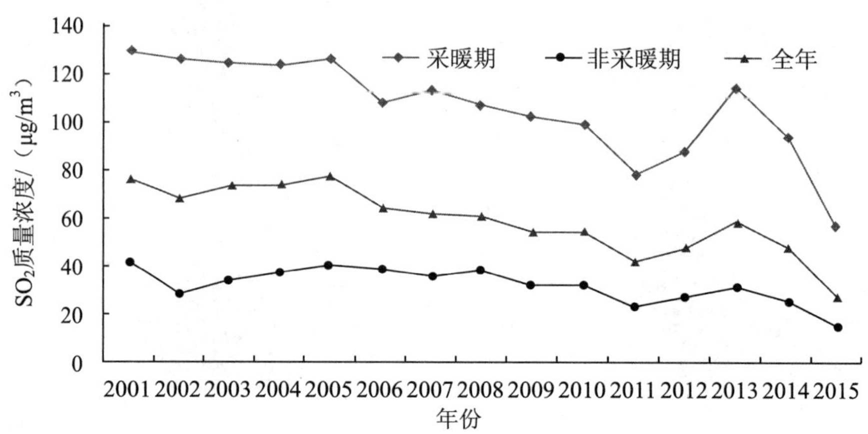

图 3-9　2001—2015 年天津市 SO_2 质量浓度年际变化趋势

3.3.2.2　二氧化氮（NO_2）

氮氧化物（NO_x）是空气中主要气态污染物之一，它的主要人为来源是矿物燃料的燃烧，燃烧过程中所排放出的氮氧化物可对环境造成严重污染。引发空气污染的氮氧化物通常主要指 NO 和 NO_2，城市空气中的氮氧化物主要来自机动车尾气排放和一些固定排放源。由于 NO_2 对人体的毒性远高于 NO，国家环境保护总局于 2001 年将环境空气污染物控制指标氮氧化物调整为对 NO_2 的控制。因此，在 20 世纪 80 年代初期至 2000 年对环境空气中氮氧化物开展监测，2001 年至今开展了对空气中 NO_2 的监测与控制。

2001—2011 年，天津市 NO_2 质量浓度整体呈现下降趋势，2012 年开始呈现出明显回升（如图 3-10 所示）。2012 年以前，NO_2 年均质量浓度均达到《环境空气质量标准》(GB 3095—1996) 年均二级排放限值。2013 年，天津市开始实施《环境空气质量标准》(GB 3095—2012)，2013 年、2014 年、2015 年天津市 NO_2 年均质量浓度分别为 54 μg/m³、54 μg/m³、42 μg/m³，超出《环境空气质量标准》（GB 3095—2012）年均二级排放标准的 0.35 倍、0.35 倍、0.05 倍。

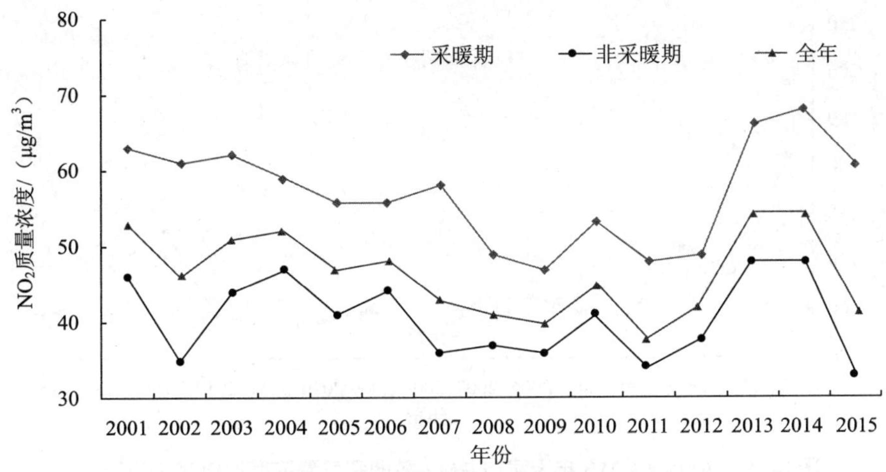

图 3-10　2001—2015 年天津市 NO_2 各期别质量浓度均值变化趋势

工业企业排放和机动车尾气排放是大气中 NO_2 的重要来源。近年来，天津市机动车保有量不断增加，为减少氮氧化物排放，2013 月 12 月 16 日天津市开始实施机动车限购措施，2014 年 3 月 1 日起实施机动车限行措施。此外，2014 年实施 200 项重点行业工业污染治理项目，全市 20 万 kW 以上火电机组全部完成脱硝治理，氮氧化物排放量较 2013 年下降 9.44%，但环境空气中 NO_2 浓度并未明显改善，NO_2 污染问题值得关注。

3.3.2.3　颗粒物（PM）

（1）可吸入颗粒物 (PM_{10})。

“十五”初期的 2001 年，随着空气自动监测技术的建设与发展，我国开展了可吸入颗粒物（PM_{10}）的监测。由于 PM_{10} 能随着吸入的空气进入人体的呼吸道，对人体健康造成严重威胁，《环境空气质量标准》（GB 3095—2012）对 PM_{10} 年均二级标准质量浓度限值由 0.10 mg/m^3 调整为 70 μg/m^3。

受燃煤为主的能源结构影响以及城市建设施工、机动车运输和尾气排放、风沙尘等影响，颗粒物污染对天津市环境空气质量的影响不容忽视。2001—2015 年，天津市 PM_{10} 总体呈现波动下降的趋势（如图 3-11 所示）。其中，2007—2011 年连续 5 年达到《环境空气质量标准》（GB 3095—1996）中年均二级标准质量浓度限值（0.10 mg/m^3），随后有明显反弹，并于 2013 年达到近五年的最高水平，2014—2015 年开始下降。

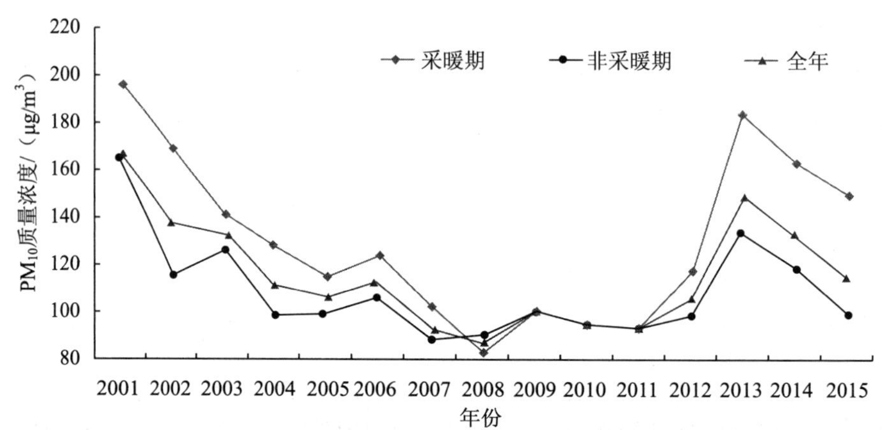

图 3-11　2001—2015 年天津市 PM_{10} 各期别质量浓度均值变化趋势

从近 15 年 PM_{10} 污染期别变化可以看出，在 PM_{10} 质量浓度较高的年份，采暖期和非采暖期浓度相差较大，在 PM_{10} 污染控制效果较好年份（2007—2011 年），采暖期和非采暖期的 PM_{10} 质量浓度无明显差别，这可能与非采暖期的风沙季可吸入颗粒物质量浓度较高有关。

（2）细颗粒物（$PM_{2.5}$）。

细颗粒物（$PM_{2.5}$）是指空气动力学当量直径小于等于 2.5 μm 的悬浮颗粒物。由于其粒径小，比表面积大，易于富集空气中有毒有害物质，且可通过人体呼吸系统直接进入肺泡，渗入血液，对人体产生极大的危害。空气中细颗粒物污染是形成雾霾天气、加重空气污染、导致城市能见度下降、致使城市群密集区域大气复合型污染问题凸显的主要成因，目前是天津市重污染天气的主要污染物。天津市 2008 年参加国家灰霾试点监测工作，在南开区环境监测中心开展 $PM_{2.5}$ 监测，直至 2012 年底，为适应《环境空气质量标准》（GB 3095—2012）的要求，天津市所有点位均开展 $PM_{2.5}$ 监测。

从监测数据上看，2013—2015 年，天津市 $PM_{2.5}$ 质量浓度均超过国家年均浓度二级标准（35 μg/m^3），但大气污染防治工作的效果初步显现，无论是采暖期、非采暖期还是全年均呈现质量浓度逐年下降的趋势（如图 3-12 所示）。从污染期别上看，$PM_{2.5}$ 质量浓度在采暖期明显高于非采暖期。

$PM_{2.5}$ 质量浓度的日均值呈现典型的双峰特征（如图 3-13 所示），每日峰值主要出现在早晚人为活动、车流量运行的高峰期间。且日变化曲线与风速呈现明显的负相关关系，当风速增大时，$PM_{2.5}$ 质量浓度减低，较易于污染物的扩散。从

$PM_{2.5}$ 质量浓度日变化曲线上看，天津市 $PM_{2.5}$ 污染在逐步得到控制，各小时质量浓度值均呈现逐年下降趋势。

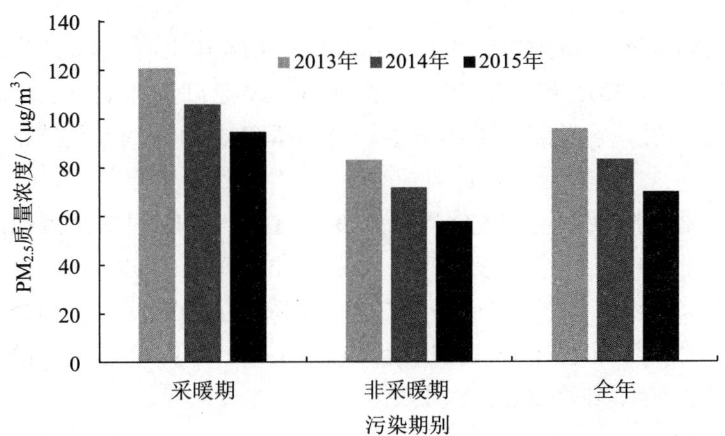

图 3-12　2013—2015 年天津市 $PM_{2.5}$ 各期别质量浓度均值变化趋势

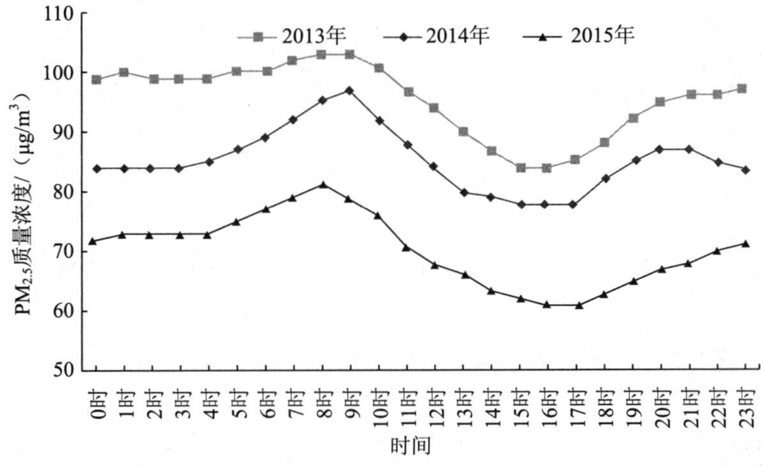

图 3-13　2013—2015 年天津市 $PM_{2.5}$ 质量浓度日变化

3.3.2.4　一氧化碳（CO）

2001—2015 年天津市 CO 各期别质量浓度出现较大的反复（如图 3-14 所示），2002—2004 年质量浓度呈逐年上升趋势，但是 2005 年出现较大幅度的降低，2005—2013 年质量浓度呈现波动上升的趋势，尤其是 2013 年上升幅度最为明显，

2014—2015 年较 2013 年质量浓度有所下降，但质量浓度还处在较高水平。CO 各期别质量浓度均呈现不显著的下降趋势，日均质量浓度超标率也呈现不显著的下降趋势。

2015 年 CO 年均质量浓度为 3.1 mg/m^3，较 2014 年上升 6.9%，日均质量浓度超标率为 3.3%，较 2013 年下降 19.3 个百分点。超标日全部集中在采暖期，污染明显重于非采暖期，采暖期由于燃煤锅炉及冬季稳定的天气系统造成 CO 质量浓度上升。

采暖期、非采暖期和全年 CO 质量浓度具有类似的时间变化规律，其中，采暖期 CO 的质量浓度在各个时段都高于全年和非采暖期的 CO 质量浓度，表明天津市 CO 污染呈现较为典型的季节性。CO 质量浓度的日时间变化曲线呈现典型的单峰单谷型，小时年均值的最大值出现在 9 时左右，小时年均值的最小值出现在 16 时左右，小时年均值的峰谷比为 1.42。

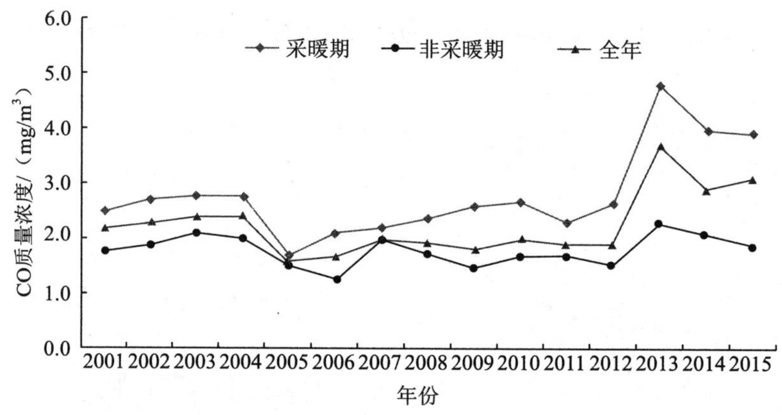

图 3-14　2001—2015 年天津市 CO 各期别质量浓度变化趋势

3.3.2.5　臭氧（O_3）

臭氧（O_3）作为空气中生成的二次污染物，使大气氧化性增强，从而促使细颗粒物（二次有机气溶胶）、硫酸盐、硝酸盐等的生成，加重细颗粒物的污染，增加灰霾天气出现频次，使大气能见度下降。天津市于 2008 年开展臭氧污染现状监测工作，到 2012 年年底，所有监测点均具备 O_3 监测能力。

对天津市 O_3 的季节变化和日变化监测结果表明，O_3 质量浓度呈现典型的季节变化趋势。夏季是 O_3 质量浓度最高的季节，各测点 O_3 质量浓度的平均值和最大值基本都出现在夏季，由于夏季太阳辐射时间长、强度大，造成夏季 O_3 质量浓度相对较高，容易出现光化学污染现象。O_3 日变化与太阳辐射强度密切相关，呈现明显的日变化规律，夜间质量浓度低，午后 14:00—15:00 出现峰值。

从年变化上看，O_3 质量浓度较为稳定，2014 年较 2013 年略有上升，2015 年较前两年均有所下降（如图 3-15 所示）。2013—2015 年，O_3 日最大 8 h 平均质量浓度第 90 百分位数均达到国家年均质量浓度二级标准（160 μg/m^3），日最大 8 h 平均质量浓度达标率分别为 91.5%、90.7% 和 93.4%。

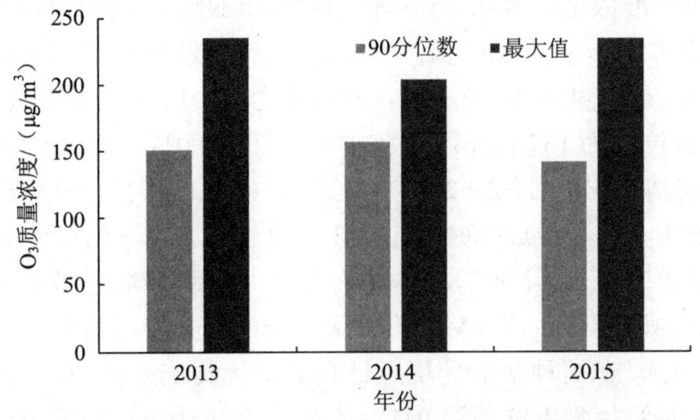

图 3-15　2013—2015 年天津市 O_3 质量浓度变化

3.3.3　小结

从污染物质量浓度变化上看，与以往相比，天津市环境空气质量呈现出以下特点：

（1）颗粒物污染依然严重。从污染物质量浓度分布上看，2001—2015 年，天津市 PM_{10} 质量浓度整体呈现下降趋势，但颗粒物质量浓度一直处于较高水平，远高于《环境空气质量标准》（GB 3095—2012）年均二级标准限值；而 2013 年以来的 $PM_{2.5}$ 年均质量浓度在 70 ～ 96 μg/m^3，是《环境空气质量标准》（GB 3095—2012）年均二级标准的 2.00 ～ 2.74 倍。从环境空气质量的分布上看，以颗粒物为首要污染物的天数占超标天数的 90% 左右，颗粒物是天津市主要的污染物。从颗粒物对综合指数的贡献上看，颗粒物对综合指数的占比超过 50%，远高于其他 4 项污染物，因此，天津市颗粒物污染严重，并呈现出 PM_{10}、$PM_{2.5}$ 并重的态势。

（2）SO_2 有明显改善，但采暖期污染依然突出。2001—2015 年，天津市 SO_2

呈现出明显的下降趋势，但采暖期污染依然严重，年均值在 80 μg/m^3 以上，是《环境空气质量标准》（GB 3095—2012）年均二级标准的 1.33 倍以上，SO_2 作为首要污染物出现的现象均发生在采暖季。天津市能源结构以燃煤为主，采暖期 SO_2 污染主要来源于供热锅炉燃煤排放，随着今后几年一系列煤改燃工程的推进，SO_2 污染有望逐渐改善。

（3）NO_2 未达标，O_3 夏季超标明显。2001—2015 年，天津市 NO_2 质量浓度整体呈现下降趋势，但年均质量浓度均超过《环境空气质量标准》（GB 3095—2012）年均二级标准限值，其中 2013 年、2014 年 NO_2 年均质量浓度均为 54 μg/m^3，是年均二级排放标准的 1.35 倍。2013 年臭氧日最大 8 h 平均质量浓度第 90 百分位数为 151μg/m^3，共有 20 天成为首要污染物；2014 年臭氧日最大 8 h 平均质量浓度第 90 百分位数为 157 μg/m^3，较 2013 年上升 4.0%，共有 51 天成为首要污染物，季节性超标情况出现时间较 2013 年提前了 1 ～ 2 个月（2013 年为 6 月中旬，2014 年为 4 月底），污染持续时间也较 2013 年更长，大气氧化性逐年加强。

当前，天津市在以 SO_2、NO_2、PM_{10} 为特征的传统煤烟型污染问题依然严重且尚未根本解决的同时，O_3 和 $PM_{2.5}$ 等二次污染问题又接踵而至，大气污染呈现明显的复合型污染。在这种新的环境污染形势下，传统的以 SO_2、NO_2、PM_{10} 为基础的空气质量预测模型无法预测 $PM_{2.5}$ 及 O_3，无法适应新的环境空气质量标准及环境管理需求，开发适应于新环境空气质量标准和管理需求的空气质量预测预报模式已势在必行。

第 4 章　天津市重污染天气特征研究

重污染天气的发生是大气污染物和气象条件相互作用的结果，影响环境空气质量的要素很多，其中最为主要的是污染源排放情况、气象条件以及地形地貌。地形地貌基本不会发生变化，同时在较短时段内，污染源的排放状况也不会出现明显变化，影响环境空气质量最主要的因素就是气象条件。气象条件对环境空气质量的影响具有变化速度快、影响程度难以确定的特点，是多种气象因子共同作用的结果，本章从重污染天气的天气形势、边界层结构等方面进行分析，进一步深入探讨污染气象条件和环境空气质量之间的关系。

4.1　重污染天气形势特征

4.1.1　重污染天气 500 hPa 天气形势

总结历史天气形势，得出了三种利于重污染天气发展的天气形势。①平直西风带西风气流：在这种形势下，西风带无明显波动，无明显天气系统影响华北地区,气压场较弱。②弱脊后的西南气流：华北地区受弱的高压脊后的西南气流影响，利于重污染天气的发生。③较强高压脊后西南气流：华北地区受较强的高压脊后部的系统的西南气流影响，利于污染物的输送。易于造成华北污染的天气形势多为高压脊影响，或平直西风带影响，华北地区以西南气流为主或受西风气流控制。

4.1.2　重污染天气 850 hPa 天气形势

对历史污染个例进行总结，得到以下三种利于重污染天气发生的天气形势。①暖舌控制 + 西南气流：850 hPa 高度上，华北地区受明显的暖舌控制，且盛行西南气流。一方面暖舌的影响利于形成逆温，从而抑制污染物的垂直扩散；另一方面西南气流将南部的污染物输送到天津。②无明显暖舌 + 西南气流：这种天气形势下，西南气流会带来暖平流，暖平流利于形成逆温，而西南气流也会将南部的污染物输送至该地区，引起污染物累积。③暖舌影响 + 强西南气流 + 弱偏北气流：华北地区虽然没有受到暖舌的控制，但仍能受到暖舌外围的影响；在华北东南部有很强的西南气流影响，而华北西北部却有弱的偏北气流的影响，这种天气形势下，虽然也会造成大气污染，但是随着偏北气流的推进，污染形势会很快得到好转。

4.1.3 重污染天气过程的地面天气形势

将影响天津地区的主要天气系统类型分为 10 种：低压槽区（包括华北小低压，地形槽）、均压场、弱高压（变性高压）、低压前、高压后、低压后、高压前、平直型、锋前低压、倒槽。其中污染天气多发的有弱高压、均压场、华北小低压、高压后等天气类型。2014—2017 年重污染天气 126 天，其中发生在冬季 71 天，春季 24 天，夏季 0 天，秋季 31 天，主要地面天气形势为低压槽区、锋前低压、高压后、弱高压和均压场，重污染天气在不同季节分布频数如表 4-1 所示。

表 4-1 2014—2017 年天津市各季节污染天气不同地面天气形势出现频数

	春	夏	秋	冬
均压场	5	0	6	14
低压槽	2	0	6	12
高压后	7	0	11	13
弱高压	5	0	2	9
锋前低压	5	0	6	23

4.1.4 重污染天气概念模型

利用美国国家环境预报中心（National Centers for Environmental Prediction，NCEP）分析资料，对近几年重污染天气的高低空形势进行分析，建立天津地区重污染天气的天气概念模型（如图 4-1 所示）。

类型 I 为持续出海高压后部型。对于高压型污染，最常见的是出海高压后部，其概念模型有几大特征：一是地面位于高压后部（第四象限），850 hPa 呈现典型的西南气流，使天津地区大气污染与河北中南部连成一线，500 hPa 高空以弱西北气流或者偏西气流为主，夜间少云晴空有利于辐射降温，从而有利于夜间逆温的出现，抑制大气污染物垂直扩散。垂直方向上整体以弱的下沉运动为主，对大气污染物的垂直扩散有一定抑制作用。二是高压中心的位置在预报判断中较为关键，当高压中心比天津纬度高时，天津位于第三象限，呈现东南风，污染输送不明显，大气污染累积缓慢，但当高压中心南压东移后，其纬度低于天津时，天津位于高压第四象限，呈现西南风，输送明显，大气污染物快速增加。三是此类过程多发生在 2—3 月、10—11 月，如果高压系统遇到西太平洋台风阻隔，南下和东移受到阻挡，移动减慢，天津将维持多日高压后部，出现重污染天气概率增加。四是刚转入高压后部时，由于受输送的影响，随着边界层高度的增加，反而易于上下层大气污染物混合，导致近地面大气污染物质量浓度的升高。

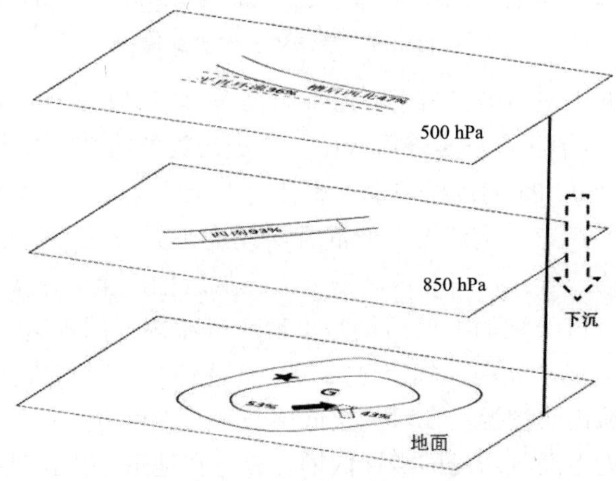

（a）类型 I ——持续出海高压后部型

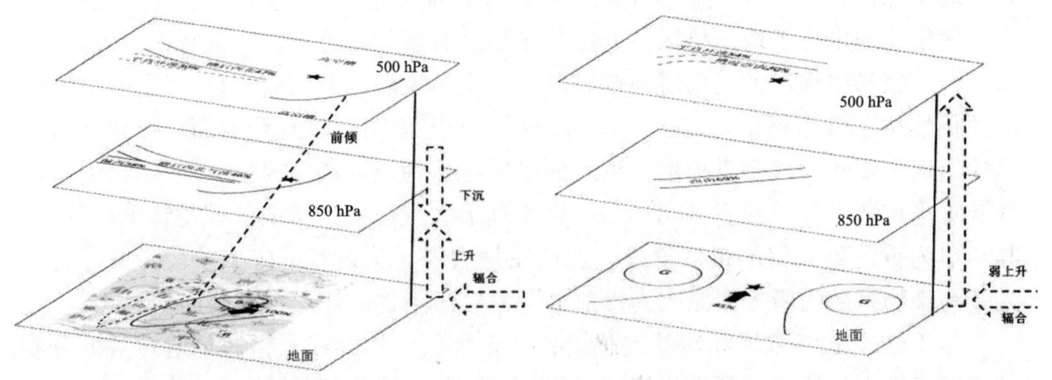

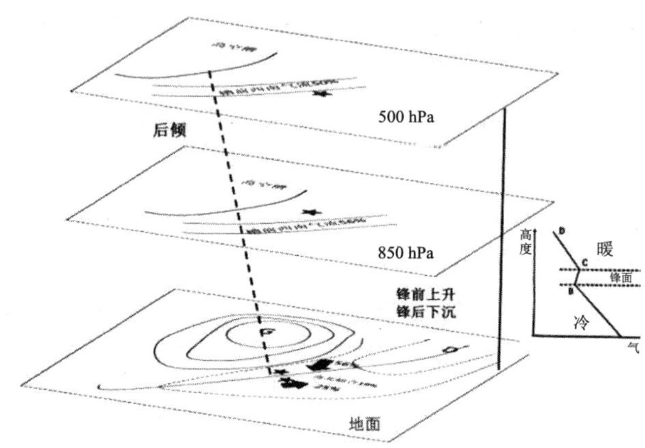

（b）类型Ⅱ——低压型（上左图低压槽，上右图均压，下图锋前低压）

图 4-1 重污染天气概念模型

类型Ⅱ为低压型污染。对于低压型污染，一般可以分为三类。一是均压场（弱均压），二是低压槽区，三是锋前低压。三类污染的特征在高空均表现为平直环流控制为主，在 850 hPa 为浅槽前部（整体有弱上升运动），地面表现为低压。对于均压场而言，小风速、高湿度、低混合层厚度是其最重要的特征，此类天气常出现雾、霾相伴的天气。在华北地区需要关注低压槽区重污染天气类型，在 11 月中下旬到 1 月初，该类型的大气污染常出现在京津冀平原地区。由于我国处于西风带，太行山又呈现南北向，气流过山后，气柱伸长，空气发生辐合，气旋性涡度增加，下沉气流绝热增温，在对流层低层产生暖温度脊，使低层减压，形成低槽。华北地形槽常为地面气压场的暖性低槽，有时在地形槽内出现地形低压，强度弱、不发展。受其影响在华北平原常有低压辐合区的存在，当低压辐合区闭合时，称为华北小低压，当低压辐合区不闭合时，称为地形槽。地形槽与低压系统相互融合，使华北地区位于低压槽区，低压槽区虽然有弱的上升运动，但地面风场辐合，污染天气极易出现。尤其出现前倾槽时，高空呈现弱西北气流，以下沉运动为主，地面仍然位于低压槽前，以上升运动为主，下沉运动无法到达地面，导致下沉逆温的出现，影响大气垂直扩散，近地面越发趋于稳定，高空风能无法传导到地面，降低水平扩散条件，两者共同作用，极不利于大气污染物扩散。三是锋前低压区，其一般为重污染天气的最后阶段，也往往是大气污染过程的峰值阶段，其不易于大气污染物扩散的最主要原因为锋前上游大气污染物的输送以及锋面逆温。

基于 255 m 气象塔和地基遥感设备（云高仪、风廓线、微波辐射计等）分别梳理重污染天气边界层预报阈值，包括混合层厚度、温度层结、高空风速、高空风向、湍流、大气稳定度、通风系数、逆温瓦解时间等，同时基于数值模式等手段，以 CO 为示踪物，构建垂直扩散指数，基于上述指标形成重污染天气边界层物理分析系统。为重污染天气预报预警提供支撑。

（1）混合层厚度：统计显示 $PM_{2.5}$ 日均质量浓度和混合层厚度呈现指数关系，混合层厚度越低 $PM_{2.5}$ 质量浓度越高，其阈值可以以 200 m、400 m、600 m 和 800 m 作为界限判断大气污染垂直扩散能力。当日均混合层厚度小于 200 m 时，天津地区重污染天气出现概率为 52%，中度以上霾出现概率为 46%，需要特别关注。$PM_{2.5}$ 日均质量浓度和混合层厚度的负相关并不适用于所有过程，对于输送型污染由于大气污染的输送一般由高空影响地面，在污染的起始阶段，混合层厚度的增加，反而有利于上层污染物向下的传输，使近地面 $PM_{2.5}$ 质量浓度升高，在运用混合层厚度阈值指标时需要特别考虑。

（2）高空风：高空风速和风向分析对污染天气趋势判断有重要作用，如冠层以上高度风速、300 ～ 1 500 m 风向对 $PM_{2.5}$ 污染程度的指示效果好于近地面同类数据；在选取高空风速指标时，应尽量避免边界层顶附近高度风速数据选取，如使用 300 m 和 600 m 风速和作为指标要好于 300 m、600 m 和 900 m 风速和作为指标。风速和是否有利于大气污染扩散判断的临界阈值为 10 ～ 15 m/s，小于 10 m/s 时水平扩散条件不利于污染物扩散，大于 15 m/s 时有利于污染物扩散；天津地区通风系数的临界阈值为 1 000 ～ 2 000 m^2/s，尤其需要关注通风系数小于 500 m^2/s 的情况，此时对应的 $PM_{2.5}$ 平均质量浓度为 171 $\mu g/m^3$，出现重污染的概率为 64%。分析高空风向时，需要考虑输送高度和 Ekman 螺线的影响。与地面不同，300 ～ 1 500 m 高空风分析时，有利于出现污染天气的风向为西风、西南风和南风，而地面仅为南风和西南风；当 1 500 m 高度呈现东风、偏东风和东南风时，天津地区受来自渤海的气流影响明显，污染气象条件有利于大气污染物扩散，空气质量以良好为主。

（3）大气稳定度和垂直扩散指数：基于 255 m 气象塔风、温和 $PM_{2.5}$ 质量浓度数据获取天津地区大气稳定度特征，利用中尺度大气化学模式构建垂直扩散指数 B 和 M，从而开展天津地区污染天气预报中垂直扩散分析方法的研究，以期提高天津地区重污染天气预报预警准确率。研究结果表明：综合运用大气稳定度、基于边界层平均 $PM_{2.5}$ 质量浓度与近地面 $PM_{2.5}$ 质量浓度比值构建的垂直扩散指数 B，基于数值模式 chemdiag 功能（以 CO 为示踪物）构建的垂直扩散指数 M，可以在污染天气预报中较好地进行大气污染物垂直扩散能力分析。当 7：00—8：00 和 18：00—20：00 大气稳定度为 D 及以上时，相比大气稳定度为 C 及以下时，出现重污染天气的概率呈 10 倍的增加；使用垂直扩散指数 B 和风速双重指标判断重污染天气，比单一的风速指标判断准确率提升 67%；垂直扩散指数 M 与近地面 $PM_{2.5}$ 质量浓度相关系数达到 0.8，当垂直扩散指数 M 小于 0.52 时，重污染天气概率为 75%，可识别 59% 的重污染天气。

（4）逆温和温度层结：天津地区 10 ～ 250 m 平均温差 0.56 ℃ /100 m，其与 $PM_{2.5}$ 质量浓度相关系数可以达到 0.64，当日均温差小于 0.4 ℃ /100 m 时，垂直扩散条件不利于大气污染物扩散，出现中度以上污染概率为 64%，重污染概率为 47%。从温度廓线和逆温频率统计分析，贴地逆温占所有逆温的 55%，除贴地逆温以外逆温底部最易出现在 160 m 的高度，大量非贴地逆温的出现，不利于高架源夜间的排放。每年 10 月—次年 2 月天津逆温频率为 20%，是 3—9 月出现逆温概率的 163%。在冬季分析中，需要关注逆温情况对大气污染物扩散的影响，如秋冬季 8 时逆温仍然存在，重污染天气出现概率高达 56%，中度及以上污染出现概率为 72%，是重污染天气辨识的重要指标。根据研究显示，逆温瓦解时间在 7 时—10 时或者日均垂直温度递减率由 0.6 ℃ /100 m 向 0.4 ℃ /100 m 变化时，任何细微变化对大气垂直扩散有显著影响。以目前天津地区 $PM_{2.5}$ 污染情况，模式模拟显示 10 ～ 250 m 的温度垂直递减率由于气溶胶存在可减少 0.06 ℃ /100 m，在 25 个重污染过程中，平均下降 0.18 ℃ /100 m，对大气垂直扩散条件产生显著影响。在用不考虑气溶胶辐射效应的天气模式分析温度层结时，需要适当调整阈值，尤其是逆温瓦解时间在 7 时—10 时以及垂直温度递减率由 0.6 ℃ /100 m 向 0.4 ℃ /100 m 变化时。

（5）垂直扩散指数 B 与 $PM_{2.5}$ 质量浓度关系：基于 255 m 气象塔监测 $PM_{2.5}$ 垂直分布规律，可以构建垂直扩散指数 B，描述大气垂直扩散条件的变化。具体如式（4-1）所示。

$$B = \frac{\mathrm{HPM}}{\mathrm{SPM}} \tag{4-1}$$

式中：HPM——0 ～ 1 500 m $PM_{2.5}$ 积分质量浓度，$\mu g/m^3$；SPM——近地面 $PM_{2.5}$ 质量浓度，$\mu g/m^3$。

基于天津大气化学模式计算 2015 年 10 月—2017 年 2 月天津地区垂直扩散指数 B。结果表明研究期间天津地区垂直扩散指数 B 均值为 0.56，其中 6—9 月垂直扩散条件达到全年峰值，均值为 0.74，12 月—次年 2 月为全年谷值，均值为 0.43（如图 4-2 所示）；如果 0 ～ 1 500 m 大气中有相同质量 $PM_{2.5}$ 的情况（类似排放量相等），冬季近地面 $PM_{2.5}$ 质量浓度是夏季质量浓度的 168%，而实际冬季近地面 $PM_{2.5}$ 质量浓度是夏季质量浓度的 188%，这与 255 m 气象塔监测显示的冬季近地

面 $PM_{2.5}$ 质量浓度是夏季质量浓度的 177%、40 ～ 220 m 平均质量浓度冬季为夏季的 112% 有较好对应，即冬季和夏季近地面 $PM_{2.5}$ 质量浓度的巨大的差异，主要为两个季节垂直扩散条件差异引起，其可解析 $PM_{2.5}$ 质量浓度季节变化的 75%，在污染分析中需要关注。统计显示（如图 4-3 所示）：重污染天气时垂直扩散指数 B 主要集中在 0.4 ～ 0.6。当垂直扩散指数 B 大于 0.8 时，垂直扩散条件有利于污染物扩散，平均 $PM_{2.5}$ 质量浓度为 56 μg/m^3，未出现重污染天气。当垂直扩散指数 B 大于 0.6 而小于等于 0.8 时，平均 $PM_{2.5}$ 质量浓度为 85 μg/m^3，出现重污染天气概率为 11%，主要出现在过程的开始阶段或者有明显北部污染输送的过程（高压前低压区）。当垂直扩散指数 B 小于 0.4 时，近地面 $PM_{2.5}$ 质量浓度仅为 63 μg/m^3，重污染天气概率仅为 6.7%，此时大气中 $PM_{2.5}$ 含量较低（一般风速也较大），带入高层的 $PM_{2.5}$ 减少，导致垂直扩散指数显示较低。垂直扩散指数 B 小于 0.4 时出现 10 次重污染天气，平均风速 1.2 m/s，是平均风速的 50%，由此显示，在污染天气分析中当垂直扩散指数 B 小于 0.4、风速接近 1 m/s 时易出现重污染天气，其余时刻出现重污染天气概率较低；当垂直扩散指数 B 在 0.4 ～ 0.6 时，最易于重污染天气的发生，其出现重污染天气 32 次，重污染天气出现概率为 18%，占所有重污染天气的 56%。与月变化相比，近地面 $PM_{2.5}$ 质量浓度的逐日变化不仅与垂直扩散条件有关，也与水平扩散条件密不可分，当垂直扩散指数 B 在 0.4 ～ 0.6 区间，如果水平风速大于 2.5 m/s，虽然垂直扩散条件不利，但水平扩散条件较好，出现重污染概率为 0，平均 $PM_{2.5}$ 质量浓度为 46 μg/m^3，当风速小于 1.5 m/s，在水平扩散条件和垂直扩散均不利的情况下，重污染天气出现概率为 40%，平均 $PM_{2.5}$ 质量浓度为 135 μg/m^3。在污染天气分析使用双重指标（垂直扩散指数 B 和水平风速）判断重污染天气比单独使用水平风速判断重污染天气准确率有明显提高，如设定风速小于 1.5 m/s，垂直扩散指数 B 为 0.4 ～ 0.6，或者风速小于 1.2 m/s，垂直扩散指数 B 为 0.3 ～ 0.4 为易于重污染天气出现的条件，其重污染天气预报准确率可以达到 50%，而如果单纯考虑水平扩散条件，认为水平风速小于 1.5 m/s 易于重污染天气出现，由于缺少垂直扩散条件分析，存在大量空报，其准确率仅为 30%。

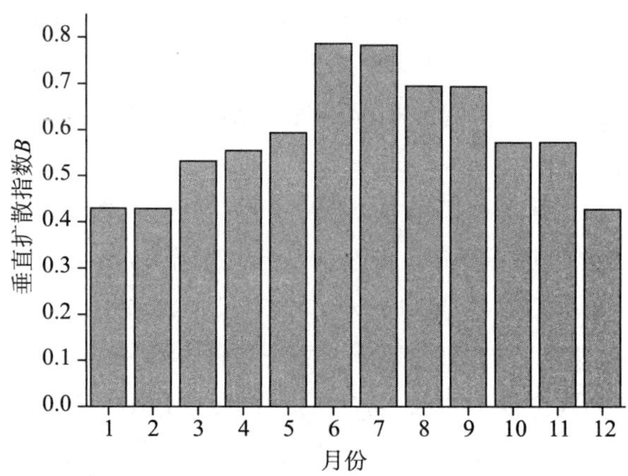

图 4-2　天津垂直扩散指数 B 月变化

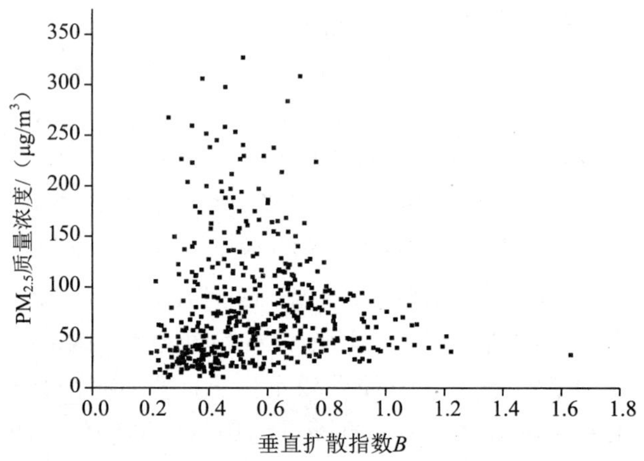

图 4-3　天津垂直扩散指数 B 与 $PM_{2.5}$ 质量浓度的关系

（6）示踪物模拟分析：随着计算机技术发展，大气垂直混合能力的描述既可使用统计指标表达，也可以通过数值模式予以分解计算。中尺度大气化学模式 WRF-Chem 在其 3.8 版本中加入 CO、O_3 和 NO_2 垂直混合能力计算功能。相比 O_3 和 NO_2 特征，CO 物理过程占据主导地位，与 $PM_{2.5}$ 扩散规律更为近似，可作为示踪物反映大气垂直扩散能力。打开模式的 chemdiag 功能，模拟 2015 年 10 月—2017 年 2 月近地面由于混合作用使得 CO 下降百分比，以此作为垂直扩散指数 M，具体计算如式（4-2）所示。

$$M = \frac{-\text{vmix\_co}}{\text{CO} - \text{vmix\_co} - \text{advh\_co} - \text{advz\_co} - \text{chem\_co}} \times 100\% \qquad (4\text{-}2)$$

式中：CO——CO 的平均质量浓度；vmix_co——垂直混合作用使地面 CO 质量浓度增加量，数值为负时表示降低；advh_co——水平输送使地面 CO 质量浓度增加量；advz_co——对流运动使地面 CO 质量浓度增加量；chem_co——化学作用使 CO 质量浓度增加量；（CO－vmix_co－advh_co－advz_co－chem_co）表示没有水平输送、垂直混合、对流输送和化学作用时大气 CO 的平均质量浓度。

如图 4-4 所示，基于示踪物模拟构建垂直扩散指数 M，对于 $PM_{2.5}$ 质量浓度预报有极好的指示作用，其与 $PM_{2.5}$ 质量浓度呈现幂指数关系，相关系数高达 0.8。当垂直扩散指数 M 大于 0.65 时，平均 $PM_{2.5}$ 质量浓度为 49 μg/m^3，重污染天气概率为 0，其占总样本的 54%，即 54% 的天气通过垂直扩散指数判断气象条件是否有利于大气污染物垂直扩散，就可以排除重污染天气出现的可能。当垂直扩散指数 M 小于 0.52 时，气象条件非常不利于大气污染物垂直扩散，平均 $PM_{2.5}$ 质量浓度为 193 μg/m^3，重污染天气概率为 75%（共计 34 天，占研究样本重污染天气的 59%），除 1 天以外，剩余非重污染天气时空气质量也达到中度污染水平。当垂直扩散指数在 0.52 ～ 0.65 时，重污染天气的出现由大气水平和垂直扩散条件共同作用，M 值为 0.52 ～ 0.58 时，垂直扩散条件略偏向于不利于污染扩散，M 值为 0.58 ～ 0.65 时，垂直扩散条件略偏向有利于污染扩散，其对应的 $PM_{2.5}$ 质量浓度分别为 121 μg/m^3 和 85 μg/m^3。

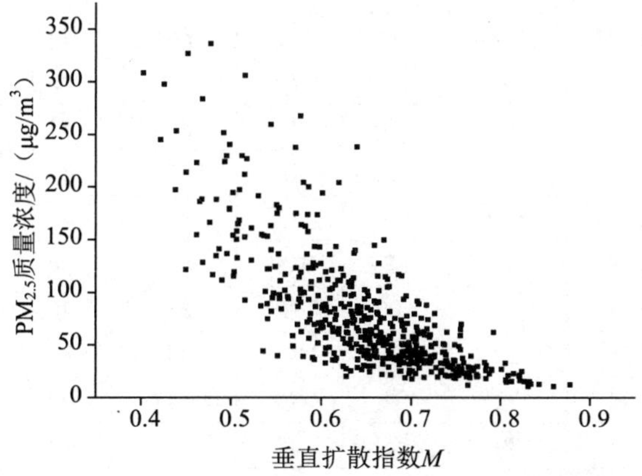

图 4-4　天津垂直扩散指数 M 与 $PM_{2.5}$ 质量浓度的关系

4.2 重污染期间气象要素特征

4.2.1 环流形势和气象要素对污染物质量浓度的影响

污染物质量浓度受大气扩散条件的影响较大，影响大气污染物扩散的条件主要是大气水平和垂直扩散能力。其中，大气水平扩散条件主要受风力、相对湿度、降水等因素影响；垂直扩散条件则主要受边界层高度、逆温厚度等要素影响。当大气水平和垂直方向上扩散条件较差时，污染物容易累积，从而形成重污染天气过程。

统计不同天气形势（小低压、均压场、弱高压、低压前、高压后、低压后、高压前、平直型、冷锋过境）对应的 $PM_{2.5}$ 日均质量浓度（如表 4-2 所示），确定天气形势的预报权重因子及分级。

表 4-2 不同天气形势下的 $PM_{2.5}$ 质量浓度的逐时变化及日均值 单位：μg/m³

时间	小低压	均压场	弱高压	低压前	高压后	低压后	高压前	平直型	冷锋过境
0 时	225	158	105	133	81	83	40	68	22
1 时	218	163	105	127	85	80	41	64	20
2 时	219	160	114	121	86	83	40	56	19
3 时	219	158	113	117	78	75	41	42	16
4 时	210	145	113	113	74	71	40	31	18
5 时	198	132	117	115	63	69	37	35	18
6 时	194	129	118	112	61	65	40	42	18
7 时	183	139	110	93	70	73	43	52	22
8 时	175	144	103	98	84	80	51	63	25
9 时	176	153	107	102	88	87	49	63	29
10 时	188	166	119	95	95	83	46	61	32
11 时	183	178	117	83	107	82	46	72	28
12 时	154	112	73	100	90	31	30	79	14
13 时	160	125	52	86	89	34	26	77	14
14 时	161	124	72	82	86	34	28	67	15
15 时	161	121	89	75	88	37	34	71	17
16 时	148	132	94	80	97	37	37	78	19
17 时	158	131	96	80	95	48	38	75	21
18 时	173	136	105	94	94	69	42	73	24

续表

时间	小低压	均压场	弱高压	低压前	高压后	低压后	高压前	平直型	冷锋过境
19 时	197	144	105	108	105	75	47	85	26
20 时	218	152	104	125	105	67	50	88	31
21 时	230	156	103	130	102	58	51	81	30
22 时	235	166	108	137	102	59	44	75	28
23 时	229	161	108	135	95	69	41	72	27
日均	192	145	102	106	88	64	41	65	22

研究天津地区不同气流轨迹及地面天气形势出现频率。天津冬季的气流轨迹大致可以分为 8 类，其中易产生雾霾和重污染天气的有 3 类，分别为西南路径、弱西北路径和偏东路径。其中弱西北路径出现频率最大为 45%，弱西北路径分为 5 条偏西北路径，主要以北京至天津的偏西北路径为主；其次为西南路径，出现频率为 30%；最后为偏东路径，由正东路径和东北转东路经组成。

天津地区西南路径、弱西北路径和偏东路径 3 种气流轨迹下对应的污染物平均质量浓度分别为 131 μg/m^3、109 μg/m^3 和 83 μg/m^3，其中以西南路径最高，偏东路径最低（如表 4-3 所示）。在西南路径下，地面形势为华北小低压的情况下污染物浓度最高，其次为均压场，浓度最低的情况是处于高压前部；在弱西北路径下，地面处于均压场时污染物浓度最高，其次为处于低压后部和高压后部；在偏东路径下，地面为均压场时污染物质量浓度最高。

表 4-3　不同气流轨迹和地面天气形势对应的 $PM_{2.5}$ 质量浓度　　单位：μg/m^3

序号	路径	高压后	低压前	均压场	弱高压	低压后	高压前	华北小低压
1	西南路径（131 μg/m^3）	127	137	196	107	154	99	224
2	弱西北路径（109 μg/m^3）	130	114	245	70	136	105	0
3	偏东路径（83 μg/m^3）	88	102	127	82	116	70	0

分析不同级别降水量、风速、相对湿度对 $PM_{2.5}$ 质量浓度的影响，风速与 $PM_{2.5}$ 质量浓度的负相关性最高（相关系数为 –0.36）；其次为相对湿度（相关系数为 0.29）；24 h 变压与变温对 $PM_{2.5}$ 质量浓度也有一定的影响；日降水量在 1 mm 以下时，$PM_{2.5}$ 清除不明显。综合而言，当风速小于 1 m/s，相对湿度大于 50%，降水量小于 1 mm，此类天气在天津发生的概率为 14%，$PM_{2.5}$ 平均质量浓度为

112 μg/m³。如果将风速的标准定为 1.5 m/s 以内，此类天气在天津发生的概率为 30.6%，$PM_{2.5}$ 平均质量浓度为 93.6 μg/m³。具体不同风速对 $PM_{2.5}$ 质量浓度影响如表 4-4 所示。

表 4-4　不同风速对 $PM_{2.5}$ 质量浓度的影响

城区风速 / (m/s)	＞2	1.5～2	1～1.5	＜1
郊区风速 /(m/s)	＞3.5	2～3.5	1.5～2	＜1.5
$PM_{2.5}$ 平均质量浓度 / (μg/m³)	40.89	55.15	65.58	96.95
发生频率 /%	10.17	29.85	37.38	22.59

4.2.2　边界层特征量对污染物质量浓度的影响

基于气象塔垂直观测资料，研究温度层结、边界层高度、湍流等边界层特征量与污染物质量浓度的关系。

（1）温度层结和污染的关系。进入秋冬季，夜间逆温出现的频率明显增加，如果下半夜出现逆温，全天 $PM_{2.5}$ 质量浓度要显著地高于没有逆温天气的 $PM_{2.5}$ 质量浓度，尤其是逆温瓦解时刻较晚时（如图 4-5 所示），$PM_{2.5}$ 日均质量浓度呈现快速的增长，如 8 时的 10～250 m 仍然呈现逆温，平均 $PM_{2.5}$ 质量浓度可达到 167 μg/m³, 重污染天气出现概率高达 56%。此外随着逆温瓦解时间的延长，出现重污染的概率将显著地增加，9 时如果仍将出现逆温，出现重污染概率高达 76%，10 时及 10 时以后逆温仍然未瓦解，出现重污染天气概率将达到 100%，但样本相对较少，仅出现 4 次。同时，由于秋冬季下半夜逆温出现频率较高（如图 4-6 所示），在下半夜出现逆温并不意味着重污染天气一定发生，其概率仅为 35% 左右，中度及以上污染出现的概率也仅有 50%，并不能因为下半夜有逆温就判断有高浓度污染出现。但如果日出后，逆温瓦解时间较慢，则完全可以判断有高概率出现中度以上大气污染，如 8 时逆温仍然存在，重污染天气出现概率高达 56%，中度及以上污染出现概率为 72%，是重污染天气辨识的重要指标。

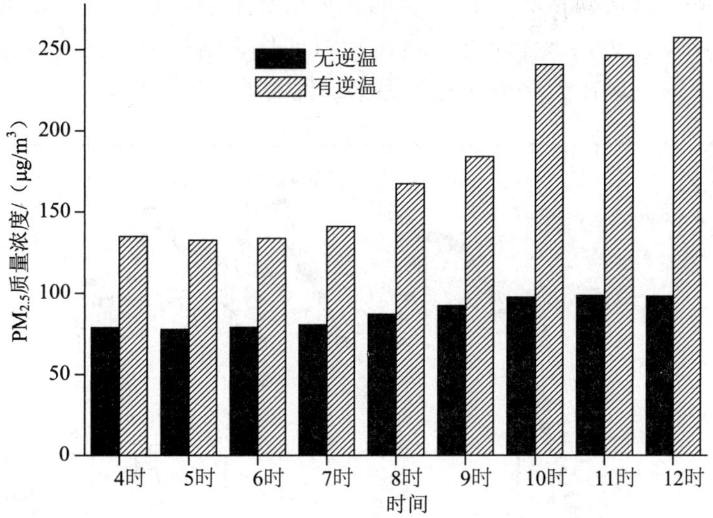

图 4-5　天津逆温瓦解时间与 $PM_{2.5}$ 质量浓度的关系

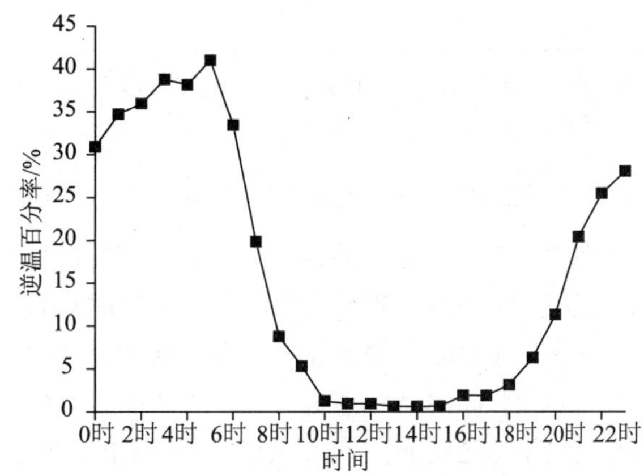

图 4-6　天津各时次逆温出现概率

（2）混合层厚度对污染的影响。如图 4-7 所示，混合层厚度与 $PM_{2.5}$ 质量浓度呈现显著的反相关。在 1 月，混合层厚度维持在 300 m 或者低于 300 m，$PM_{2.5}$ 质量浓度出现持续升高，有可能出现重度污染，当混合层厚度超过 800 m，垂直扩散条件较好，$PM_{2.5}$ 质量浓度呈现显著日变化波动，且午间前后一般可以达到良好水平。但是在深秋和初春时节，如果华北地区高空以西南气流为主，天津地面维持西南风，河北中南部已经出现重度污染，此时随着混合层厚度的增加，由于上层输送的影响，天津地区大气污染反而呈现增加趋势，直至天津地区大气污染水平与河北中南部相当，天津地区大气污染日变化重新呈现与混合层厚度负相关的变化趋势，上述现象在天津多次持续污染过程的前期均有体现。

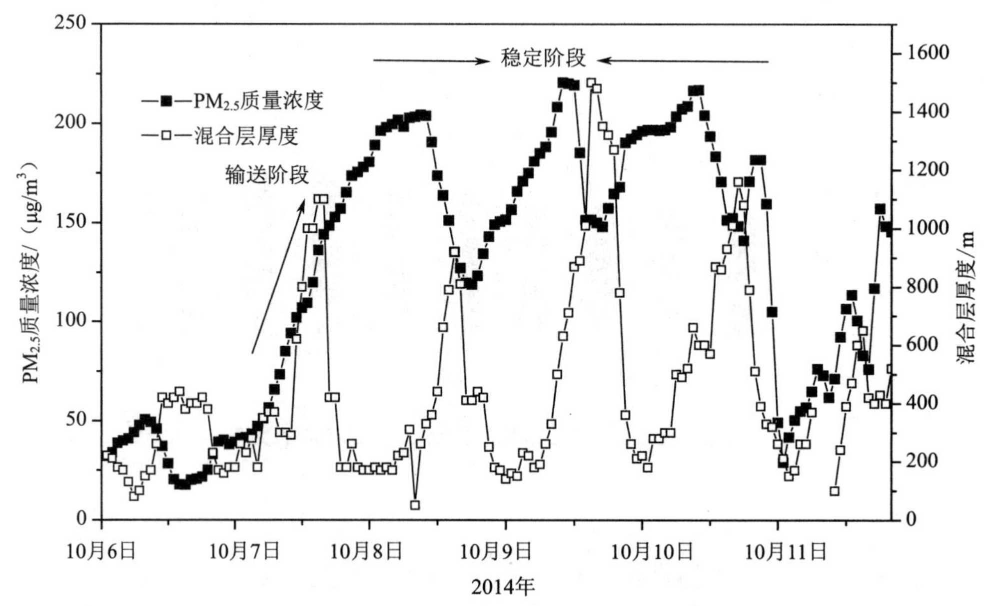

图 4-7 混合层厚度和地面 $PM_{2.5}$ 质量浓度变化趋势

（3）湍流对污染的影响。湍流动能反映大气污染物的垂直扩散能力，分析 $PM_{2.5}$ 质量浓度与湍流动能的关系，$PM_{2.5}$ 质量浓度增加时湍能减小。对多个个例统计分析，排除水平风场对 $PM_{2.5}$ 扩散的影响，将湍流动能分为 13 档，其中 1 ～ 2 档为 0 ～ 0.3 m^2/s^2，3 ～ 4 档为 0.3 ～ 0.5 m^2/s^2，5 ～ 7 档为 0.5 ～ 0.8 m^2/s^2，8 ～ 10 档为 0.8 ～ 2 m^2/s^2，11 档以上为 2 m^2/s^2。一般可以认为当湍流动能为 0 ～ 0.3 m^2/s^2 时，湍流受到抑制，垂直扩散不利于污染物扩散；湍流动能为 0.3 ～ 0.5 m^2/s^2，湍流较弱，日间大气污染物日变化不显著，有小幅度波动；湍流动能为 0.5 ～ 0.8 m^2/s^2，湍流一般偏强，有明显的日变化，不易污染物持续累积；湍流动能为 0.8 ～ 2 m^2/s^2，湍流较强，垂直扩散条件非常有利；湍流动能大于 2 m^2/s^2，有明显天气过程，污染物彻底消除。

4.3 重污染过程污染物分布特征

统计2013年—2016年6月天津市发生的重污染过程（如表4-5所示），天津市发生20次重污染过程，其中地面天气类型以低压槽为主的过程发生8次，重污染频率为40%；以高压后为主的过程发生7次，重污染频率为35%；以均压场为主的过程发生5次，重污染频率为25%。

表4-5 2013—2016年6月天津市重污染过程

序号	天气形势	过程
1	低压槽	2013年1月10日—12日
2		2013年1月28日—31日
3		2013年3月6日—8日
4		2013年11月21日—24日
5		2014年12月27日—29日
6		2015年10月14日—17日
7		2015年11月27日—12月2日
8		2016年3月2日—6日
9	高压后	2013年1月21日—23日
10		2014年2月21日—26日
11		2015年6月22日—24日
12		2015年11月1日—4日
13		2015年11月11日—15日
14		2015年12月20日—25日
15		2016年3月14日—21日
16	均压场	2013年2月26日—28日
17		2013年12月22日—25日
18		2015年12月5日—10日
19		2015年12月28日—2016年1月4日
20		2016年4月12日—16日

各类型重污染过程中，低压槽、均压场和高压后的温度较低、风速较低、湿度较高（如表4-6所示），这三种重污染过程通常发生在冬季静稳的天气条件下。当冬季风速在1.5 m/s左右、相对湿度在70%左右时容易出现重污染天气。

表 4-6 不同天气类型重污染过程主要气象要素

天气类型	风速 /（m/s）	温度 /℃	相对湿度 /%
低压槽	1.5	3.8	68.0
均压场	1.5	1.3	70.3
高压后	1.5	7.2	75.2

各天气类型重污染过程中，低压槽重污染过程期间污染物质量浓度最高（如表 4-7 所示），8 次污染过程期间 SO_2、NO_2、PM_{10}、$PM_{2.5}$ 和 CO 平均质量浓度分别为 112 μg/m^3、89 μg/m^3、302 μg/m^3、212 μg/m^3 和 3.3 mg/m^3；其次是均压场，5 次污染过程期间 SO_2、NO_2、PM_{10}、$PM_{2.5}$ 和 CO 平均质量浓度分别为 85 μg/m^3、77μg/m^3、245 μg/m^3、170 μg/m^3 和 2.7 mg/m^3；再次是高压后天气类型下重污染过程，7 次污染过程期间 SO_2、NO_2、PM_{10}、$PM_{2.5}$ 和 CO 平均质量浓度分别为 75 μg/m^3、75 μg/m^3、214 μg/m^3、157 μg/m^3 和 2.7 mg/m^3。由此可见，按照污染严重程度，三种重污染天气类型下，低压槽重污染程度最重，其次是均压场，高压后重污染相对较轻。

表 4-7 不同天气类型重污染过程污染物平均质量浓度

天气类型	SO_2/(μg/m^3)	NO_2/(μg/m^3)	PM_{10}/(μg/m^3)	$PM_{2.5}$/(μg/m^3)	CO/(mg/m^3)	O_3/(μg/m^3)
低压槽	112	89	302	212	3.3	41
均压场	85	77	245	170	2.7	40
高压后	75	75	214	157	2.7	57

注：CO 和 O_3 质量浓度为日平均质量浓度。

4.3.1 低压槽型重污染过程分析

低压槽型重污染过程通常维持 3 ～ 4 天重污染天气，低压槽天气形势导致冬季天津市风速较低（平均风速 1.5 m/s 左右），静稳天气抑制水汽的水平和垂直扩散，导致相对湿度也较高（平均相对湿度为 68% 左右）。

在低压槽地面天气形势控制下，污染物的扩散条件较差，在静稳高湿的大气环境中，污染物浓度呈现明显的累积趋势，其中，相比 SO_2 和 NO_2，颗粒物 $PM_{2.5}$ 和 PM_{10} 的累积效应更明显。从累积速率来看，重污染过程初期，污染物浓度累积加快，$PM_{2.5}$ 浓度累积速率最高；在重污染过程中后期，污染物浓度累积减缓，直至基本平稳（如图 4-8 所示）。

污染期间天津市空气质量呈现一定的空间分布特征，有些污染过程期间西南

部和东北部 $PM_{2.5}$ 质量浓度通常较其他地区高，污染消散时通常从东南部开始向西北部方向逐步推进。与周边城市相比，天津市重污染期间的污染程度常处在相对较低水平。

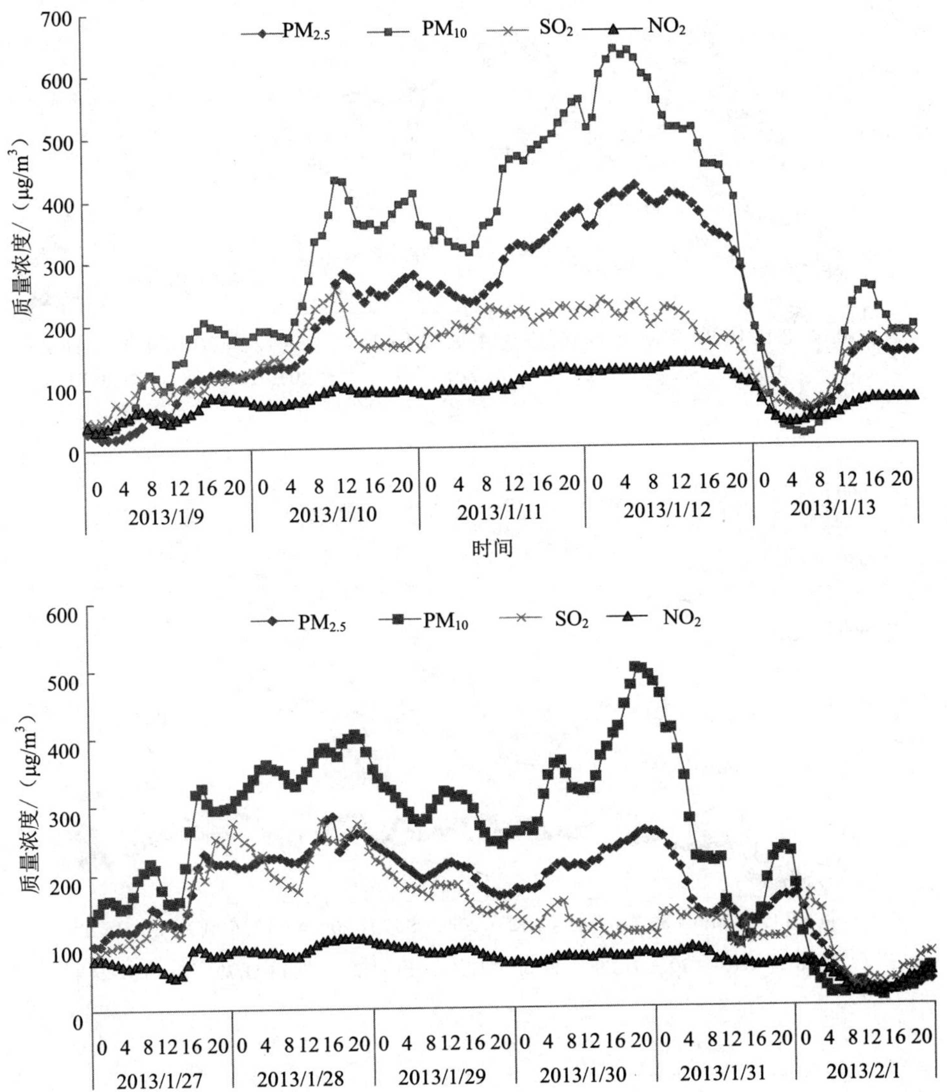

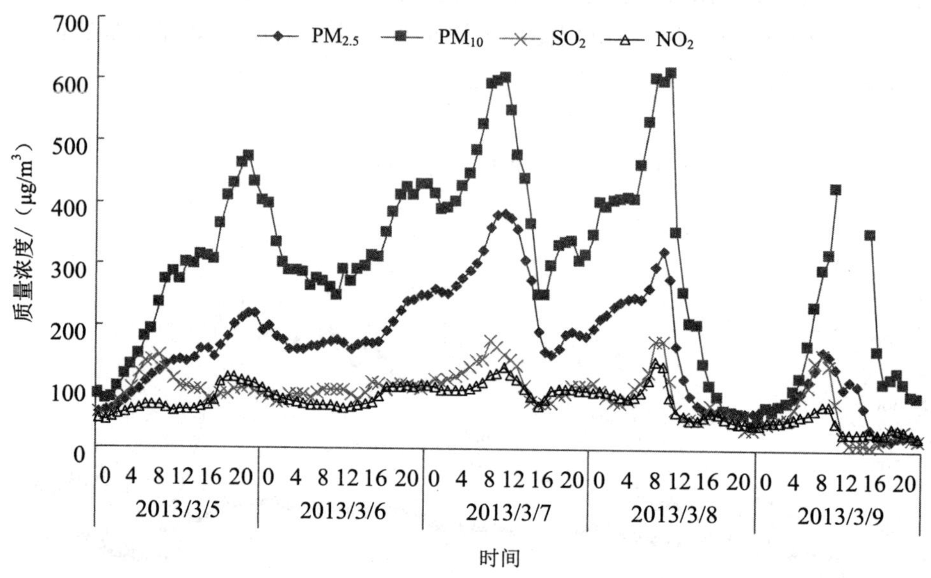

$PM_{2.5}$
PM_{10}
SO_2
NO_2
质量浓度/（μg/m³）
700
600
500
400
300
200
100
0
0 4 8 12 16 20
2013/3/5
2013/3/6
2013/3/7
2013/3/8
2013/3/9
时间

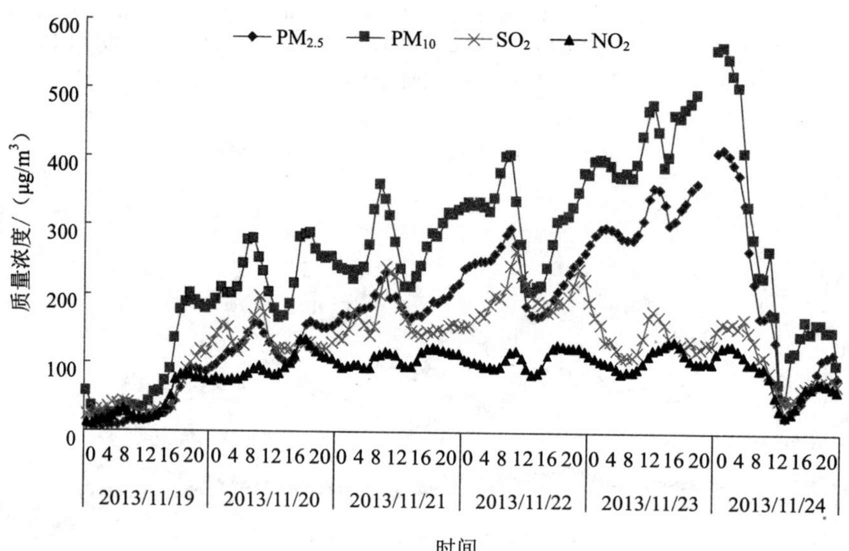

$PM_{2.5}$
PM_{10}
SO_2
NO_2
质量浓度/（μg/m³）
600
500
400
300
200
100
0
0 4 8 12 16 20
2013/11/19
2013/11/20
2013/11/21
2013/11/22
2013/11/23
2013/11/24
时间

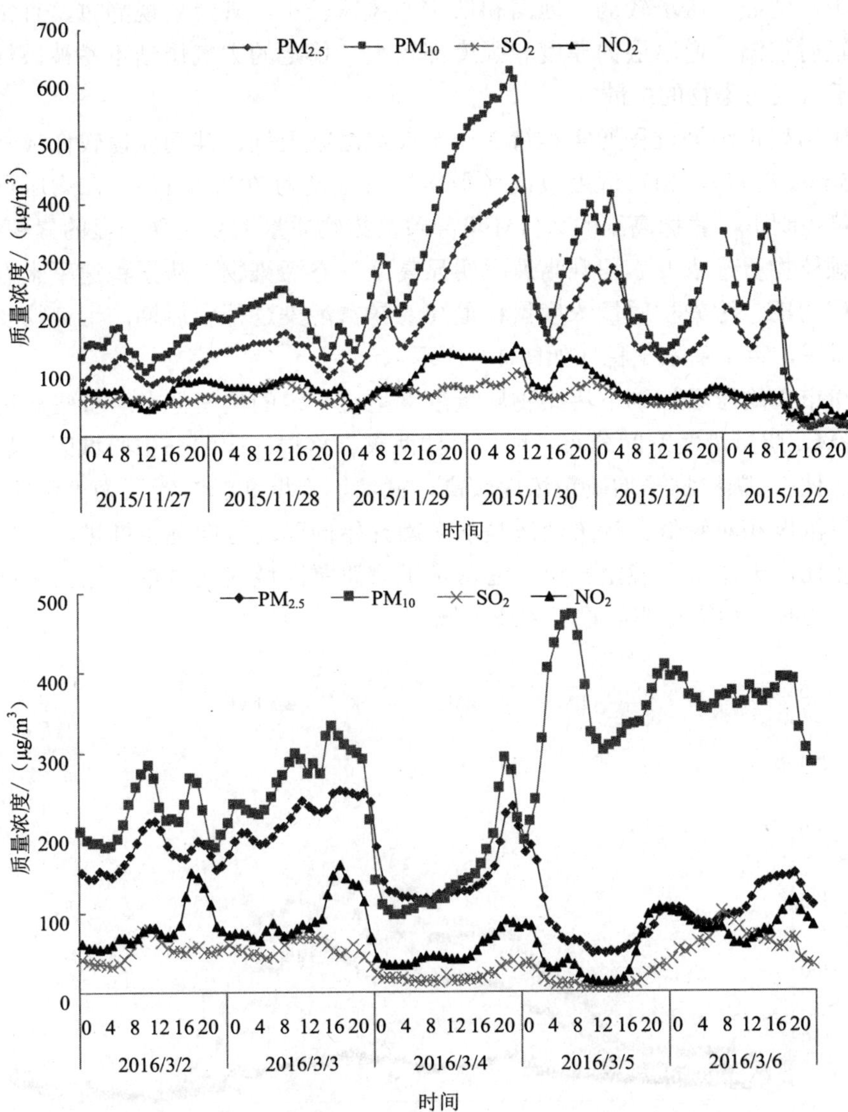

图 4-8 低压槽型重污染过程污染物质量浓度变化曲线

4.3.2 均压场型重污染过程分析

当地面天气形势呈现均压场型时，京津冀地区处在一个鞍形场或均压场中。

该形势下，地面气压场较弱，地面和低空的风速较小，甚至出现静风，且常伴有较强的辐射逆温，逆温层的厚度和强度都较大，稳定的大气层结不易被破坏，因此不利于大气污染物的扩散。

均压场型重污染过程通常维持 3 ～ 5 天重污染天气，其间风速较低（平均风速为 1.5 m/s 左右），相对湿度较高（平均相对湿度为 70% 左右）。在均压场地面天气形势控制下，静稳高湿的大气环境导致污染物质量浓度呈现明显的累积趋势，其中，颗粒物质量浓度累积升高速率明显高于气态污染物。从累积速率来看，重污染过程初期，污染物质量浓度累积最高；在重污染过程中后期，污染物质量浓度累积减缓，直至基本平稳（如图 4-9 所示）。

天津市在均压场控制下污染物质量浓度呈现一定的空间分布。有些重污染过程中，$PM_{2.5}$ 质量浓度空间分布呈现“一体两翼”格局。宁河—中心城区—静海一线为“一体”，颗粒物平均质量浓度较高，武清、宝坻和滨海新区为“两翼”，颗粒物质量浓度相对较低。污染消散是从东南开始向西北方向逐步推进。与周边其他地区相比，天津市环境空气质量通常优于京津冀区域其他城市，但当天津市处于低压中心时，污染却明显重于周边区域。

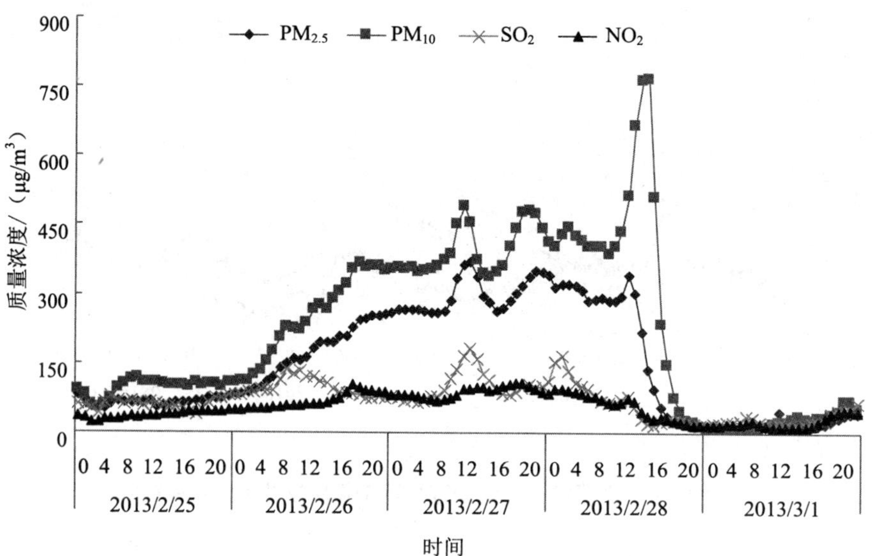

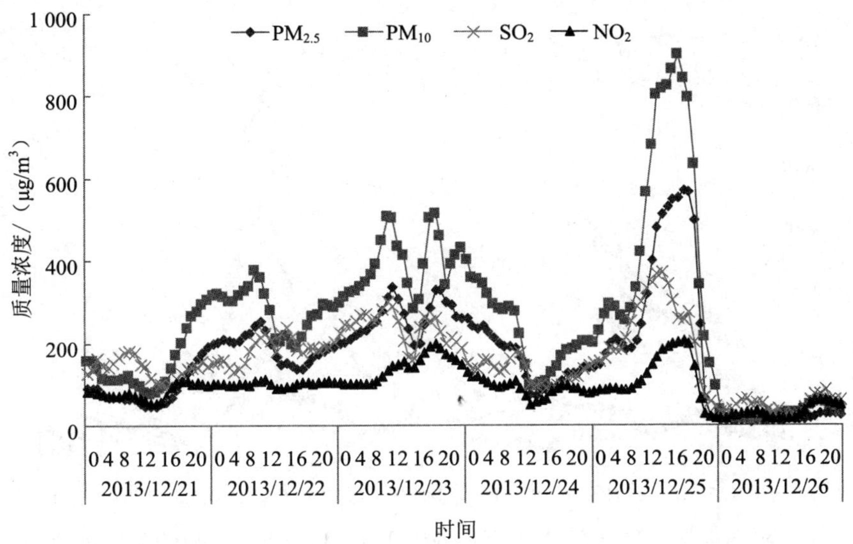
PM2.5
PM10
SO2
NO2
1 000
800
600
400
200
0
质量浓度/（μg/m3）
0 4 8 12 16 20
2013/12/21
2013/12/22
2013/12/23
2013/12/24
2013/12/25
2013/12/26
时间

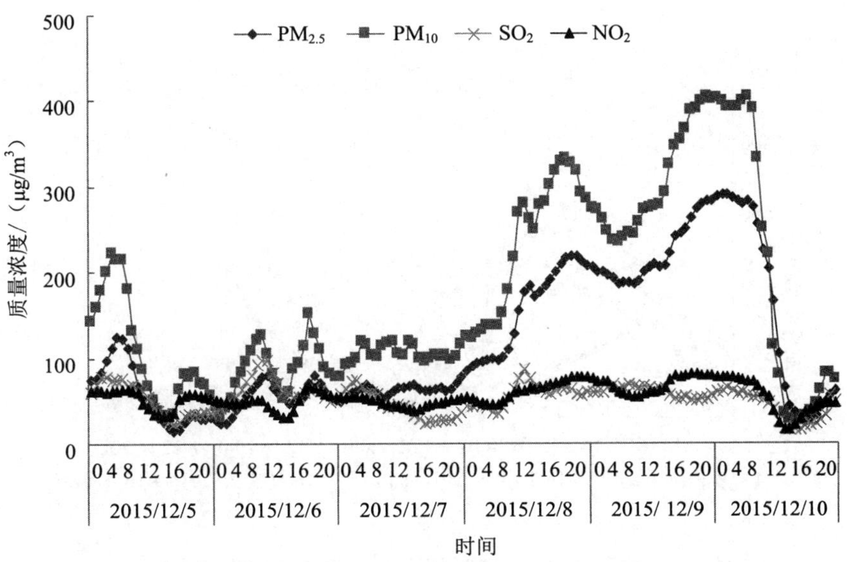
PM2.5
PM10
SO2
NO2
500
400
300
200
100
0
质量浓度/（μg/m3）
0 4 8 12 16 20
2015/12/5
2015/12/6
2015/12/7
2015/12/8
2015/ 12/9
2015/12/10
时间

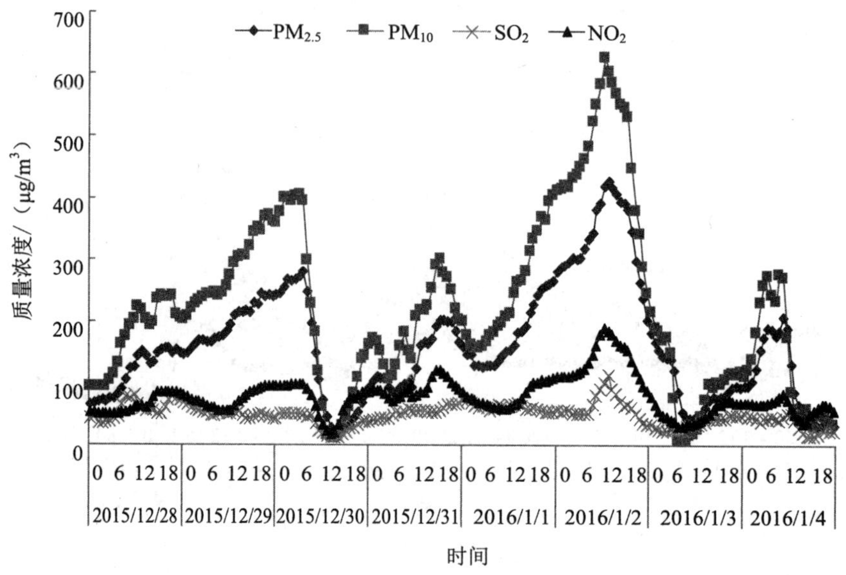

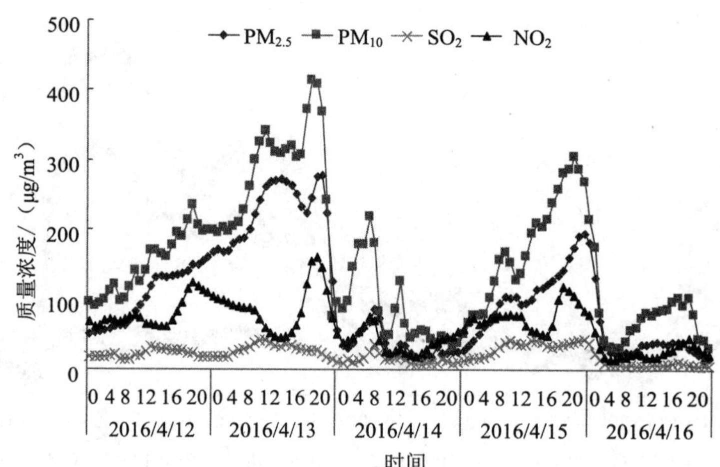

图 4-9　均压场型重污染过程污染物质量浓度变化曲线

4.3.3　高压后型重污染过程分析

地面天气形势为高压后型时，南部低压阻滞北部高压南下和东移，造成天津市处在变性的弱高压或弱低压控制下，未来一段时间内强冷高压将向东南移动，有冷锋过境，天津处于冷锋前辐合区中。这种形势下风场较弱，低空暖湿气流输送阻碍垂直扩散，且造成地面相对湿度较大，扩散条件较差，导致污染物积累。

高压后型重污染过程通常维持 2 ～ 5 天重污染天气，其间风速较低（平均风速为 1.5 m/s 左右），相对湿度较高（平均相对湿度为 75% 左右）。在高压后地面天气形势控制下，大气相对湿度更高，SO_2 和 NO_2 等污染物更易发生非均相化学反应，二次颗粒物转化率更高。污染过程初期污染物累积趋势明显，尤其是颗粒物。冷空气抵达天津后，污染物浓度开始迅速下降（如图 4-10 所示）。

由于高压后型重污染天气的静稳程度不如低压槽型和均压场型，在污染物过程中有时会有间歇性的较大风力，因此污染程度不如前两个天气类型。与周边城市相比，天津市大气污染程度处在相对低的水平上，整体环境空气质量好于京津冀地区其他城市。

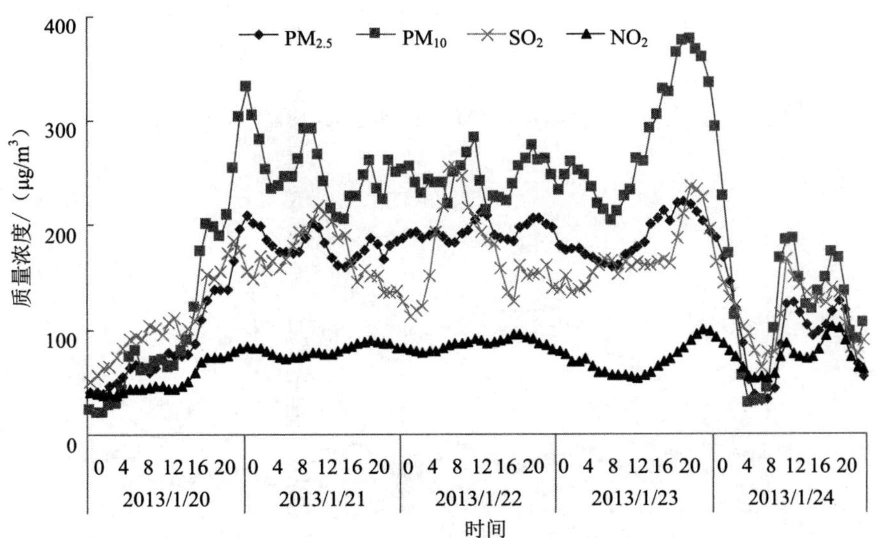

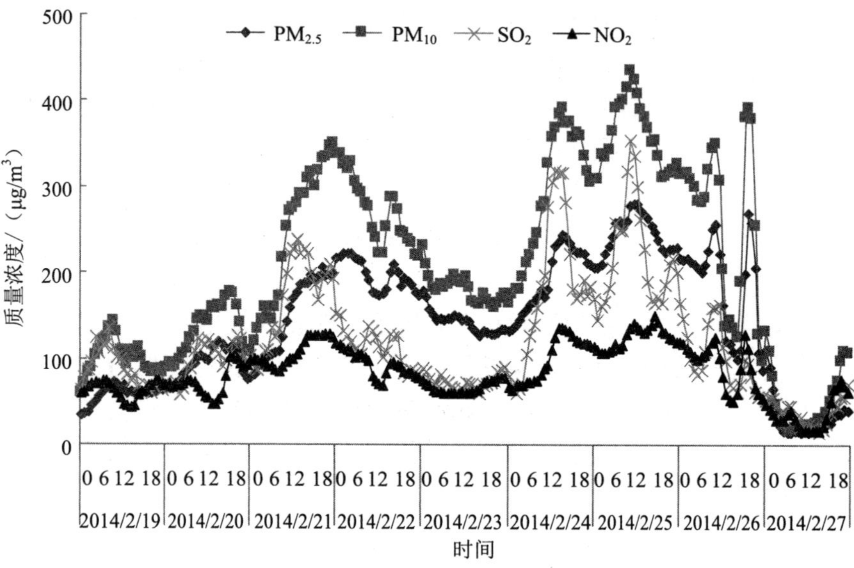
PM2.5
PM10
SO2
NO2
质量浓度/（μg/m3）
500
400
300
200
100
0
0 6 12 18
2014/2/19
2014/2/20
2014/2/21
2014/2/22
2014/2/23
2014/2/24
2014/2/25
2014/2/26
2014/2/27
时间

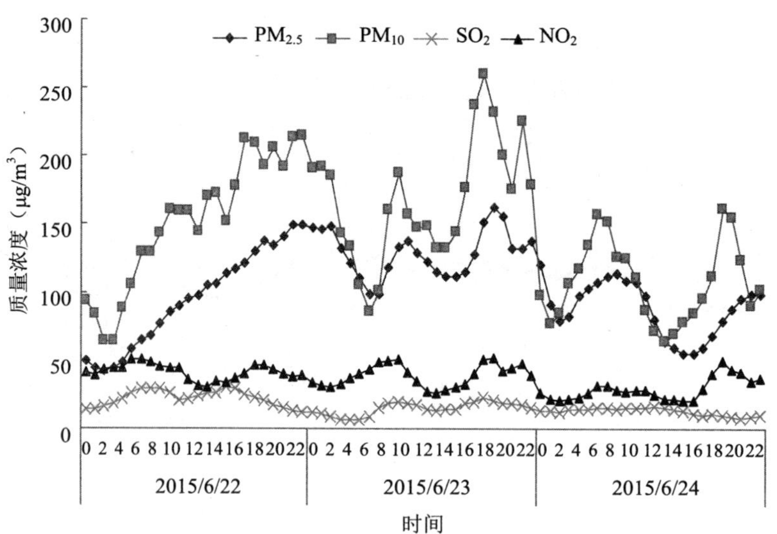
PM2.5
PM10
SO2
NO2
质量浓度（μg/m3）
300
250
200
150
100
50
0
0 2 4 6 8 10 12 14 16 18 20 22
2015/6/22
2015/6/23
2015/6/24
时间

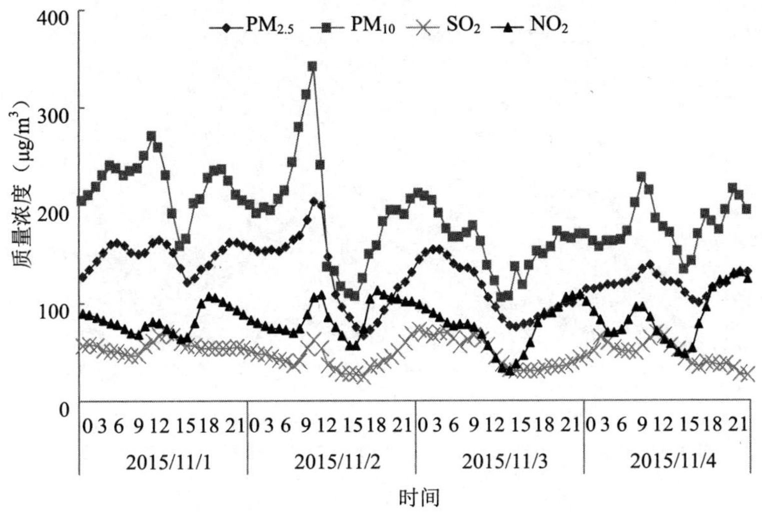
PM2.5
PM10
SO2
NO2
400
300
200
100
0
质量浓度（μg/m3）
0 3 6 9 12 15 18 21 0 3 6 9 12 15 18 21 0 3 6 9 12 15 18 21 0 3 6 9 12 15 18 21
2015/11/1
2015/11/2
2015/11/3
2015/11/4
时间

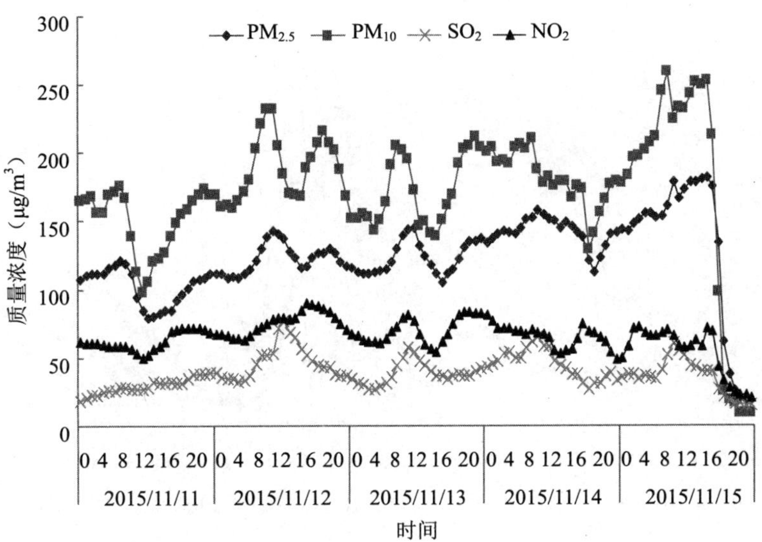
PM2.5
PM10
SO2
NO2
300
250
200
150
100
50
0
质量浓度（μg/m3）
0 4 8 12 16 20 0 4 8 12 16 20 0 4 8 12 16 20 0 4 8 12 16 20 0 4 8 12 16 20
2015/11/11
2015/11/12
2015/11/13
2015/11/14
2015/11/15
时间

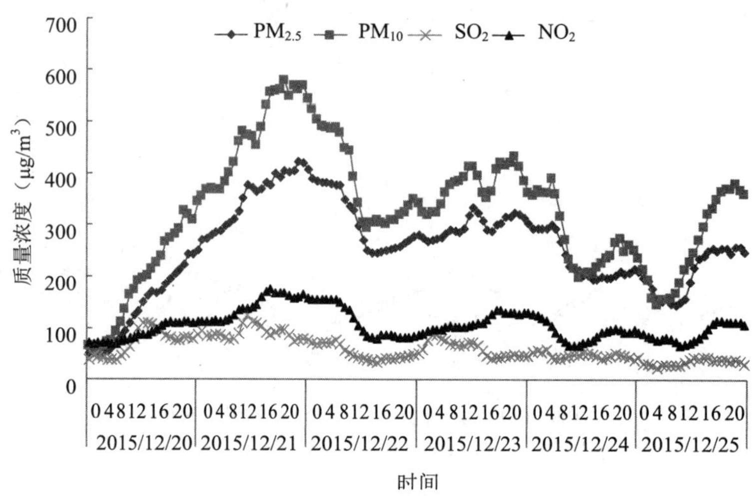

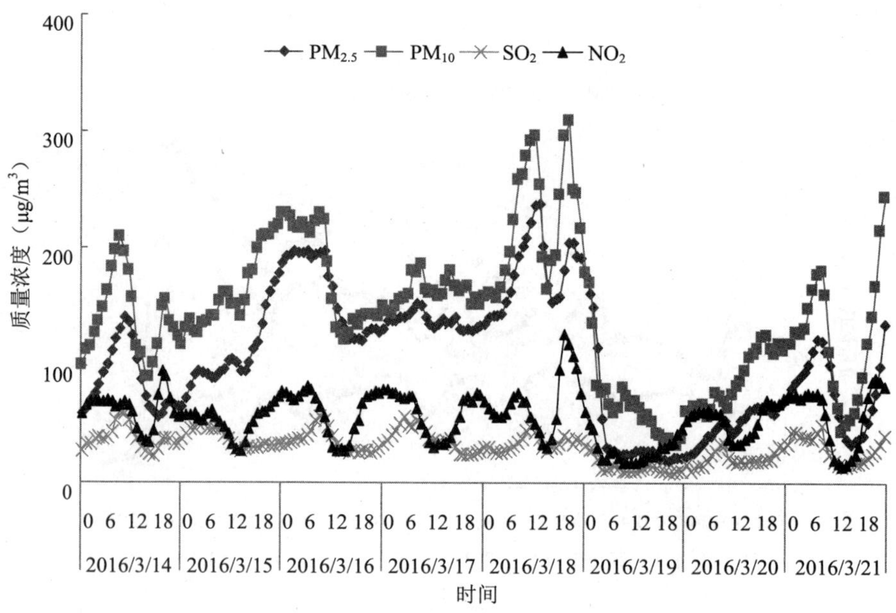

图 4-10 高压后型重污染过程污染物质量浓度变化曲线

4.4 典型重污染过程

利用天津大气边界层观测站的颗粒物、气象梯度以及超声资料，结合本地的气象资料和环保局的污染物监测资料，对 2015 年 11 月 27 日—12 月 2 日的一次雾、霾天气过程进行分析。结果表明：$PM_{2.5}$ 的质量浓度峰值（469 μg/m^3）出现在霾阶段。雾、霾共存阶段的边界层高度小于霾阶段，且此阶段 500 ~ 1 700 m 之间存在脱地逆温层，800 m 以下存在一饱和层。雾、霾共存阶段的湍流动能较小，机械湍流较弱。在雾、霾消散阶段感热通量向上传输。潜热通量仅在雾发生阶段和雾、霾消散阶段向上传输。动量通量在消散阶段表现为向下传输，霾阶段以稳定层结为主，雾阶段层结表现为弱不稳定。由于雾的存在使得边界层高度较低导致高空动量不能向下传输，高空冷空气难以到达地面，表明大雾延缓了此次霾过程的结束。

4.4.1　重污染过程描述

此次过程开始于 2015 年 11 月 27 日，结束于 2015 年 12 月 2 日中午，过程持续时间较长，程度较重。天津市于 11 月 27 日启动了重污染黄色预警，气象台也于 11 月 27 日 5 时发布了霾黄色预警，并于 30 日的 8 时将黄色预警升级为橙色。而在 30 日的 5 时发布了大雾黄色预警。纵观此次过程，11 月 27 日—30 日下午以霾为主，11 月 30 日夜间—12 月 2 日上午出现了大雾，此时期为雾、霾共存。

此次过程影响范围较广，涉及整个京津冀地区，天津从 27—29 日上午为污染物的一个缓慢累积过程，污染物的快速累积开始于 29 日下午，并于 30 日上午出现了 $PM_{2.5}$ 质量浓度的峰值。随后 $PM_{2.5}$ 质量浓度下降维持在 200 μg/m^3 上下。从周边地区 $PM_{2.5}$ 质量浓度变化可知，北京和保定的 $PM_{2.5}$ 质量浓度峰值要高于天津，并且只有北京的 $PM_{2.5}$ 质量浓度与天津呈反位相变化。PM_{10} 质量浓度的时间变化趋势与 $PM_{2.5}$ 质量浓度的时间变化趋势类似。值得注意的是，北京霾开始消散的时间要早于天津 24 h，保定和唐山霾消散时间也早于天津近 10 h，甚至位于天津南部的沧州的霾也早于天津消散，此次霾消散的规律不同于以往的经验，为预报和预警的准确解除带来了巨大困难，但这也为空气质量预测预报工作积累了经验。

4.4.2　天气形势背景

从 500 hPa 环流形势和海平面气压场及地面风场可知，11 月 27 日—29 日高空 500 hPa 受槽后脊前西北气流控制，30 日主要受脊控制，12 月 1 日受涡前的西南气流控制，2 日开始转为涡后；在 11 月 27 日天津地面受弱高压控制，28 日夜间—29 日早晨受低压控制，空气污染气象条件有所转好。29 日下午—30 日一股弱冷空气影响华北北部，但此次冷空气势力范围偏北，较弱的西北风将北京的污染物输送至天津，从而减轻了北京的污染而加大了天津地区的污染，导致天津的污染物浓度迅速上升，并出现了此次过程的浓度峰值。随后天津位于高压的后部，地面风场转为系统性偏南风，天津与北京污染物浓度呈反位相变化。与此同时地面的相对湿度持续增大，伴随夜晚降温，在 12 月 1 日早晨出现了大雾。12 月 2 日 2 时天津位于高压前部，风向转为西北风，此时冷空气到达天津上空，但是迟迟未能到达地面，待中午 12 时雾瓦解，冷空气到达地面，霾趋于消散。

4.4.3 气象要素及边界层高度变化

此次污染过程能见度较低，湿度持续增大，风力较弱。在霾阶段最大相对湿度在 80% 左右，随后相对湿度持续增大，在雾、霾共存阶段地面水汽接近饱和。能见度与相对湿度呈反位相变化，前期能见度就不足 1 km，中后期甚至不足 0.1 km；整个过程地面风速较小（如图 4-11 所示），在污染累积阶段以西南风和偏南风为主，且 11 月 30 日的偏南风为大雾的出现提供了水汽条件。12 月 2 日下午，地面由偏西风转为西北风，并且风力加大，此时相对湿度降至 40% 以下，能见度增大至 3 km 左右。层结稳定度由不同高度的温差结合风速来确定，此次过程大气层结均为稳定层结。边界层高度逐渐降低（如图 4-12 所示），霾阶段的边界层高度略大于雾、霾共存阶段。其中 11 月 30 日 20 时—12 月 1 日 20 时边界层高度降为 200 m 以下，极其不利于污染物扩散。由于冷空气的到达，稳定层结被破坏，边界层高度于 12 月 2 日迅速升高（边界层高度由经验公式获得，仅可作为一种参考）。

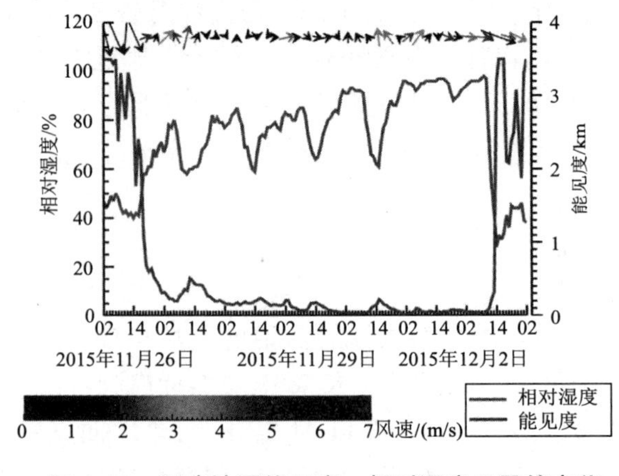

图 4-11 天津地区能见度、相对湿度及风的变化

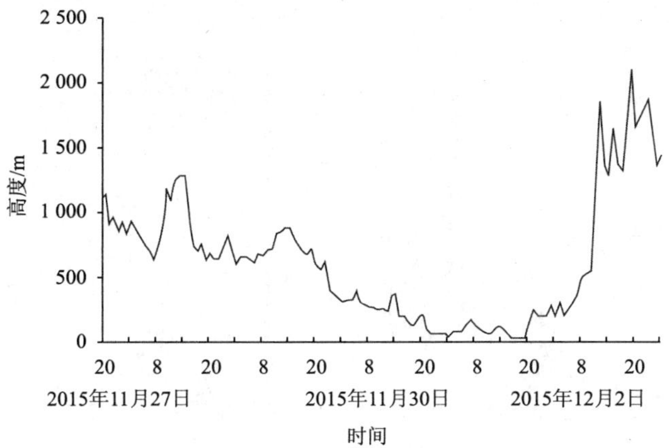

图 4-12　边界层高度变化

4.4.4　湍流特征

从霾消散阶段湍流动能 E_{tk} 和平均动能 E 的时间变化（如图 4-13 所示）可知，E_{tk} 与 E 变化趋势相似，但是 E_{tk} 小于 E。3 个高度处 E_{tk} 的变化基本一致，E_{tk} 在霾消散之前较弱，12 月 2 日中午层结开始呈中性且边界层高度升高，湍流扩散能力逐步增强。在霾消散阶段的前期 3 个高度 E 的变化与 E_{tk} 的变化相似，而 12 月 2 日 2 时 200 m 高度处的 E 相较前期明显增大，200 m 高度处 E 增大时间与冷空气到达时间一致，而此时地面的 E 仍较小，14 时左右，3 个高度的 E 都增加到最大值。如图 4-14 所示，200 m 的动量在 2 日的 2 时至中午表现为向上传输。200 m 高度处的动量于 12 时左右开始向下传输，而此时正是雾瓦解的时间。所以可能因为雾的存在使动量难以向下传输，高空的冷空气难以到达地面。如图 4-15 所示，摩擦速度在 2 日的早晨开始增大，也表明这时机械湍流开始增强，14 时达到最强，与上述结论一致。

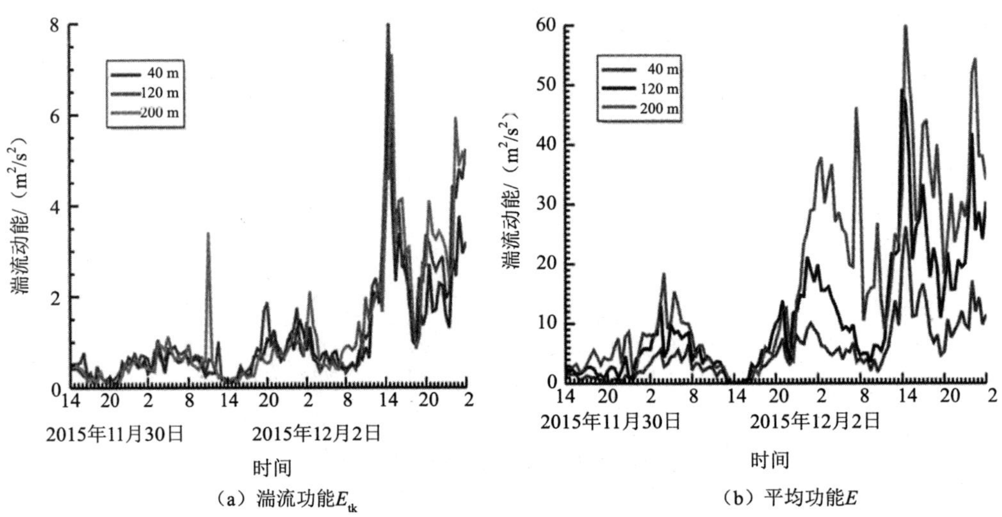

图 4-13　2015 年 11 月 30 日—12 月 2 日湍流动能 E_{tk} 与平均动能 E 的变化

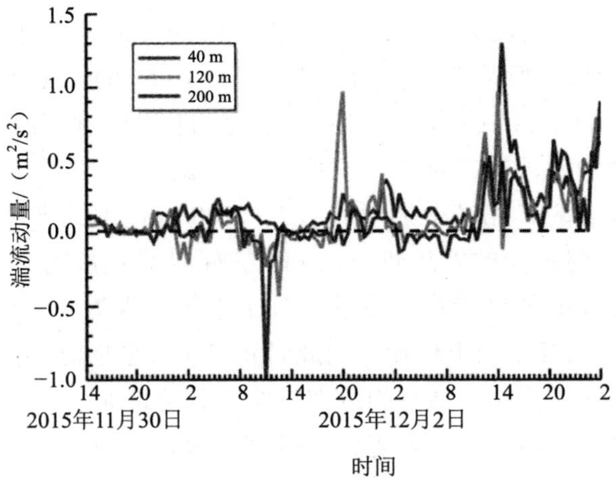

图 4-14　动量的时间变化

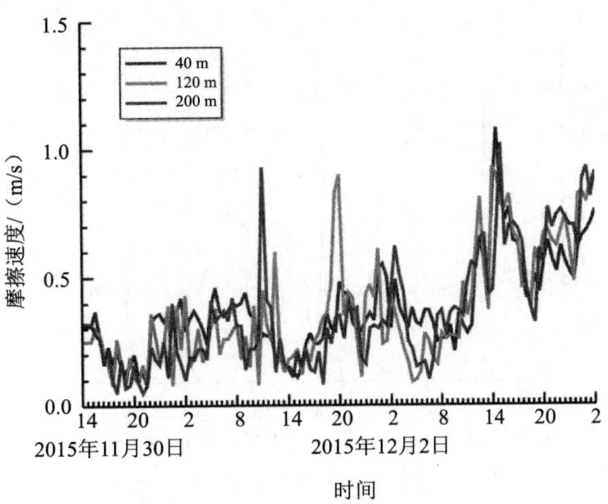

图 4-15　摩擦速度的时间变化

感热通量（H）是由于湍流运动从地面向大气传输的热量通量，在雾发展的早期 H 出现了较大的波动，尤其是 200 m 高度处。在雾、霾消散时期，3 个高度处的感热通量均向上传输，且 40 m 高度处的感热通量最大（如图 4-16 所示）。潜热通量（Q）是由于水汽相变向大气传输的热量。Q 在雾的发展和消散阶段均向上传输，在其余时间呈较小的波动变化，且 Q 大于 H，最后消散阶段 Q 先于 H 向上传输。从 Z/L 的变化来看（如图 4-17 所示），雾出现之前为稳定层结，在雾过程中层结呈弱的不稳定，当雾、霾消散后层结呈中性。

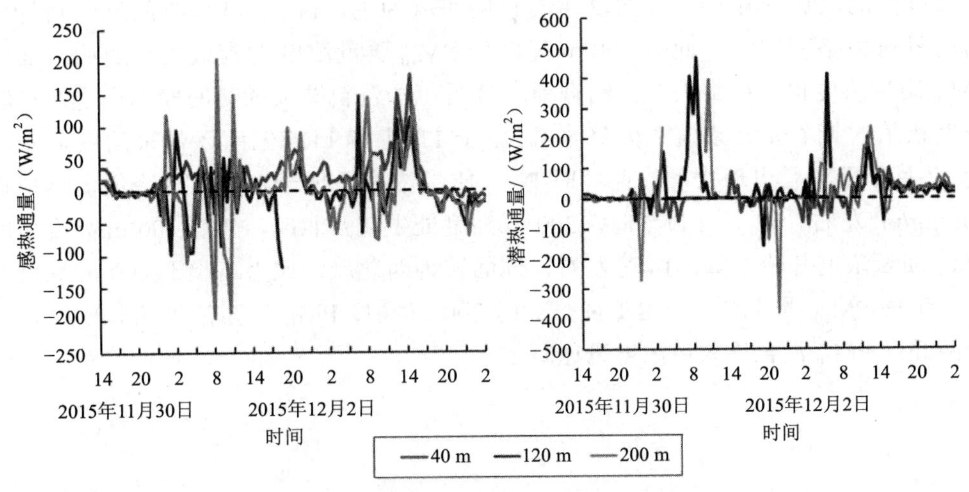

图 4-16　感热通量和潜热通量的时间变化

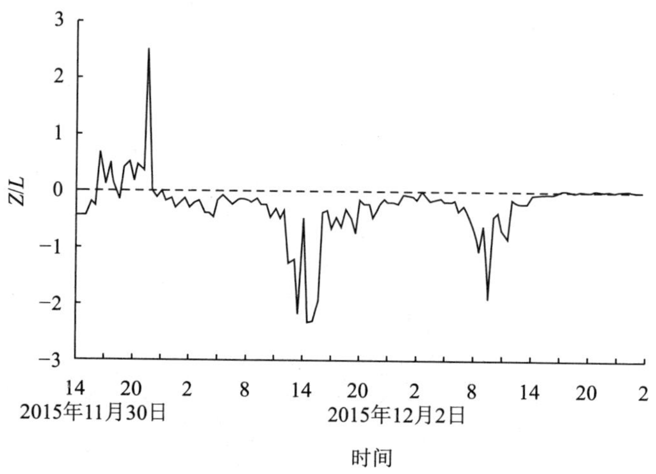

图 4-17　Z/L 的时间变化

4.4.5　雾对霾消散的影响

图 4-18 为地面和 200 m 高度处 PM_{10} 和风的时间变化，11 月 29 日 4 时—30 日 16 时资料缺失。由图 4-18 可知，地面与 200 m 高度处 PM_{10} 的质量浓度从 11 月 27 日—29 日均表现为缓慢的增长，表明这一时期为污染物的累积时期。并且 200 m 高度处的 PM_{10} 质量浓度略微高于地面 PM_{10} 质量浓度。与此同时地面与 200 m 高度处的风速均较小，地面以西南和偏西风为主。11 月 30 日夜间风向转为偏南风且风力略有加大，此时 200 m 高度处 PM_{10} 质量浓度达到最大，随后地面的 PM_{10} 质量浓度也出现最大值。结合前文分析可知资料缺失的时间段为出现污染物浓度极值时期 (极值原因不再赘述)。由于 11 月 30 日的偏南风带来的较多水汽使 12 月 1 日早晨出现大雾，而此时 PM_{10} 质量浓度呈现一定程度的降低，维持在 200 μg/m^3 左右。12 月 2 日 2 时，200 m 高度处先起西北风，随后 200 m 高度处的 PM_{10} 质量浓度开始下降，14 时左右，地面转为西北风，风力略小于 200 m 高度风速，地面 PM_{10} 质量浓度开始下降，此时 200 m 高度 PM_{10} 质量浓度略有回升，随后两高度 PM_{10} 混合均匀后浓度迅速减小。

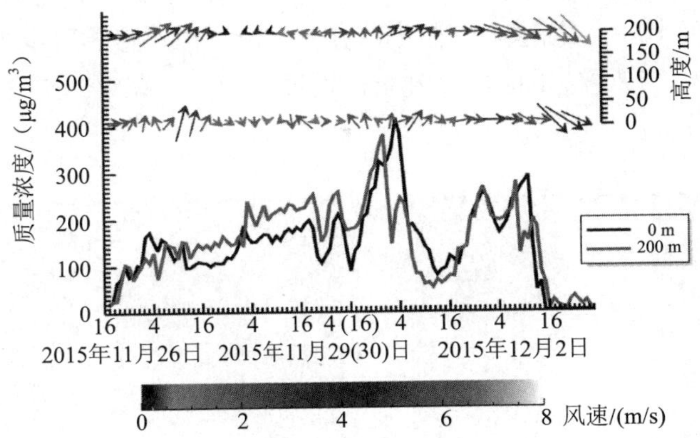

图 4-18 PM$_{10}$ 质量浓度与风的时间变化

图 4-19 为铁塔和微波辐射计观测的相对湿度的垂直变化，图 4-20 给出了过程期间温度的垂直变化。从 11 月 30 日夜间到 12 月 2 日中午 250 m 以下存在一个饱和层，250 m 以下不存在逆温，由于铁塔的观测高度的限制，难以得出雾顶的高度。12 月 1 日的雾顶高度接近 1 km，且 1 日中午至 2 日 2 时 700 ～ 2 000 m 之间出现

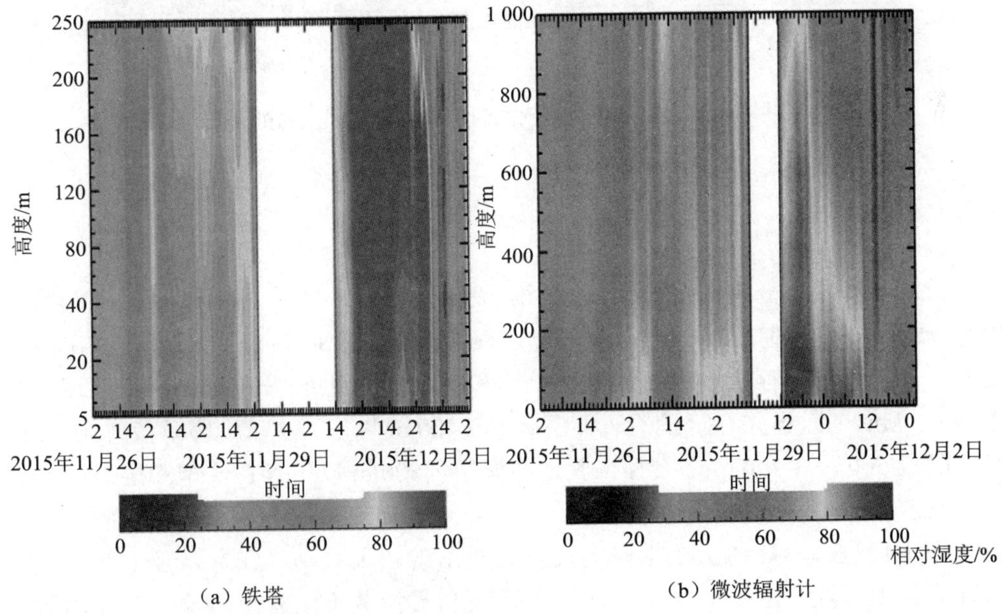

（a）铁塔　（b）微波辐射计

图 4-19 铁塔和微波辐射计观测的相对湿度垂直变化（空白处为资料缺测）

了逆温，2 日由于冷空气到达天津高空，雾顶高度降低至 200 m。随后 200 m 高的饱和层维持了将近 10 h，待饱和层消失，动量开始下传，感热通量上传，出现了短时的脱地逆温层。待中午地面加热升温，逆温层消失，高空冷空气于 14 时到达地面，霾趋于消散。

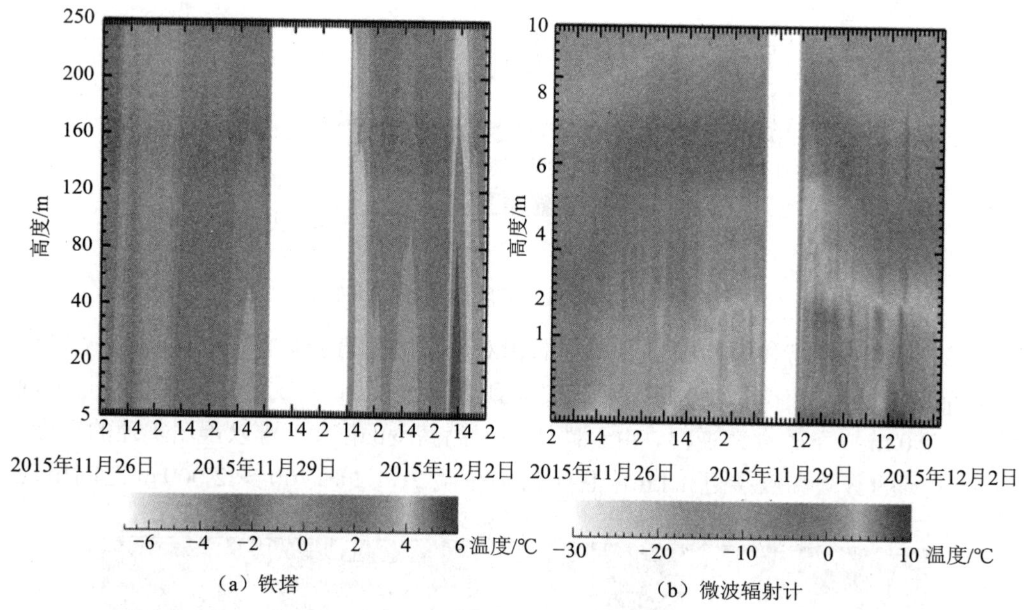

图 4-20　铁塔和微波辐射计观测到的温度垂直变化（空白处为资料缺测）

4.4.6 结论

此次过程主要分为两个阶段，一个阶段以霾为主，另一个阶段为雾、霾共存，$PM_{2.5}$ 质量浓度峰值（469 μg/m^3）出现在霾阶段。在霾阶段最大相对湿度在 80% 左右，在雾、霾共存阶段地面水汽接近饱和。前期能见度低于 1 km，中后期甚至不足 0.1 km。雾、霾共存阶段的边界层高度（400 m 以下）小于纯霾阶段（800 m），且此阶段 500 ～ 1 700 m 之间存在脱地逆温层，800 m 以下存在一饱和层。

在雾、霾共存阶段的湍流动能较小，机械湍流较弱。动量通量在消散阶段表现为向下传输。感热通量在雾爆发性发展时出现较大波动，在雾、霾消散阶段感热通量向上传输。潜热通量仅在雾发生阶段和雾消散阶段向上传输，且在消散阶段潜热通量先于感热通量向上传输，表明雾先消散随后机械湍流增大。霾阶段以

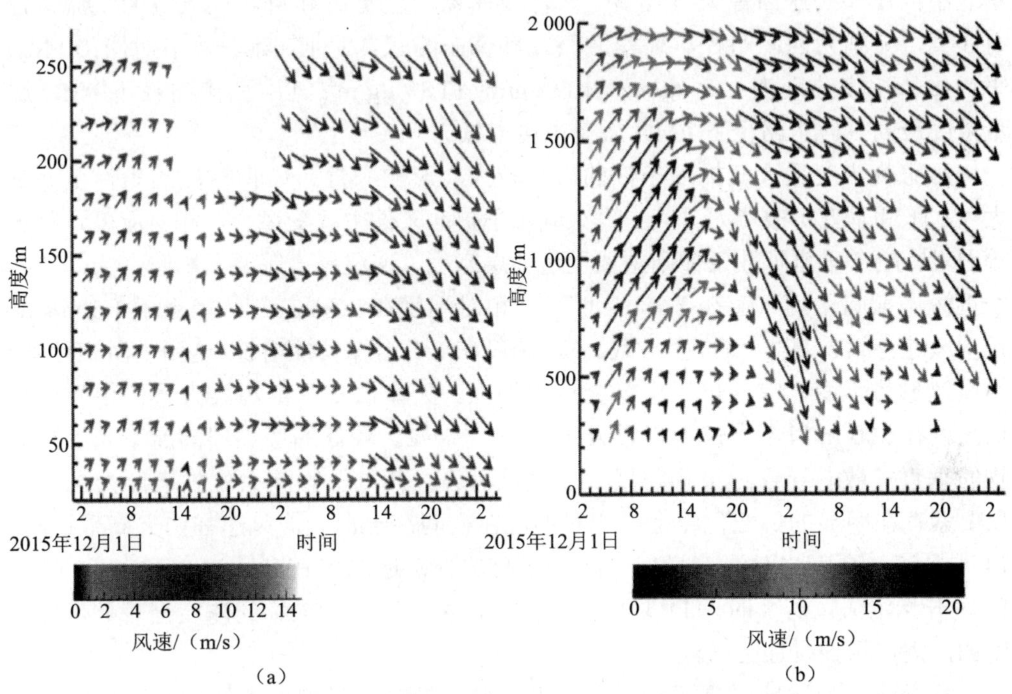

图 4-21　雾、霾消散阶段风的垂直分布

稳定层结为主，雾过程中以弱不稳定层结为主，过程结束近地面大气层结呈中性。

此次霾过程受大雾影响，延迟了结束时间。冷空气虽已到达天津高空，但由于雾的存在，边界层高度较低，且出现短时逆温，导致高空动量难以向下传输。200 m 厚的饱和层在冷空气到达高空后维持了近 10 h，待中午时刻地面温度升高，脱地逆温层消失，雾消散后，200 m 高度处动量开始向下传输，污染物在边界层内混合均匀扩散。

4.5　总结

天津市不同高度处有利于重污染天气发展的天气形势分别为：在 500 hPa 高度处，重污染天气多发的天气形势有平直西风带西风气流、弱脊后的西南气流和较强高压脊后西南气流等天气类型；在 850 hPa 高度处，重污染天气多发的天气形势有暖舌控制 + 西南气流、无明显暖舌 + 西南气流和暖舌影响 + 强西南气流 + 弱偏北气流等天气类型；在近地面，重污染天气多发的天气形势有弱高压、均压场、华北小低压和高压后等天气类型。天津冬季易产生雾霾和重污染天气的气流路径有 3 类，分别为西南路径、弱西北路径和偏东路径，3 种气流轨迹下对应的 $PM_{2.5}$ 平均质量浓度分别为 131 μg/m^3、109 μg/m^3 和 83 μg/m^3，其中西南路径下 $PM_{2.5}$ 质量浓度最高，偏东路径下 $PM_{2.5}$ 质量浓度最低。

污染物浓度受大气扩散条件的影响较大，影响大气污染物扩散的条件主要是大气水平和垂直扩散能力。其中，大气水平扩散条件主要受风力、相对湿度、降水等因素影响；垂直扩散条件则主要受边界层高度、逆温厚度等要素影响。天津市冬季重污染期间平均风速在 1.5 m/s 以下，相对湿度在 70% 左右。当小于 1.5 m/s 的日均风速持续 3 天以上时，会导致 $PM_{2.5}$ 浓度在 1 天内爆发性增长，达到重污染程度，小风速形势不变，空气重污染就会持续加强。天津市冬季重污染天气的边界层平均高度在 300 m 以下，仅为正常天气的 1/3 ～ 1/2。较低的边界层高度不利于污染物的垂直扩散，导致污染物积累，引发重污染。此外，影响大气扩散能力的各气象要素存在明显的日变化特征，相对湿度在夜间高于白天，风速在白天高于夜间，14 时风速最高，相对湿度最低；除高压前部外，逆温多在冬季深夜形成，8 时—11 时开始消失。若 8 时—11 时仍维持逆温，全天大气污染物的浓度会有显著性的增加，需在预报时加强关注。

建立两种天津地区重污染天气的天气概念模型，类型 I 为持续出海高压后部型，地面位于高压后部，850 hPa 呈现典型的西南气流，500 hPa 高空以弱西北气流或者偏西气流为主，夜间逆温易出现，抑制污染物垂直扩散。垂直方向上整体以弱的下沉运动为主，对大气污染物的垂直扩散有一定抑制作用。类型 II 为低压型污染。对于低压型污染，一般可以分为三类，一是均压场（弱均压），二是低压槽区，三是锋前低压。三类污染的特征在高空均表现为平直环流控制为主，在 850 hPa 为浅槽前部，地面表现为低压。基于 255 m 气象塔和地基遥感设备（云高仪、风廓线、微波辐射计等）分别梳理重污染天气边界层预报阈值，包括混合层厚度、温度层结、高空风速、高空风向、湍流、大气稳定度、通风系数、逆温瓦解时间等，同时基于数值模式等手段，以 CO 为示踪物，构建垂直扩散指数，基于上述指标形成重污染天气边界层物理分析系统，为重污染天气预报预警提供支撑。

天津市 2013 年至 2016 年共发生 20 次重污染过程，其中地面天气类型以低压槽为主的过程发生 8 次，重污染频率为 40%；以高压后为主的过程发生 7 次，重污染频率为 35%；以均压场为主的过程发生 5 次，重污染频率为 25%。各类型重污染过程中，低压槽、均压场和高压后的温度较低、风速较低、湿度较高，这 3 种重污染过程通常发生在冬季静稳的天气条件下。按照污染严重程度，3 种重污染天气类型下，低压槽型地面易发生污染辐合，重污染程度最重，持续 3 ～ 4 天；其次是均压场，均压场型期间风速较低、湿度较高、混合层厚度较低，持续时间相对较长，3 ～ 5 天；高压后重污染相对较轻，其间以西南风为主，污染物呈现明显累积过程，大气静稳程度不如低压槽型和均压场型。

第 5 章　天津市二次颗粒物生成潜势研究

气态前体物 SO_2、NO_2 向颗粒物中 SO_4^{2-}、NO_3^- 的转化过程可以用硫氧化率（SOR）和氮氧化率（NOR）来表示，较高的 SOR、NOR 表示大气中存在明显的二次转化过程，其中：

$$\mathrm{SOR}=\frac{\rho\left(\mathrm{SO_4}^{2-}\right)}{\rho\left(\mathrm{SO_4}^{2-}\right)+\rho\left(\mathrm{SO_2}\right)} \tag{5-1}$$

$$\mathrm{NOR}=\frac{\rho\left(\mathrm{NO_3}^{-}\right)}{\rho\left(\mathrm{NO_3}^{-}\right)+\rho\left(\mathrm{NO_2}\right)} \tag{5-2}$$

式中：SOR——硫氧化率；$\rho[SO_4^{2-}]$——$PM_{2.5}$ 中 SO_4^{2-} 的质量浓度；$\rho[SO_2]$——大气中 SO_2 的质量浓度；NOR——氮氧化率；$\rho[NO_3^-]$——$PM_{2.5}$ 中 NO_3^- 的质量浓度；$\rho[NO_2]$——大气中 NO_2 的质量浓度。SOR 和 NOR 量纲一，其余质量浓度单位均为 $\mu g/m^3$。

为了研究不同季节下污染物的浓度特征及不同季节二次反应的强弱，选取 2015 年 4 月、2015 年 7 月、2015 年 9 月和 2015 年 12 月的常规污染物监测数据、在线离子数据和气象数据，分别作为春季、夏季、秋季和冬季的研究数据。

5.1　二次颗粒物生成潜势季节特征

5.1.1　各季节二次颗粒物的污染特征和生成潜势

5.1.1.1　春季

从图 5-1 可以看出，当 SO_2 质量浓度较低时，SOR 的值较高，具体时间段为 4 月 2 日 1 时—21 时、4 月 5 日 10 时—4 月 6 日 19 时、4 月 12 日 0 时—4 月 13 日 14 时、4 月 15 日 20 时—4 月 16 日 6 时。在上述时间段中，SO_2 质量浓度的变化范围是 0.3 ～ 11.4 μg/m³，平均质量浓度为 4.5 μg/m³；SOR 的变化范围是 0.09 ～ 0.62，平均值为 0.32。

在整个春季，SO_2 质量浓度、SO_4^{2-} 质量浓度和 SOR 的变化范围分别是 0.3 ～ 106.4 μg/m³、0.50 ～ 81.33 μg/m³ 和 0.02 ～ 0.71。多数时间下 SO_2 和 SO_4^{2-} 的质量浓度都低于 40 μg/m³。

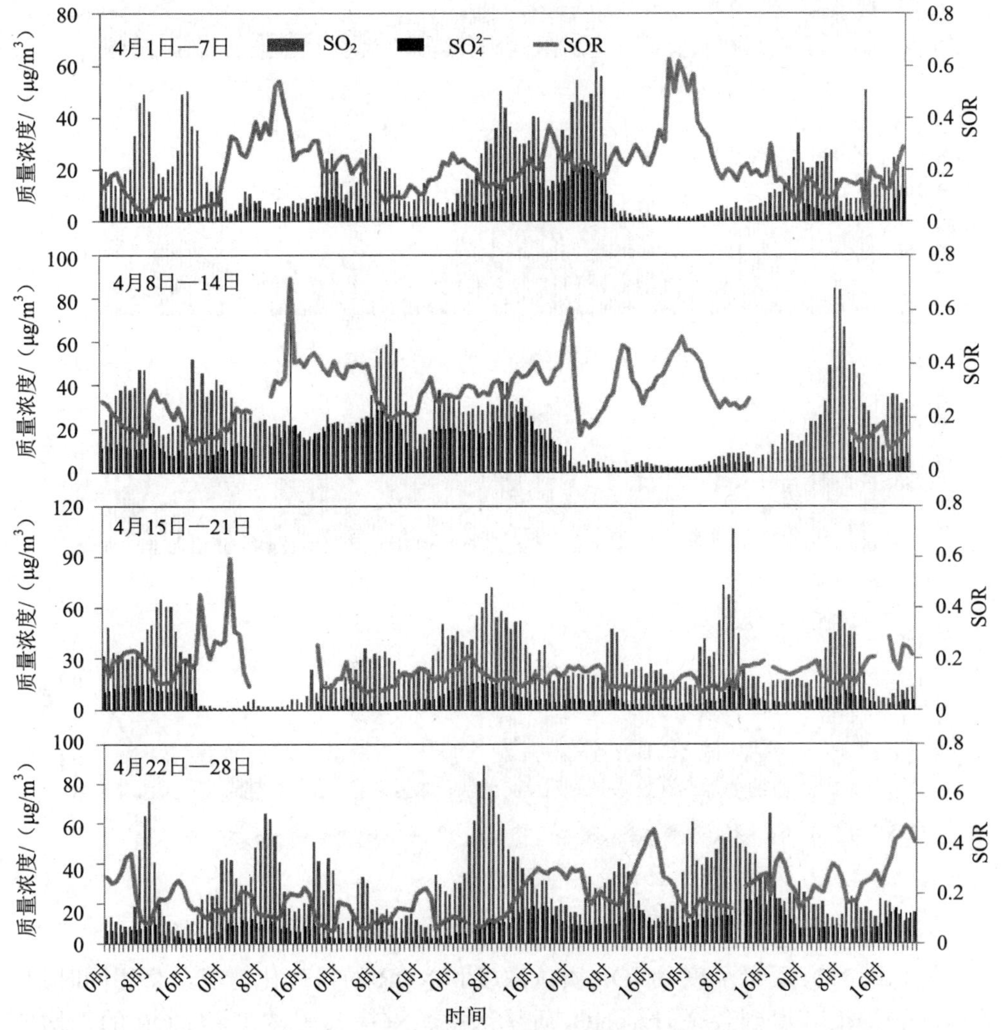

图 5-1　2015 年春季 SO_2 质量浓度、SO_4^{2-} 质量浓度和 SOR 的小时值变化图

从图 5-2 可以看出，春季 NOR 的日变化较为明显，峰值多出现在 12 时左右。

整个春季 NO_2 质量浓度、NO_3^- 质量浓度和 NOR 的取值范围分别为 8.4 ～ 138.6 μg/m³、0.49 ～ 52.81 μg/m³ 和 0.01 ～ 0.56。

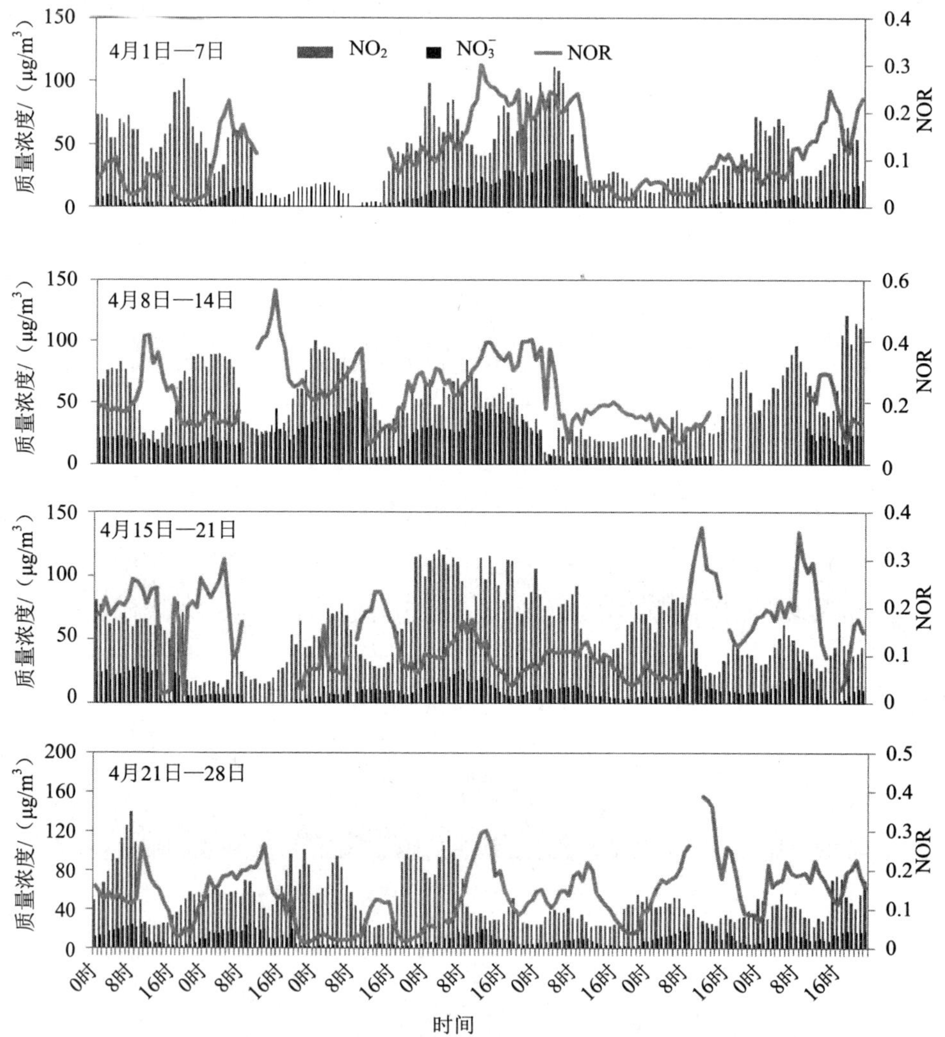

图 5-2　2015 年春季 NO_2、NO_3^- 质量浓度和 NOR 的小时值变化图

为观察 NO_2 质量浓度、NO_3^- 质量浓度和 NOR 的日变化情况，将相同时刻的数据取平均值，得到各个时刻 NO_2 质量浓度、NO_3^- 质量浓度和 NOR 的平均值，绘得日变化图（如图 5-3 所示）。由图可以看出，NOR 的日变化范围为 0.10 ～ 0.25。从一天的 0 时开始，NOR 的数值变化不大，在 0.14 左右；7 时以后，NOR 呈现

增长趋势，到 12 时达到一天中的最大值 0.22；12 时之后，NOR 开始呈下降趋势，到 19 时下降趋势停止，之后维持在较为稳定的水平。总的来说，NOR 的日变化趋势为：白天先上升后下降，夜间维持在较低的水平，变化不大。

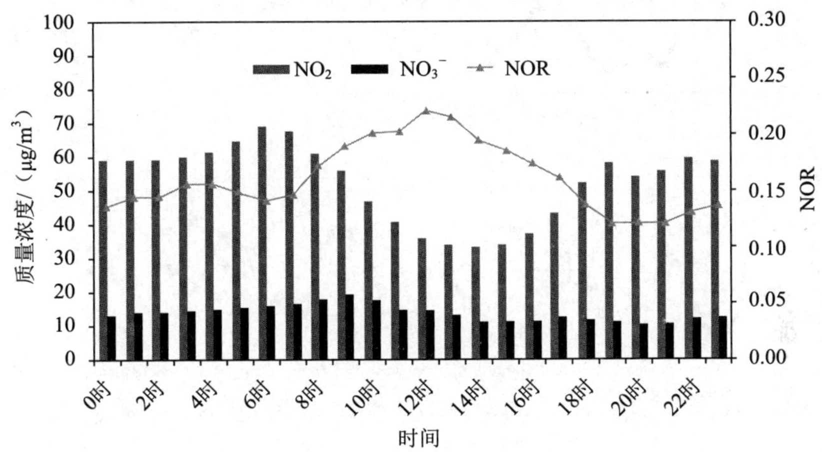

图 5-3　2015 年春季 NO_2 质量浓度、NO_3^- 质量浓度和 NOR 的日变化图

从图 5-4 可以看出，相对湿度和温度的小时值变化有明显的周期，周期均为 1 天。温度的峰值均出现在 14 时左右，低谷出现在清晨 5 时左右。相对湿度的变化趋势与温度正好相反，波峰出现在清晨 5 时左右，波谷出现在 14 时左右。整个春季相对湿度和温度的取值范围分别是 8.3% ～ 84.1% 和 3.1 ～ 31.8℃。

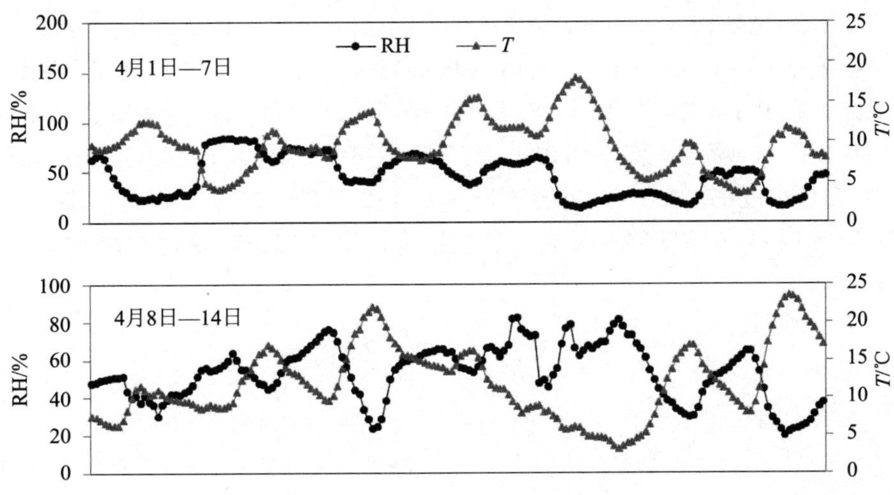

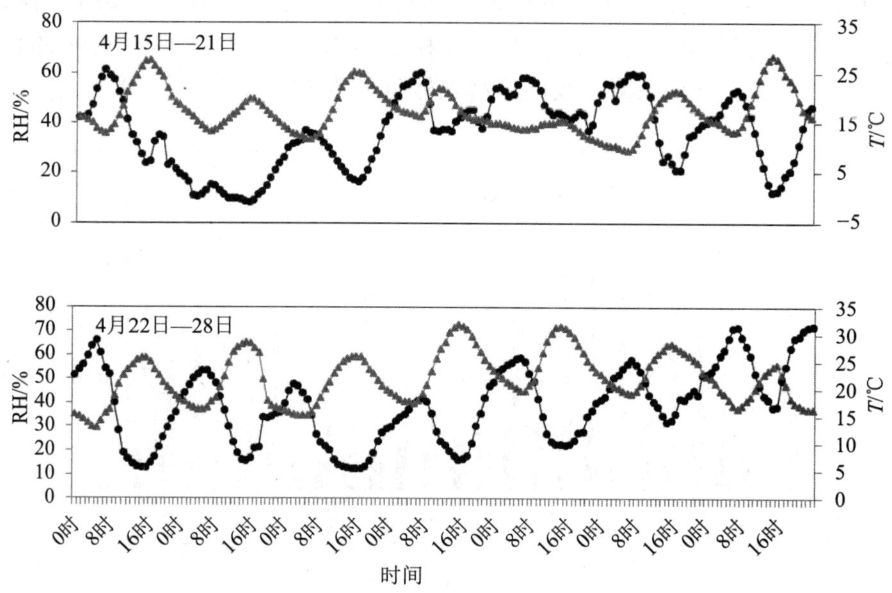

图 5-4　2015 年春季 RH 和 T 的小时值变化图

图 5-5 给出了 SOR 与 O_3 质量浓度、相对湿度和温度的关系，可以看出，SOR 与相对湿度的关系更接近线性，随着相对湿度的增加，SOR 的取值范围向数值更高的方向移动。Foltescu 等（1996）的研究表明，当相对湿度大于一定程度时，气态前体物的氧化反应主要以液相为主，相对湿度大于 80% 后 $(NH_4)_2SO_4$ 通过液相反应生成；另外在 Kadowaki 等（1986）的研究中将 RH=75% 作为分界点，研究不同湿度下 O_3 对 SOR 的影响。所以 RH=75% 极有可能是 SO_2 气相和液相反应的分界点，在 RH<75% 和 RH>75% 两种情况下二次硫酸盐的生成潜势是不同的。图 5-6 给出了不同湿度条件下 SOR 与 O_3 质量浓度的关系，可以看出当 RH>75% 时，随着 O_3 质量浓度的增加，SOR 的增长速率要高于 RH<75% 时的增长速率，说明当 RH>75% 时 O_3 对 SO_2 的转化促进作用更大，同时 RH>75% 时 SOR 的均值也高于 RH<75% 时。

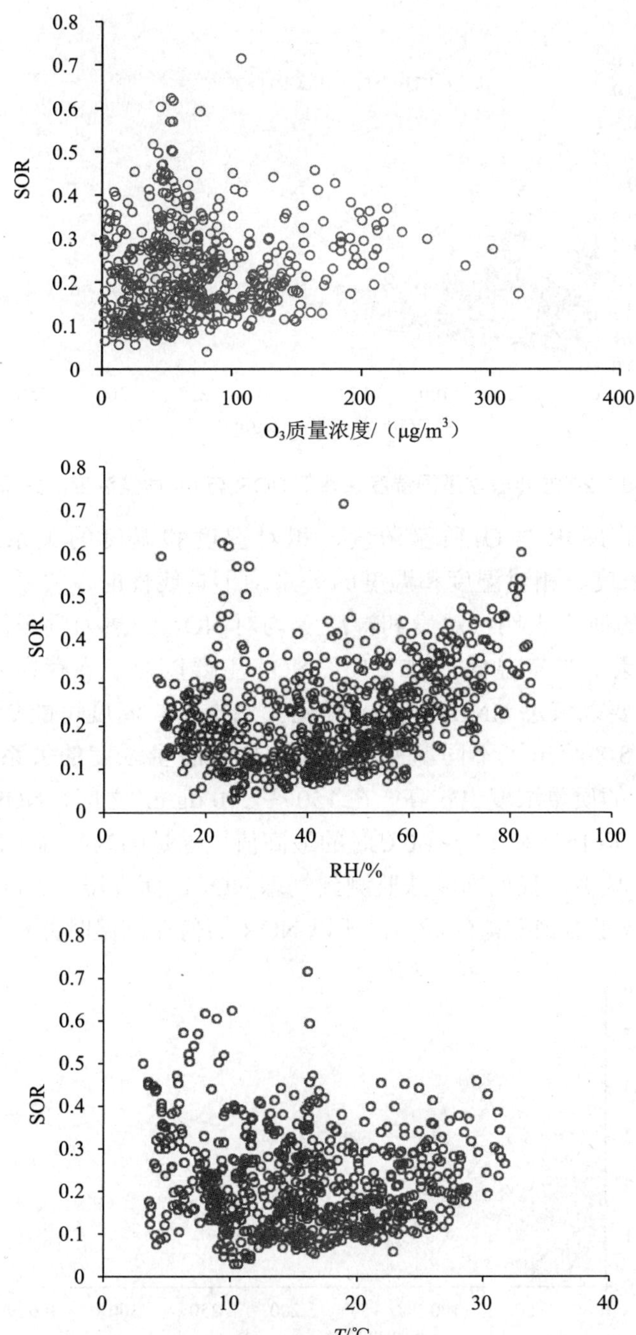

图 5-5　2015 年春季 SOR 与 O_3 质量浓度、RH 和 T 的散点图

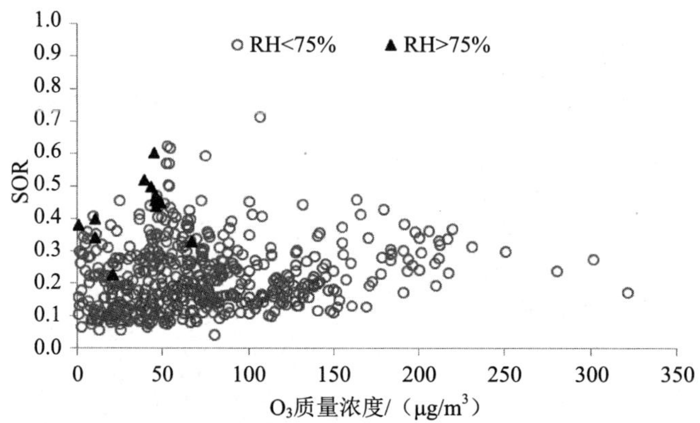

图 5-6 2015 年春季不同湿度条件下 SOR 与 O_3 质量浓度的关系

图 5-7 给出了 NOR 与 O_3 质量浓度、相对湿度和温度的关系，可以看出，NOR 与 O_3 质量浓度、相对湿度和温度的关系均不是线性的，关系较为复杂。杨复沫等（2002）的研究表明，温度和湿度等均对 NO_3^- 的热力学平衡有影响，温度是最主要的因素：当气温低于 15℃时，NO_3^- 主要以粒子态存在；当气温高于 30℃时，NO_3^- 主要以气态 HNO_3 存在。因此我们推断，温度可能是影响 NOR 的最主要因素。图 5-8 给出了不同温度下 NOR 与 O_3 质量浓度的关系，可以看出，当 T>30℃时，O_3 的质量浓度也较高，在 150 ～ 250 μg/m³ 之间，NOR 的最高值在 0.3 左右，要低于 T<15℃和 15 ～ 30℃时的最高值。这是因为高温下硝酸盐的分解导致颗粒态 NO_3^- 减少，我们却无法监测到气态 NO_3^-，而高温下 NO_3^- 主要以气态的形式存在，导致了对硝酸盐的低估，所以 NOR 的值在高温时并不高。

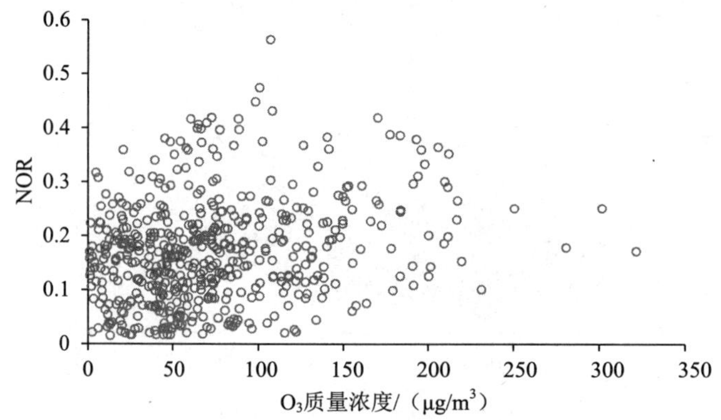

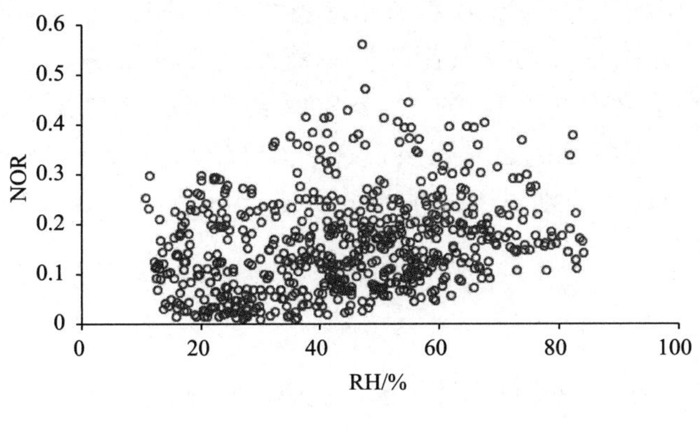

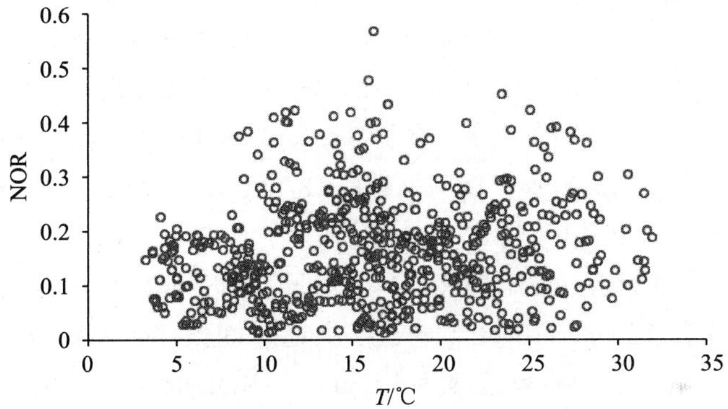

图 5-7　2015 年春季 NOR 与 O_3 质量浓度、RH 和 T 的散点图

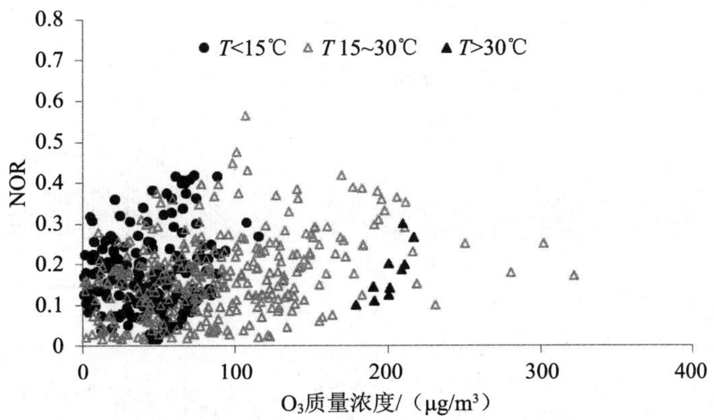

图 5-8　2015 年春季不同温度下 NOR 与 O_3 质量浓度的关系

春季影响 SOR 的关键气象因素是相对湿度，在 RH < 75% 和 RH > 75% 两种条件下，SO_2 分别主要通过气相反应和液相反应转化成 SO_4^{2-}，RH > 75% 时的生成潜势要高于 RH < 75% 时，春季 SOR 的大部分值处在 0.1 ～ 0.5 之间。春季影响 NOR 的关键气象因素是温度，在 T < 15℃、T 处于 15 ～ 30℃、T > 30℃ 3 种情况下，NO_3^- 分别以不同的形式存在于环境中，春季 NOR 的大部分值处在 0 ～ 0.4 之间。

5.1.1.2 夏季

由于监测仪器维护、故障修理等原因，夏季、秋季、冬季缺失部分监测数据，所分析的数据不足 1 个月。

从图 5-9 可以看出，当 SO_2 质量浓度较低时，SOR 的值较高，具体时间段为 7 月 6 日 21 时—7 月 7 日 1 时、7 月 7 日 16 时—7 月 8 日 4 时、7 月 8 日 14 时—7 月 9 日 5 时、7 月 9 日 20 时—7 月 10 日 3 时、7 月 13 日 9 时—15 时、7 月 16 日 16 时—22 时、7 月 17 日 4 时—16 时、7 月 18 日 2 时—9 时、7 月 18 日 16 时—23 时、7 月 19 日 16 时—20 日 4 时、7 月 20 日 13 时—21 日 7 时、7 月 21 日 16 时—23 日 23 时、7 月 24 日 12 时—25 日 3 时、7 月 26 日 14 时—21 时、7 月 27 日 23 时—28 日 8 时、7 月 29 日 12 时—30 日 7 时。在上述时间段中，SO_2 质量浓度的变化范围是 1.2 ～ 12.6 μg/m^3，平均质量浓度为 5.5 μg/m^3；SOR 的变化范围是 0.18 ～ 0.82，平均值为 0.53。

在整个夏季，SO_2、SO_4^{2-} 质量浓度和 SOR 的变化范围分别是 1.7 ～ 73.7 μg/m^3、1.52 ～ 36.61 μg/m^3 和 0.07 ～ 0.82。多数时间下 SO_2 和 SO_4^{2-} 的质量浓度都低于 40 μg/m^3。

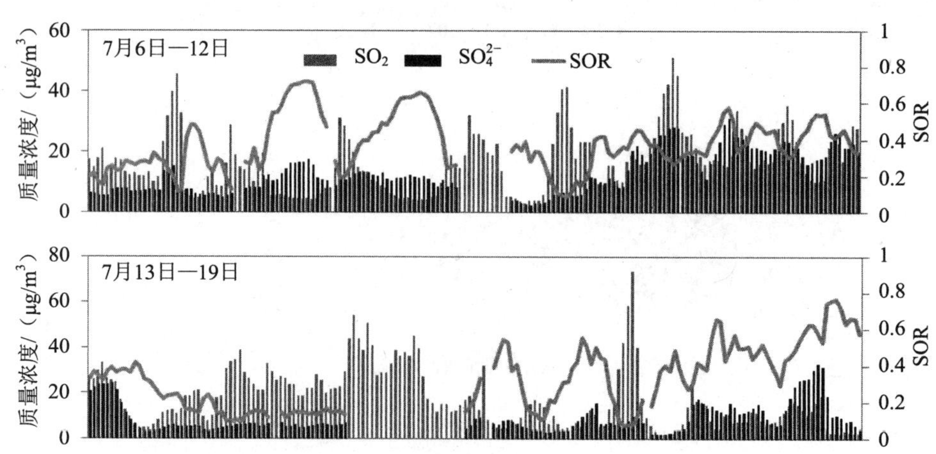

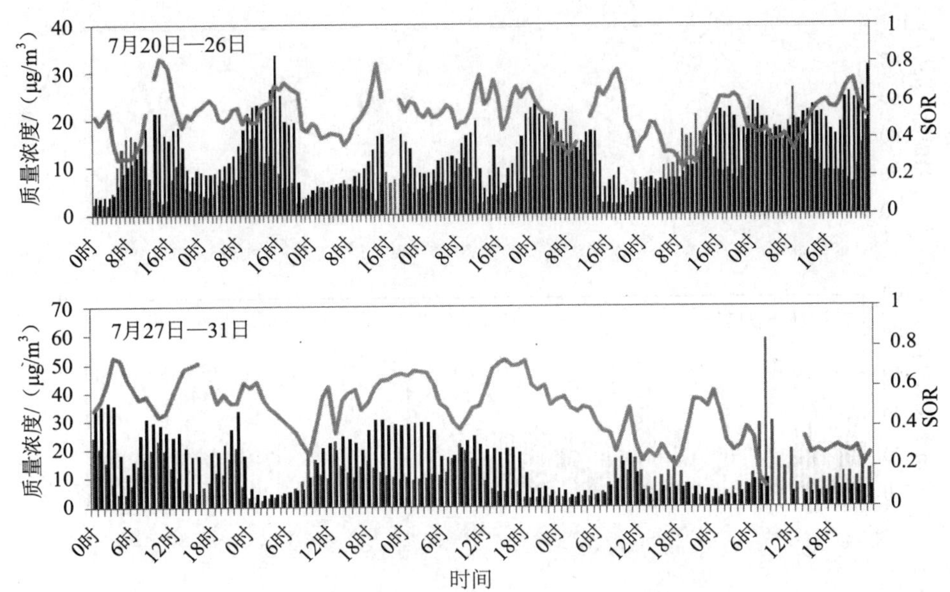

图 5-9　2015 年夏季 SO_2 质量浓度、SO_4^{2-} 质量浓度和 SOR 的小时值变化图

从图 5-10 可以看出，夏季 NOR 的小时值变化周期不明显，且没有明显的变化规律。在后两周（7 月 20 日—31 日），NO_2 和 NO_3^- 的小时质量浓度呈波动状态，且两者的波峰和波谷出现在同一时刻，二者的变化周期和变化规律较为一致。

整个夏季 NO_2 质量浓度、NO_3^- 质量浓度和 NOR 的取值范围分别为 3.3 ～ 112.3 μg/m^3、1.52 ～ 42.71 μg/m^3 和 0.01 ～ 0.56。NO_2、NO_3^- 的最高质量浓度低于春季的最高质量浓度，NOR 的变化范围与春季一致。

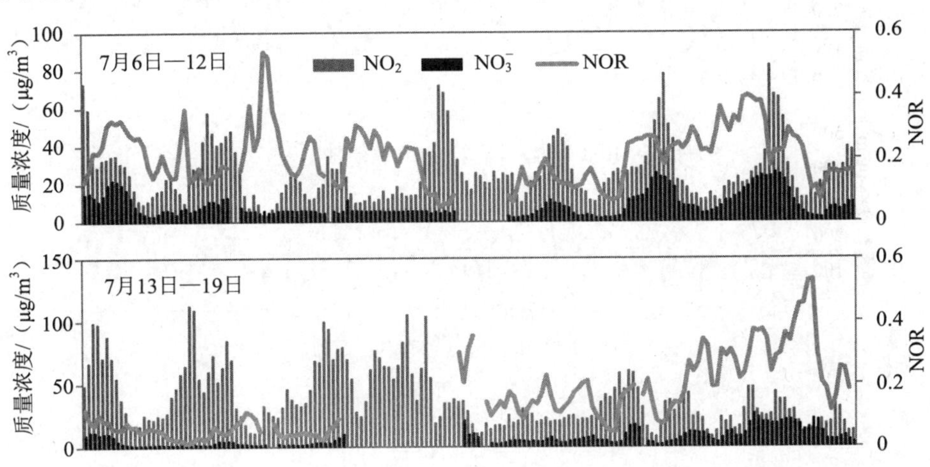

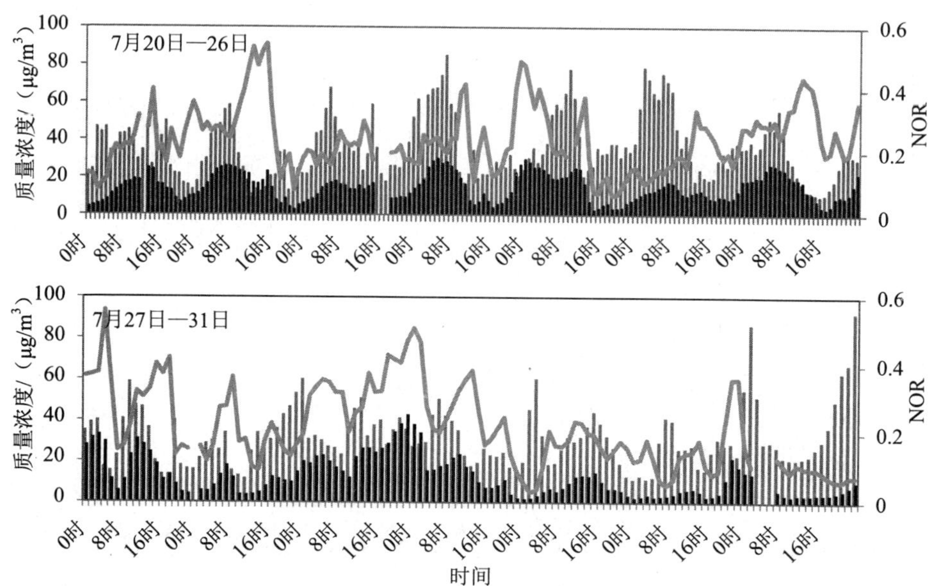

图 5-10 2015 年夏季 NO_2 质量浓度、NO_3^- 质量浓度和 NOR 的小时值变化图

从图 5-11 可以看出，O_3 质量浓度的小时值变化有明显的周期，周期为 1 天，呈单峰波动态。波峰出现在 13 时或 14 时，波谷出现在清晨 5 时左右。夏季 O_3 的质量浓度变化范围是 13.5 ～ 420.9 μg/m^3。

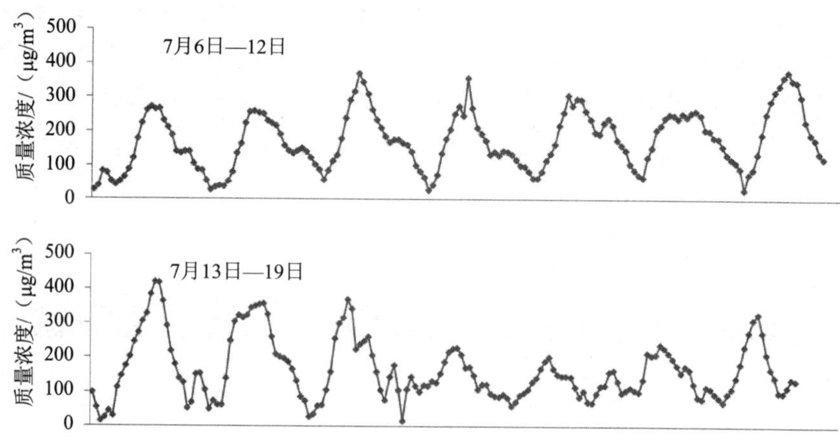

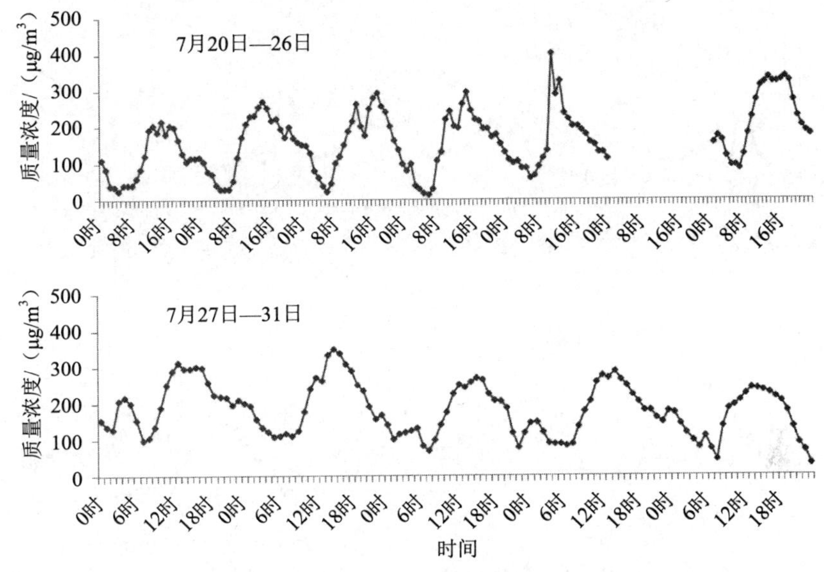

图 5-11　2015 年夏季 O_3 质量浓度小时值变化图

从图 5-12 可以看出，温度的小时值变化有明显的周期，周期为 1 天，呈单峰波动态。波峰出现在 13 时或 14 时，波谷出现在清晨 5 时左右，与 O_3 质量浓度的变化趋势一致。夏季温度的小时值变化范围是 21.3 ～ 39.1℃。

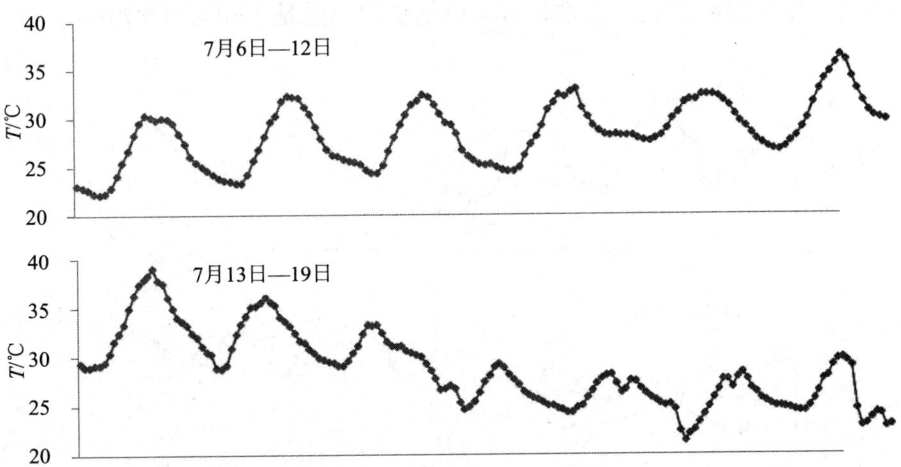

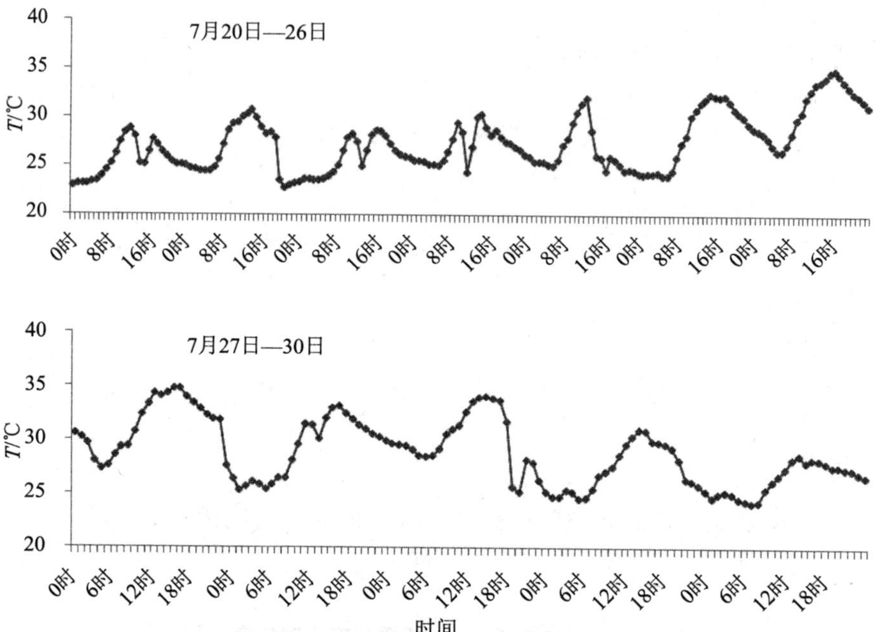

图 5-12　2015 年夏季 *T* 小时值变化图

从图 5-13 可以看出，相对湿度的小时值变化有明显的周期，周期为 1 天，呈单峰波动态。波谷出现在 13 时或 14 时，波峰出现在清晨 5 时左右，与 O_3 质量浓度和温度的变化趋势相反。夏季相对湿度的变化范围是 17.2% ～ 87.0%。

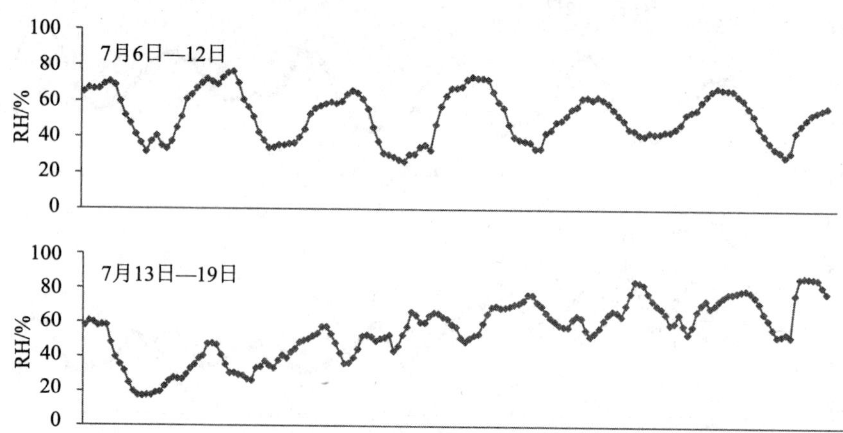

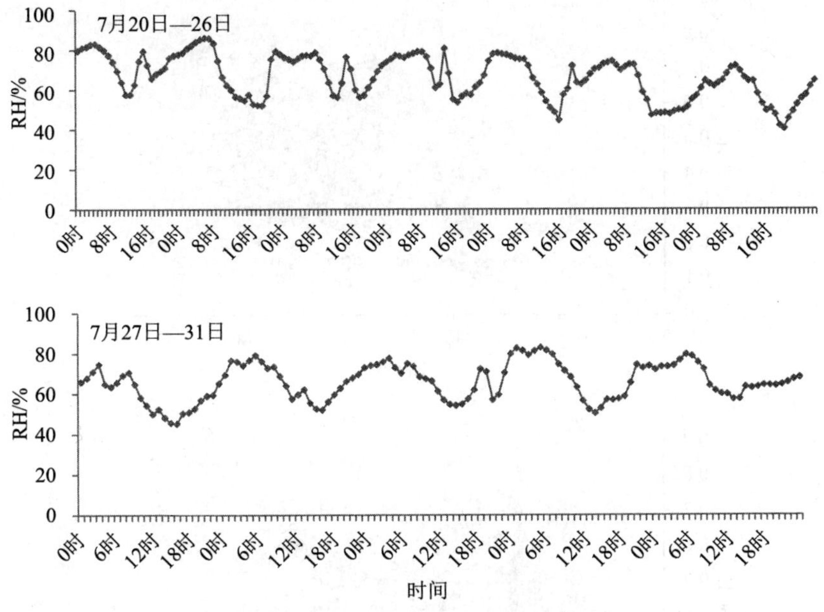

图 5-13　2015 年夏季 RH 小时值变化图

图 5-14 给出了 SOR 与 O_3 质量浓度、相对湿度和温度的关系，可以看出，SOR 与相对湿度的关系更接近线性，随着相对湿度的增加，SOR 的取值范围向数值更高的方向移动。图 5-15 给出了不同湿度条件下 SOR 与 O_3 质量浓度的关系，可以看出当 RH ＞ 75% 时，SOR 与 O_3 质量浓度的关系更接近线性，随着 O_3 质量浓度的增加，SOR 的增长速率要高于 RH ＜ 75% 时的增长速率，说明当 RH ＞ 75% 时 O_3 对 SO_2 的转化影响更大。

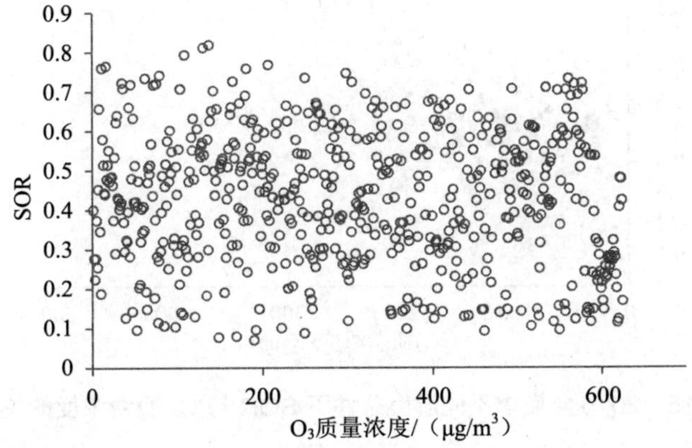

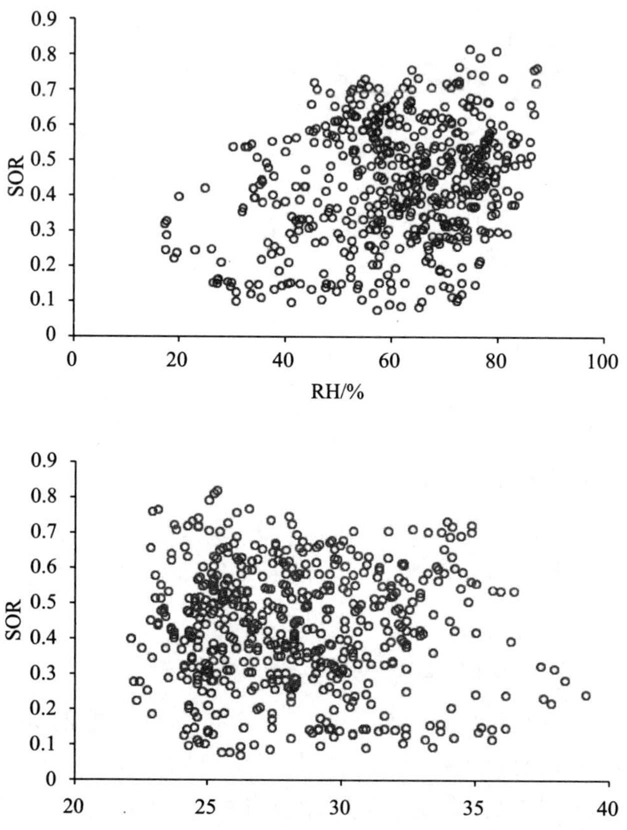

图 5-14 2015 年夏季 SOR 与 O_3 质量浓度、RH 和 T 的散点图

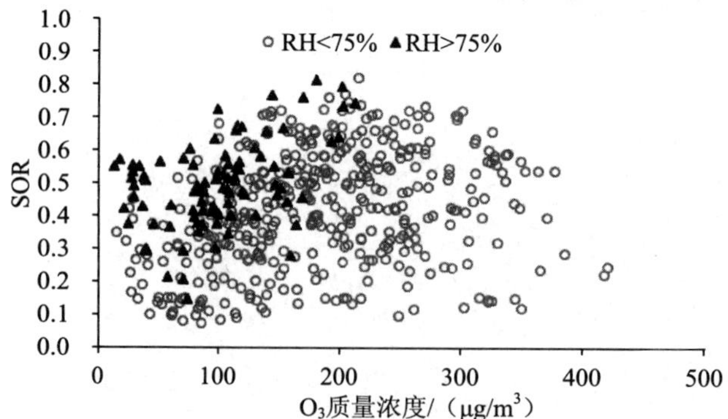

图 5-15 2015 年夏季不同湿度条件下 SOR 与 O_3 质量浓度的关系

图 5-16 给出了 NOR 与 O_3 质量浓度、相对湿度和温度的关系，可以看出，NOR 与 O_3 质量浓度、相对湿度和温度的关系均不是线性的，关系较为复杂。图 5-17 给出了不同温度下，NOR 与 O_3 质量浓度的关系，夏季温度的变化范围较小，在 20 ～ 40℃之间，所以只将温度分成了两段。当 $T > 30$℃时，O_3 的质量浓度最高值超过了 400 μg/m³，但 NOR 的取值范围与 $T < 30$℃时一样。如果硝酸盐不存在分解，NOR 应该在温度最高、O_3 质量浓度最高时出现最大值，但是高温下硝酸盐的分解导致颗粒态 NO_3^- 减少，造成 NO_3^- 的低估，所以 NOR 的值在高温时并不高。

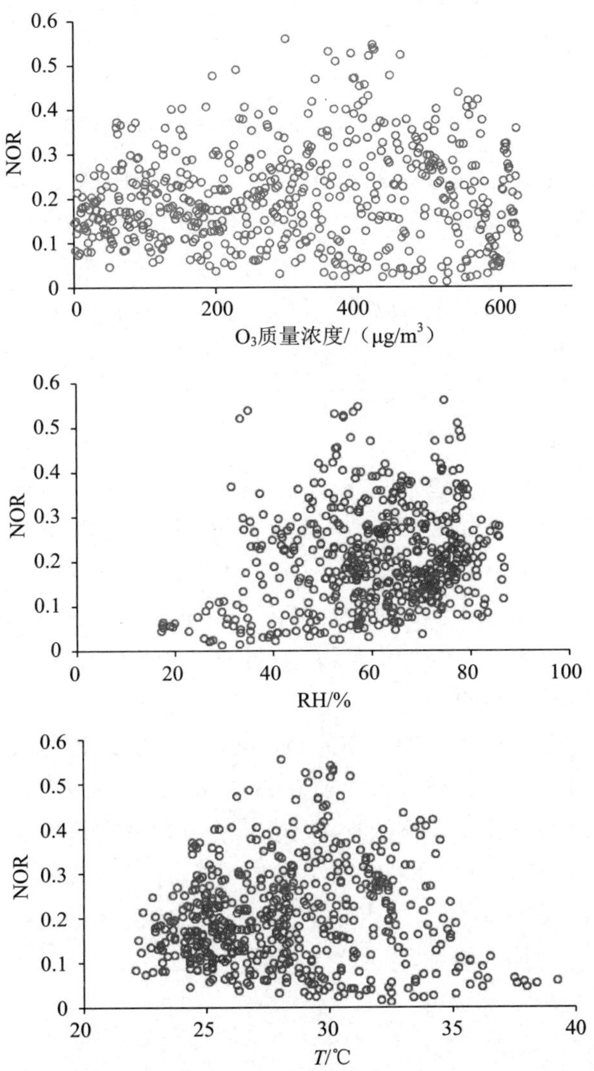

图 5-16　2015 年夏季 NOR 与 O_3 质量浓度、RH 和 T 的散点图

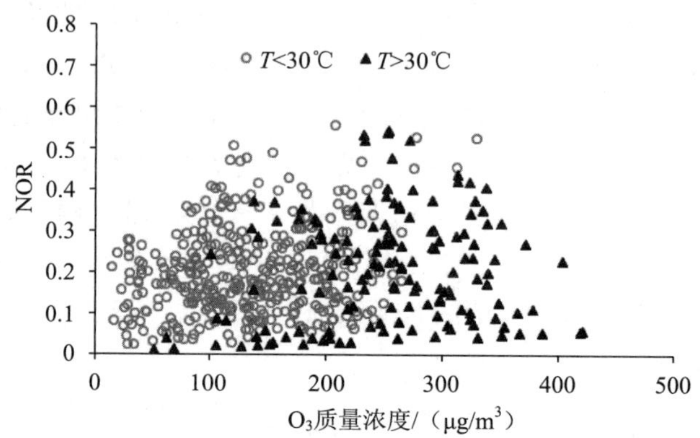

图 5-17　2015 年夏季不同温度下 NOR 与 O_3 质量浓度的关系

夏季影响 SOR 的关键气象因素是相对湿度，在 RH ＜ 75% 和 RH ＞ 75% 两种条件下，SO_2 分别主要通过气相反应和液相反应转化成 SO_4^{2-}，夏季 SOR 的大部分值处在 0.1 ～ 0.8 之间。夏季影响 NOR 的关键气象因素是温度，在 T ＜ 30℃、T ＞ 30℃两种情况下，NO_3^- 分别以不同的形式存在于环境中，夏季 NOR 的大部分值处在 0 ～ 0.5 之间。

5.1.1.3　秋季

从图 5-18（9 月后两周缺少离子数据，所以秋季的图只绘有两周的数据）可以看出，同春季和夏季一样，当 SO_2 质量浓度较低时，SOR 的值较高，具体时间段为 9 月 1 日 0 时—9 月 3 日 10 时、9 月 3 日 18 时—9 月 4 日 3 时、9 月 4 日 15 时—9 月 6 日 6 时、9 月 10 日 15 时—9 月 12 日 19 时。在上述时间段中，SO_2 质量浓度的变化范围是 3.4 ～ 10 μg/m^3, 平均质量浓度为 5.6 μg/m^3；SOR 的变化范围是 0.05 ～ 0.54，平均值为 0.24。

在整个秋季，SO_2 质量浓度、SO_4^{2-} 质量浓度和 SOR 的变化范围分别是 3.4 ～ 84.9 μg/m^3、0.39 ～ 18.35 μg/m^3 和 0.03 ～ 0.54。9 月第二周后半周开始，SO_2 的质量浓度出现增长趋势；整个秋季 SO_4^{2-} 的质量浓度基本都低于 20 μg/m^3。

从图 5-19 可以看出，秋季 NOR 的小时值变化周期不明显，且没有明显的变化规律。NO_2 和 NO_3^- 的小时质量浓度呈波动状态，且两者的波峰和波谷出现在同一时刻，二者的变化周期和变化规律较为一致。

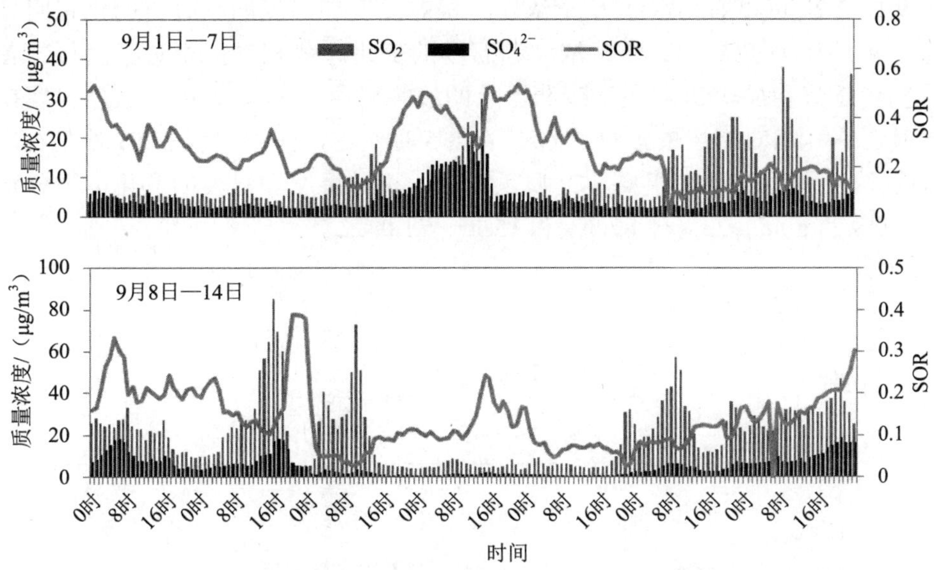

图 5-18　2015 年秋季 SO_2 质量浓度、SO_4^{2-} 质量浓度和 SOR 的小时值变化图

整个秋季 NO_2 质量浓度、NO_3^- 质量浓度和 NOR 的取值范围分别为 4.1 ～ 104.3 μg/m^3、0.22 ～ 39.43 μg/m^3 和 0.01 ～ 0.83。NO_2 的质量浓度依旧存在明显的日变化，但是同春季和夏季相比，秋季 NO_2 的质量浓度明显要高。秋季大多数时间 NO_3^- 的质量浓度都低于 20 μg/m^3。

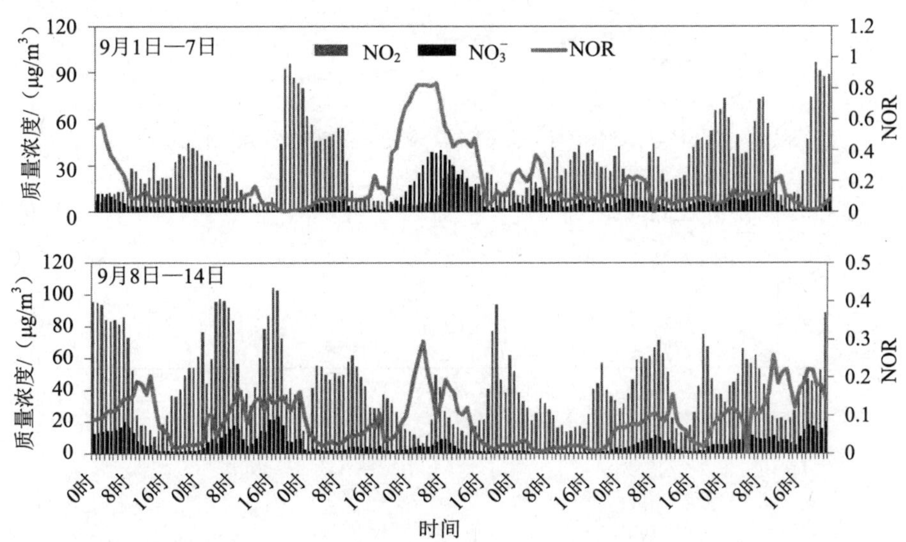

图 5-19　2015 年秋季 NO_2 质量浓度、NO_3^- 质量浓度和 NOR 的小时值变化图

从图 5-20 可以看出，O_3 质量浓度、相对湿度和温度的小时值变化有明显的周期，周期均为 1 天。O_3 质量浓度和温度的变化趋势相同，相对湿度与二者的变化趋势正好相反。O_3 质量浓度和温度的波峰出现在 14 时左右，波谷出现在清晨 5 时左右。相对湿度的波峰出现在清晨 5 时左右，波谷出现在 14 时左右，与 O_3 质量浓度和温度正好相反。O_3 质量浓度、相对湿度和温度的变化范围分别为 7.5 ～ 288.7 μg/m³、23.8 ～ 87.3% 和 15.1 ～ 31.0℃。

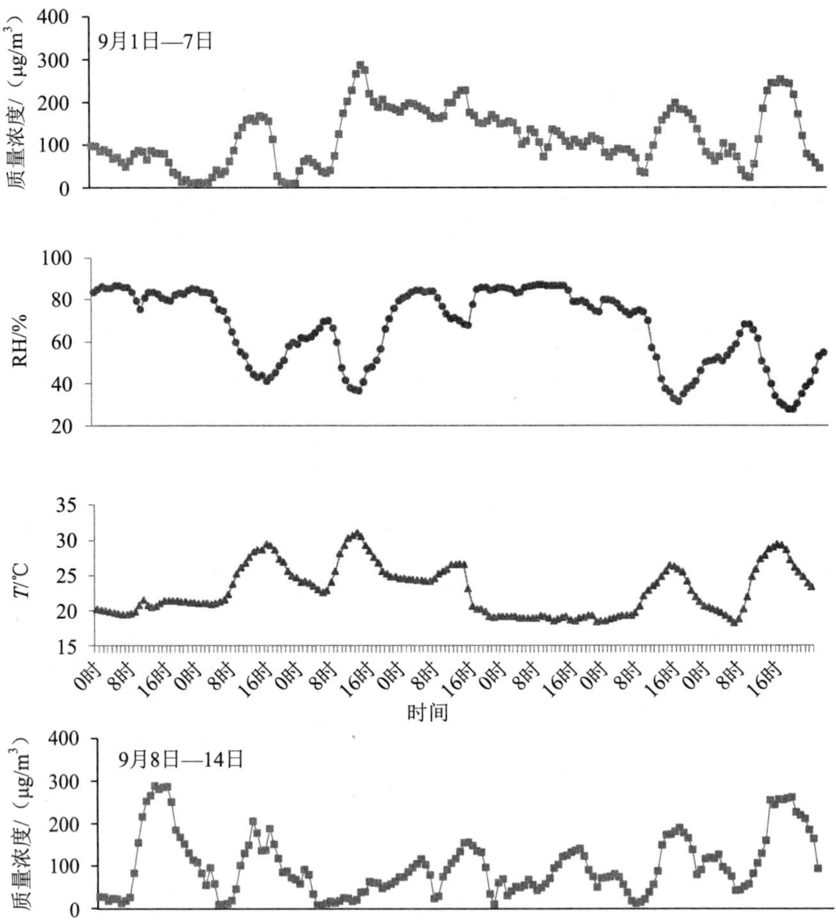

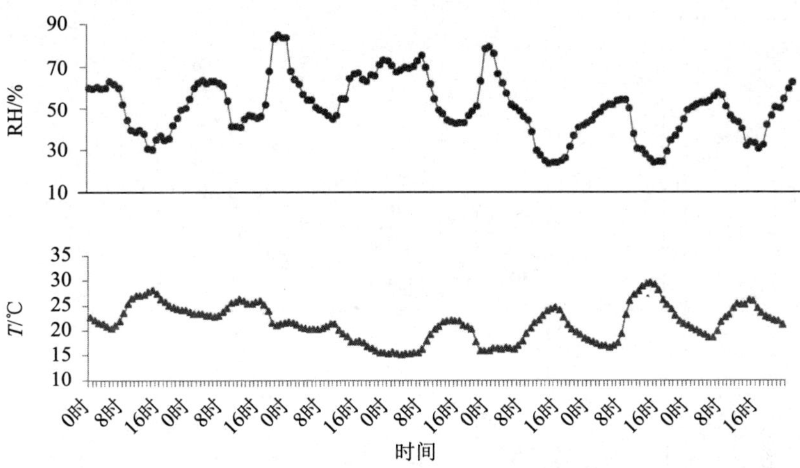

图 5-20　2015 年秋季 O_3 质量浓度、RH 和 T 的小时值变化图

图 5-21 给出了 SOR 与 O_3 质量浓度、相对湿度和温度的关系，可以看出，SOR 与相对湿度的关系更接近线性，随着相对湿度的增加，SOR 的取值范围向数值更高的方向移动。图 5-22 给出了不同湿度条件下 SOR 与 O_3 质量浓度的关系，可以看出当 RH>75% 时，SOR 与 O_3 质量浓度的关系更接近线性，随着 O_3 质量浓度的增加，SOR 的增长速率要高于 RH<75% 时的增长速率，说明当 RH>75% 时 O_3 对 SO_2 的转化影响更大。

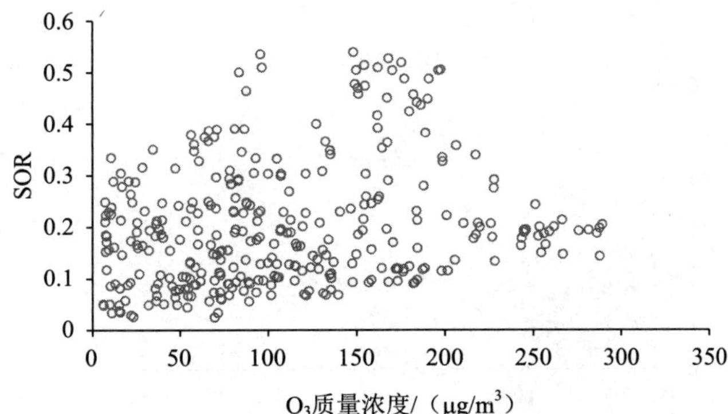

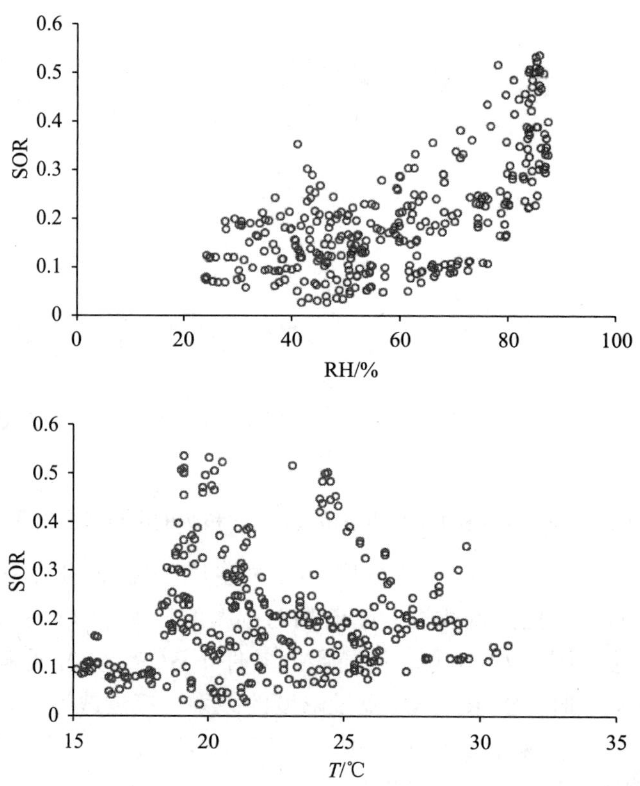

图 5-21 2015 年秋季 SOR 与 O_3 质量浓度、RH 和 T 的散点图

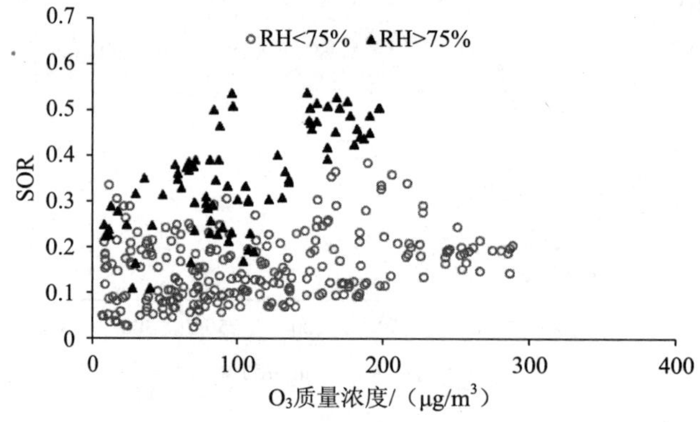

图 5-22 2015 年秋季不同湿度条件下 SOR 与 O_3 质量浓度的关系

图 5-23 给出了 NOR 与 O_3 质量浓度、相对湿度和温度的关系，可以看出，NOR 与 O_3 质量浓度、相对湿度和温度的关系均不是线性的，关系较为复杂。相

比之下，NOR 与相对湿度的关系更接近线性，随着相对湿度的增加，NOR 的取值范围向数值更高的方向移动。秋季温度的变化范围较小，在 15 ～ 31℃之间，故没有讨论不同温度下 NOR 与 O_3 质量浓度的关系。

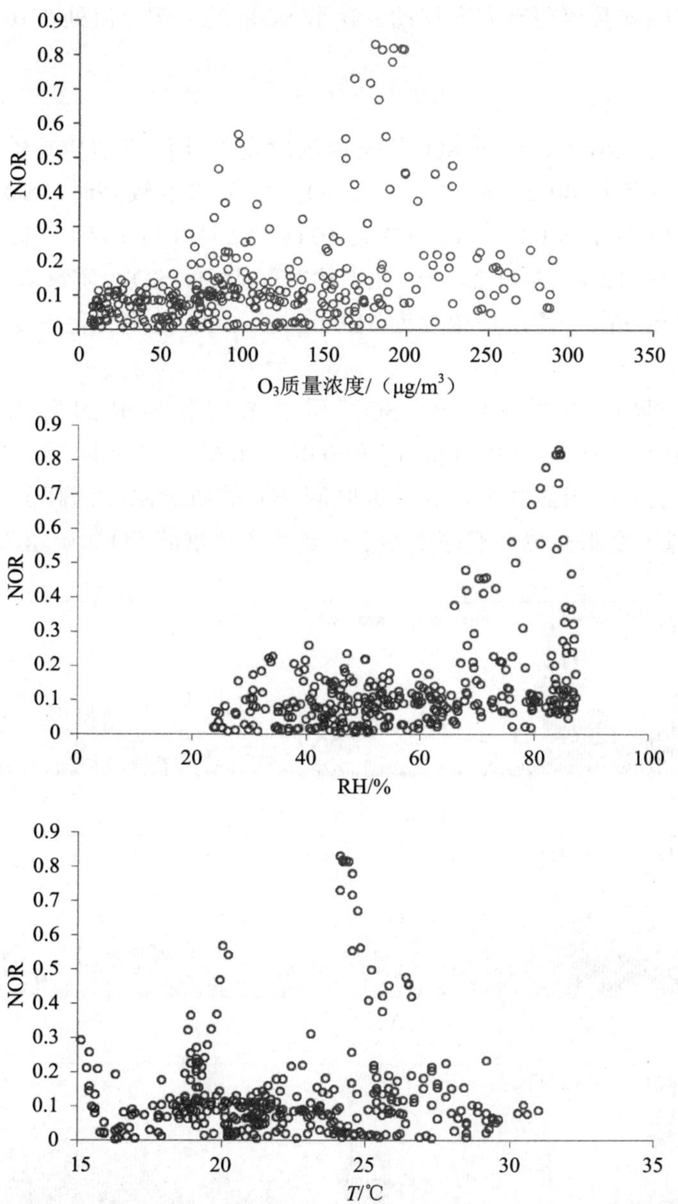

图 5-23　2015 年秋季 NOR 与 O_3 质量浓度、RH 和 T 的散点图

秋季影响 SOR 的关键气象因素是相对湿度，在 RH<75% 和 RH>75% 两种条件下，SO_2 分别主要通过气相反应和液相反应转化成 SO_4^{2-}；秋季 SOR 的大部分值处在 0 ～ 0.4 之间。秋季影响 NOR 的关键气象因素是相对湿度，随着 RH 的升高，NOR 的取值范围向数值更高方向移动；秋季 NOR 的大部分值处在 0 ～ 0.3 之间。

5.1.1.4 冬季

从图 5-24 可以看出，冬季 SO_2 的质量浓度高于其他三季 SO_2 质量浓度，SO_2 质量浓度大部分都在 40 μg/m^3 之上。当 SO_4^{2-} 质量浓度较高时，SOR 的值较高，具体时间段为 12 月 1 日 0 时—12 月 2 日 10 时、12 月 8 日 10 时—12 月 9 日 5 时、12 月 21 日 9 时—12 月 23 日 23 时。在上述时间段中，SO_4^{2-} 质量浓度的变化范围是 40.5 ～ 99.2 μg/m^3，平均质量浓度为 61.0 μg/m^3；SOR 的变化范围是 0.19 ～ 0.62，平均值为 0.40。

在整个冬季，SO_2 质量浓度、SO_4^{2-} 质量浓度和 SOR 的变化范围分别是 7.7 ～ 150.4 μg/m^3、0.62 ～ 99.23 μg/m^3 和 0.04 ～ 0.62。同春季、夏季和秋季相比，冬季 SO_2 的质量浓度明显升高，大部分时间 SO_2 的质量浓度都高于 40 μg/m^3。冬季 SO_4^{2-} 的质量浓度水平也普遍高于春季、夏季和秋季的 SO_4^{2-} 质量浓度水平。

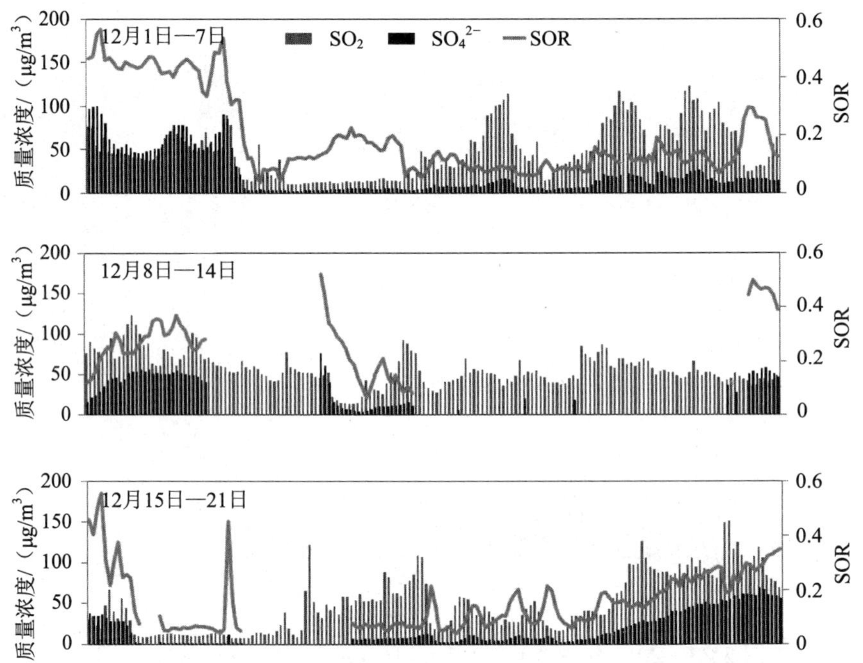

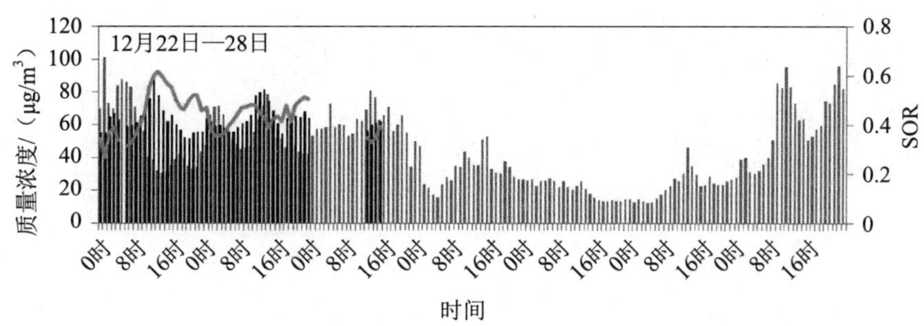

图 5-24　2015 年冬季 SO_2 质量浓度、SO_4^{2-} 质量浓度和 SOR 的小时值变化图

从图 5-25 可以看出，冬季 NO_2 的质量浓度明显高于其他三季的 NO_2 的质量浓度，NO_3^- 的小时质量浓度也普遍高于其他三季的 NO_3^- 质量浓度，NO_2 质量浓度、NO_3^- 质量浓度和 NOR 的变化没有明显的规律。当 NO_3^- 质量浓度较高时，NOR 也较高，NO_3^- 质量浓度较低时 NOR 可高可低。NO_3^- 质量浓度较高时间段有 12 月 1 日 0 时—12 月 2 日 10 时、12 月 8 日 10 时—12 月 9 日 5 时、12 月 21 日 11 时—12 月 23 日 23 时。在上述时间段中，NO_3^- 质量浓度的变化范围是 45.9 ～ 125.8 μg/m³，平均质量浓度为 71.8 μg/m³；NOR 的变化范围是 0.23 ～ 0.49，平均值为 0.33。

在整个冬季，NO_2 质量浓度、NO_3^- 质量浓度和 NOR 的变化范围分别是 11.7 ～ 186.5 μg/m³、0.98 ～ 125.8 μg/m³ 和 0.01 ～ 0.52。同春季、夏季和秋季相比，冬季 NO_2 质量浓度的日变化不如其他三季的日变化明显，但 NO_2 质量浓度水平普遍高于其他三季的 NO_2 质量浓度水平。

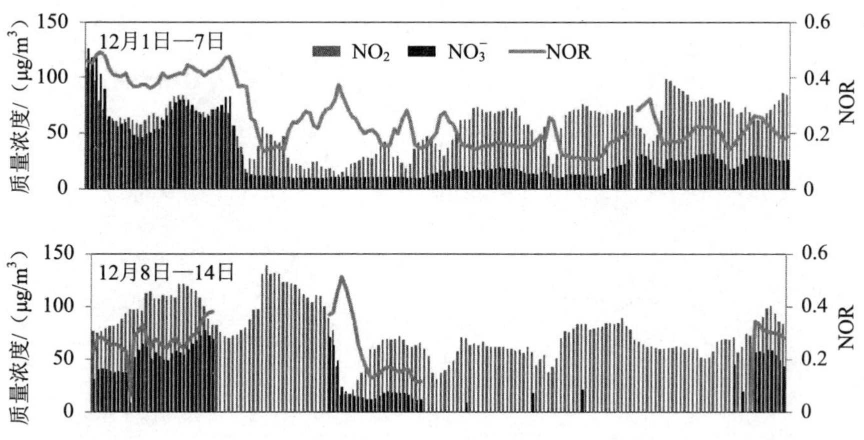

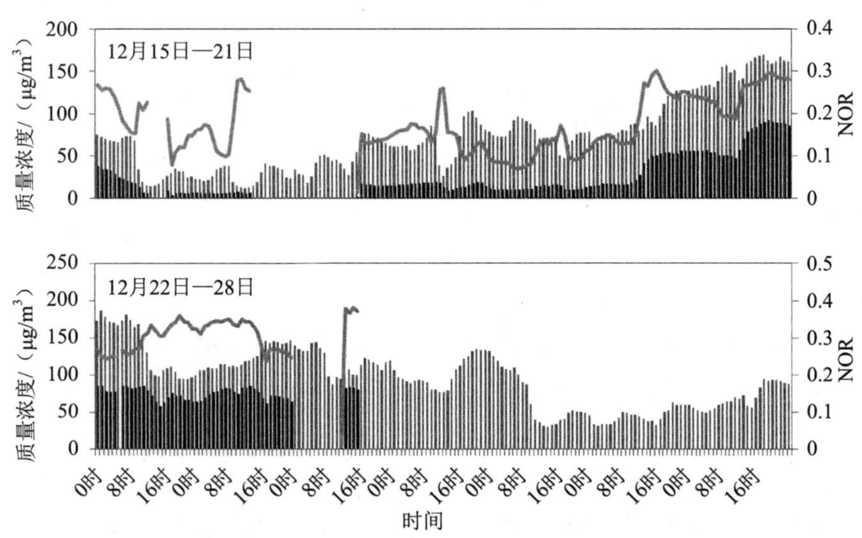

图 5-25 2015 年冬季 NO_2 质量浓度、NO_3^- 质量浓度和 NOR 的小时值变化图

从图 5-26 可以看出，冬季 O_3 质量浓度与相对湿度的小时值变化没有明显的周期，较为复杂。O_3 质量浓度与相对湿度的小时值仍是负相关关系，O_3 质量浓度小时值较高时相对湿度的小时值则较低，O_3 质量浓度小时值较低时相对湿度的小时值则较高。O_3 质量浓度与相对湿度在整个冬季的变化范围分别为 6.0 ～ 83.7 μg/m³ 和 4.8% ～ 88.4%。

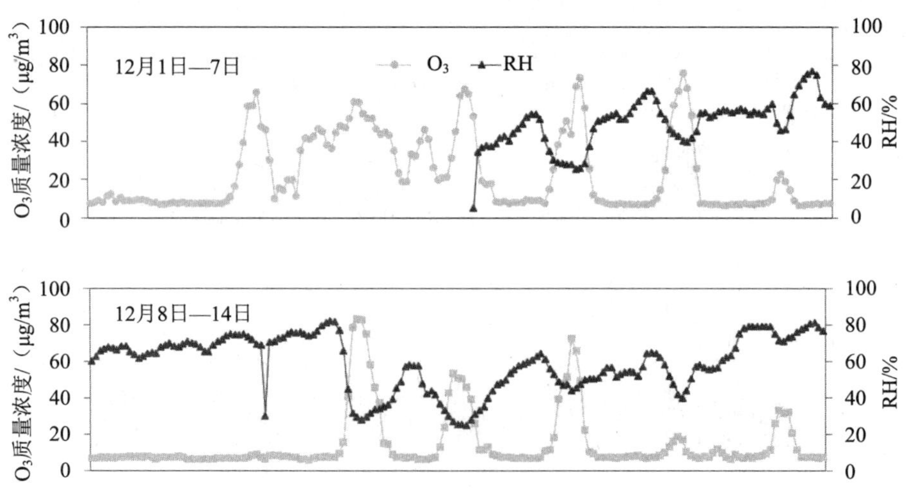

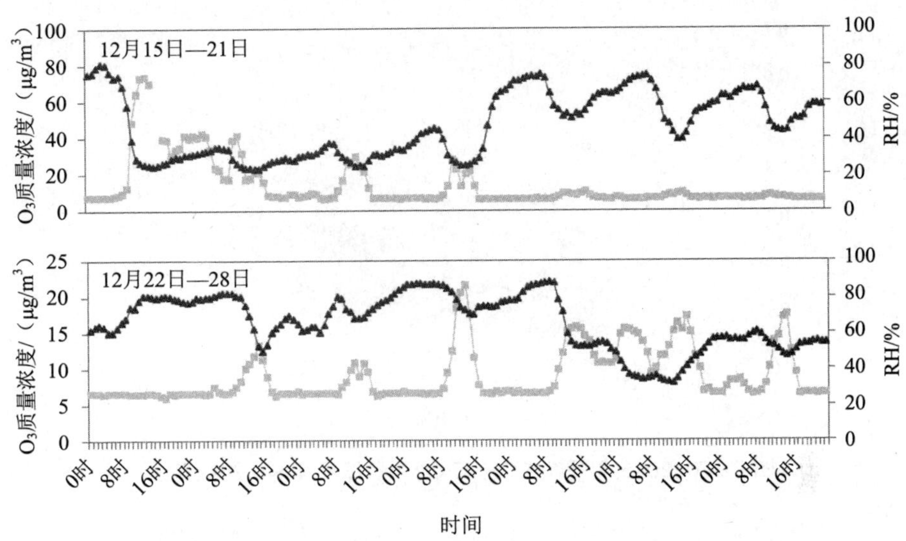

图 5-26 2015 年冬季 O_3 质量浓度、RH 的小时值变化图

图 5-27 给出了 SOR 与 O_3 质量浓度、相对湿度的关系，可以看出，SOR 与相对湿度的关系更接近线性，随着相对湿度的增加，SOR 的取值范围向数值更高的方向移动。图 5-28 给出了不同湿度条件下 SOR 与 O_3 质量浓度的关系，可以看出，当 O_3 质量浓度低于 10 μg/m³ 时，SOR 的值分布范围较广，0 ～ 0.7 之间都有；当 O_3 质量浓度高于 10 μg/m³ 时，SOR 主要分布在 0 ～ 0.3 之间。RH > 75% 时，O_3 质量浓度都低于 10 μg/m³，此时 O_3 质量浓度对 SOR 没有影响，影响 SOR 的是相对湿度，随着相对湿度的升高，SOR 的取值范围向数值更高的方向移动（如图 5-27 所示）。

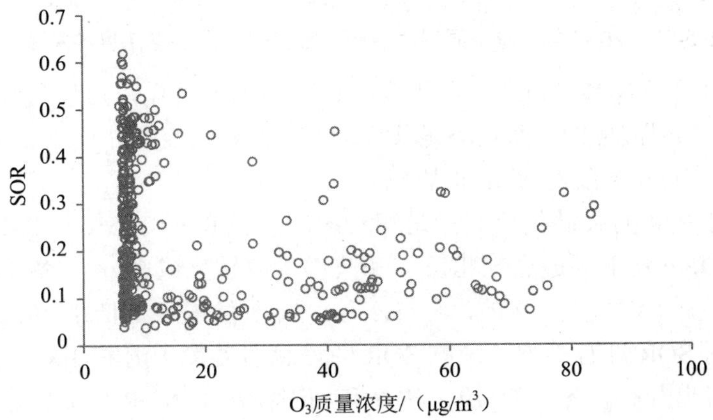

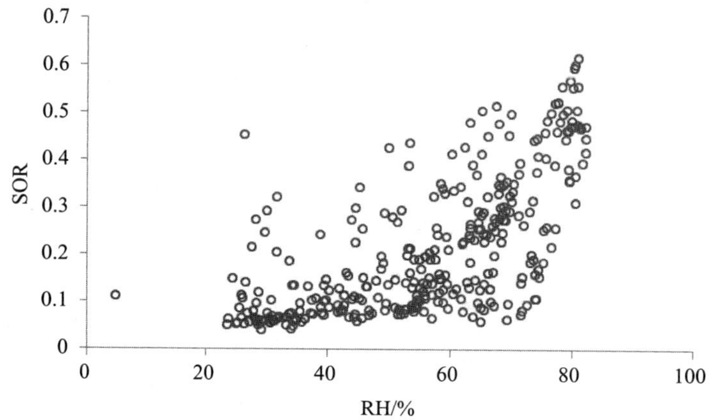

图 5-27 2015 年冬季 SOR 与 O_3 质量浓度和 RH 的散点图

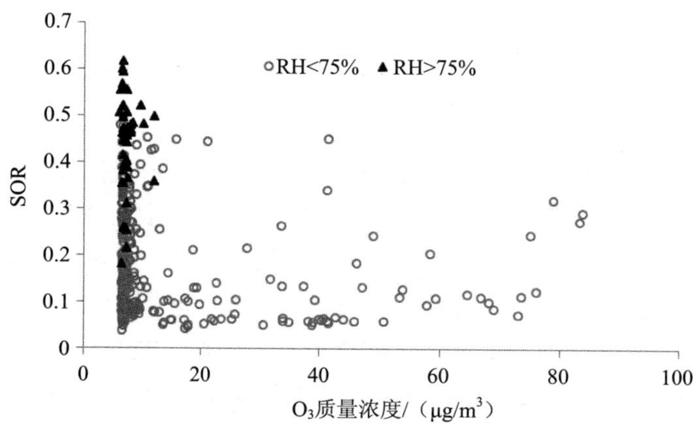

图 5-28 2015 年冬季不同湿度条件下 SOR 与 O_3 质量浓度的关系

图 5-29 给出了 NOR 与 O_3 质量浓度、相对湿度的关系，可以看出，NOR 与 O_3 质量浓度、相对湿度的关系均不是线性的，关系较为复杂。由于冬季缺少温度的数据，故没有讨论温度对 NOR 的影响。

冬季影响 SOR 的关键气象因素是相对湿度，在 RH ＜ 75% 和 RH ＞ 75% 两种条件下，SO_2 分别主要通过气相反应和液相反应转化成 SO_4^{2-}；冬季 SOR 的大部分值处在 0 ～ 0.3 之间。当 RH ＞ 75% 时，O_3 质量浓度都低于 10μg/m^3，此时 O_3 质量浓度对 SOR 没有影响，影响 SOR 的是相对湿度，随着相对湿度的升高，SOR 的最大值也升高。冬季 O_3 质量浓度和相对湿度对 NOR 均无影响，NOR 的大部分值处在 0 ～ 0.4 之间。

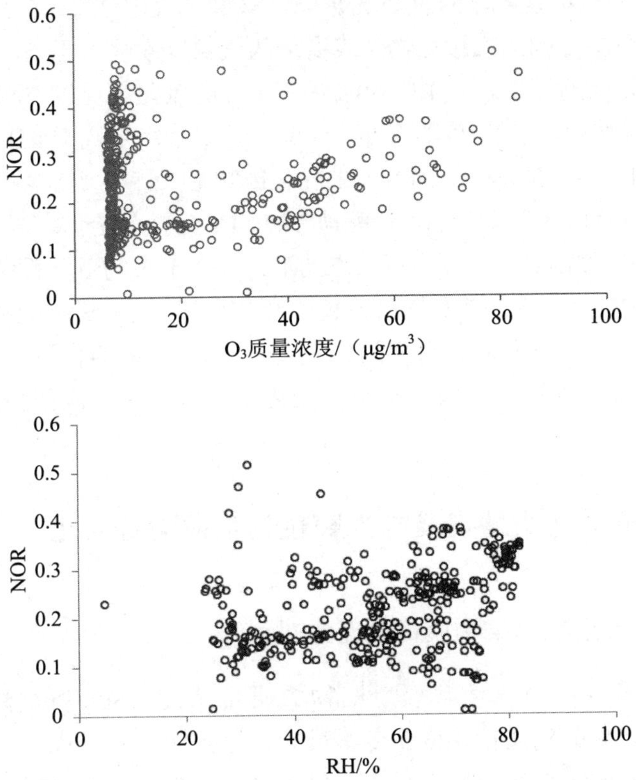

图 5-29　2015 年冬季 NOR 与 O_3 质量浓度和 RH 的散点图

5.1.1.5　小结

（1）春季影响 SOR 的关键气象因素是相对湿度，SOR 的大部分值处在 0.1 ～ 0.5 之间；春季影响 NOR 的关键气象因素是温度，NOR 的大部分值处在 0 ～ 0.4 之间。

（2）夏季 SOR 要明显高于其他三季 SOR，影响 SOR 的关键气象因素是相对湿度，SOR 的大部分值处在 0.1 ～ 0.8 之间；夏季影响 NOR 的关键气象因素是温度，NOR 的大部分值处在 0 ～ 0.5 之间。

（3）秋季影响 SOR 的关键气象因素是相对湿度，SOR 的大部分值处在 0 ～ 0.4 之间；秋季影响 NOR 的关键气象因素是相对湿度，随着相对湿度的升高，NOR 的最大值也随之升高；秋季 NOR 的大部分值处在 0 ～ 0.3 之间。

（4）冬季影响 SOR 的关键气象因素是相对湿度，SOR 的大部分值处在 0 ～ 0.3 之间。

冬季 O_3 质量浓度和相对湿度对 NOR 均无影响，NOR 的大部分值处在 0 ～ 0.4 之间。

（5）不同季节下影响二次颗粒物生成潜势的气象因素略有不同，但主要影响二次硫酸盐生成的是相对湿度，当 RH>80% 时，SO_2 的氧化主要以液相反应为主；当 RH ＞ 75% 时，随着 O_3 质量浓度的增加，SOR 的增长速率要高于 RH ＜ 75% 时的增长速率，说明当 RH ＞ 75% 时 O_3 对 SO_2 的转化影响更大。主要影响二次硝酸盐生成的是温度，当温度超过 30℃，颗粒态的硝酸盐（如 NH_4NO_3）易分解。温度较高的夏季，其 NOR 值并不高，原因是硝酸盐多以气态的形式存在于大气中，而我们却只能监测到颗粒态硝酸盐的浓度，无法获取气态硝酸盐的浓度，导致了硝酸盐浓度的低估。

（6）与 SOR 不同，NOR 有明显的日变化特征，NOR 的日变化趋势为：白天先上升后下降，夜间维持在较低的水平，变化不大。说明二次硝酸盐的生成潜势具有日变化特征。

5.1.2 不同季节的污染情况及二次颗粒物生成潜势对比

5.1.2.1 不同季节常规污染物质量浓度的对比

表 5-1 给出了各季节 6 种常规污染物的质量浓度。SO_2 质量浓度在冬季最高，在夏季最低。NO_2 的质量浓度在冬季最高，达到 75.6 μg/m^3；在夏季最低，为 33.1 μg/m^3。O_3 的质量浓度在夏季最高，达到了 170.0 μg/m^3；在冬季最低，仅为 15.9 μg/m^3。CO、PM_{10} 和 $PM_{2.5}$ 目前缺少冬季的数据，在春、夏、秋三季中三者均是春季的质量浓度最高。$PM_{2.5}/PM_{10}$ 在春季、夏季、秋季的值分别为 0.65、0.81、0.97，说明不同季节下 $PM_{2.5}$ 在 PM_{10} 的占比是不同的，秋季的污染主要以 $PM_{2.5}$ 为主。

表 5-1 2015 年各季节常规污染物的平均质量浓度 单位：μg/m^3

	SO_2	NO_2	O_3	CO	PM_{10}	$PM_{2.5}$
春季	25.1	52.3	73.0	159.9	150.4	98.1
夏季	13.6	33.1	170.0	89.0	93.3	75.4
秋季	21.3	49.6	109.7	156.2	91.2	88.5
冬季	49.3	75.6	15.9			

5.1.2.2 不同季节的气象条件对比

表 5-2 给出了气象条件的季节变化，可以看出，夏季的平均相对湿度和温度

最高，分别为 59.73% 和 28.30℃。春季的相对湿度最低，为 44.27%，秋季和冬季的相对湿度虽然低于夏季相对湿度，但相差不大，均在 55% 以上。春季的风速最高，冬季的风速最低，分别为 2.18 m/s 和 1.35 m/s。图 5-30 给出了天津市四季的风向风速频率分布情况，可以看出春季的主导风向是北西北风（NNW）和北东北风（NNE），夏季的主导风向是西北风（NW），秋季的主导风向是西北风（NW）和西南风（SW），冬季的主导风向是西北风（NW）和东东北风（ENE）。

表 5-2　2015 年气象条件的季节变化

	RH/%	T/℃	风速 /（m/s）
春季	44.27	15.72	2.18
夏季	59.73	28.30	1.74
秋季	58.03	22.36	1.83
冬季	55.76		1.35

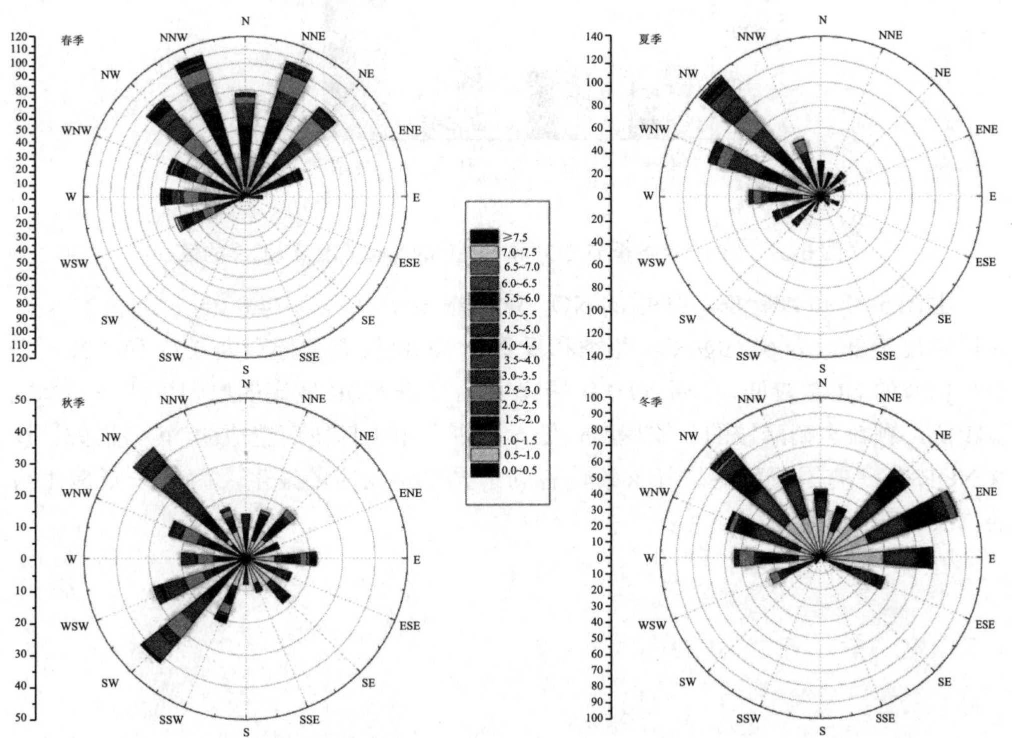

图 5-30　2015 年各季节风向玫瑰图

5.1.2.3 各季节 SOR 和 NOR 的平均值

由图 5-31 可以看出，冬季的 SO_2 和 SO_4^{2-} 质量浓度均是最高的，二者的质量浓度分别为 49.3μg/m³ 和 27.3 μg/m³，原因可能是冬季燃煤取暖增加了 SO_2 的排放。SOR 在夏季最高，为 0.42；春季、秋季和冬季的 SOR 值差别不大，分别为 0.22、0.20 和 0.22。由此可见，夏季 SO_2 的转化率最高，二次硫酸盐的生成潜势最高，可能是因为夏季的气象条件最利于光化学氧化反应的发生（O_3 质量浓度最高，相对湿度和温度最高）。

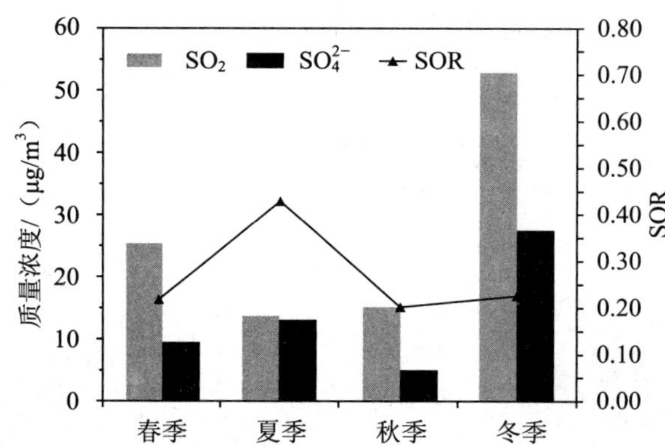

图 5-31　2015 年各季节 SO_2 和 SO_4^{2-} 的质量浓度及 SOR 的值

由图 5-32 可以看出，冬季的 NO_3^- 质量浓度最高，为 34.8 μg/m³，秋季 NO_3^- 质量浓度最低，为 6.3 μg/m³。冬季和夏季的 NOR 较高，分别为 0.23 和 0.20；春季和秋季的 NOR 较低，分别为 0.16 和 0.13。冬季 NOR 较高的原因可能是冬季气温较低，颗粒态硝酸铵的分解程度较低，减少了由于挥发而造成的 NO_3^- 损失。夏季 NOR 较高的原因可能是气象条件有利于光化学反应的发生，由 NO_2 反应生成的二次硝酸盐较多。

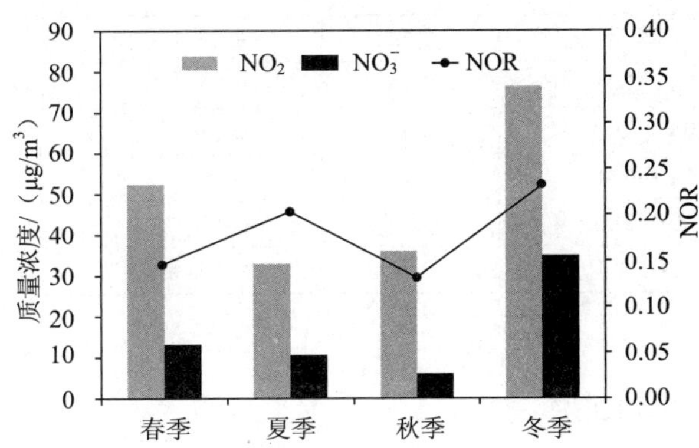

图 5-32　2015 年各季节 NO_2 和 NO_3^- 的质量浓度及 SOR 的值

5.1.3　与国内外研究结果的比较

5.1.3.1　不同城市间 SOR 的对比

表 5-3 给出了国内外不同城市各季节下的 SOR 值，可以看出，在中国北方城市（天津、北京、济南、太原），SOR 均是夏季最高，春季、秋季、冬季的 SOR 则要明显低于夏季 SOR。在中国南方城市（上海、广州、厦门），夏季的 SOR 却未必是最高的，在这三个城市中，上海和广州冬季的 SOR 最高，厦门秋季 SOR 最高。国外城市（名古屋、开罗、威尼斯）的 SOR 季节特征与本研究一致，均是夏季 SOR 最高，且春、夏、秋三季 SOR 的值相差不大。从以上的对比来看，本研究得到的 SOR 取值范围及季节分布特征是比较合理的。

表 5-3　不同城市 SOR 值对比

城市	年份	春季	夏季	秋季	冬季
天津	2015 年	0.22	0.42	0.20	0.22
北京	1999—2000 年	0.11	0.56	0.31	0.21
北京	2001—2003 年		0.39		0.07
济南	2007—2008 年	0.22	0.47	0.30	0.17
太原	2013—2014 年		0.13		0.07
上海	2003—2005 年		0.05		0.12

续表

城市	年份	春季	夏季	秋季	冬季
广州	2009—2011 年	0.16	0.23	0.21	0.24
厦门	2008—2009 年	0.43	0.27	0.45	0.27
名古屋	1986 年		0.08		0.04
开罗	1999—2000 年		0.17		0.08
威尼斯	2010 年	0.20	0.30	0.20	0.20

5.1.3.2 不同城市间 NOR 的对比

表 5-4 给出了国内外不同城市各季节下的 NOR 值，可以看出，在中国北方城市（天津、北京、济南、太原），NOR 均是夏季最高，春季、秋季、冬季的 NOR 虽然低于夏季 NOR，但是这三者的 NOR 差别不大。在中国南方城市（上海、广州、厦门），夏季的 NOR 却未必是最高的，在这三个城市中，冬季的 NOR 是较高的。国外城市（名古屋、开罗、威尼斯）的 NOR 季节特征是冬季低于其他三季。整体来看，虽然 NOR 有季节差异，但是差异较小。从以上的对比来看，本研究得到的 NOR 取值范围及季节分布特征是比较合理的。

表 5-4 不同城市 NOR 值对比

城市	年份	春季	夏季	秋季	冬季
天津	2015 年	0.16	0.20	0.13	0.23
北京	1999—2000 年	0.20	0.47	0.23	0.19
北京			0.08		0.05
济南	2007—2008 年	0.15	0.28	0.14	0.12
太原	2013—2014 年		0.08		0.06
上海	2003—2005 年		0.03		0.07
广州	2009—2011 年	0.10	0.05	0.07	0.10
厦门	2008—2009 年	0.03	0.03	0.02	0.09
名古屋	1986 年		0.10		0.02
开罗	1999—2000 年		0.08		0.03
威尼斯	2010 年	0.40	0.40	0.40	0.20

5.1.3.3　小结

通过与国内外城市的对比，可以看出，本研究得到的各季 SOR 和 NOR 的取值范围及季节分布特征是比较合理的，可以用来判断天津市二次颗粒物的生成潜势及估算二次硫酸盐、二次硝酸盐的浓度。此外，可以发现 SOR 和 NOR 存在地域差异，说明二次颗粒物的生成潜势具有地域性，每个地域都有其对应的生成潜势，不同地域不能使用相同的 SOR 和 NOR 值来判断二次颗粒物的生成潜势。

5.1.4　天津市不同季节二次颗粒物估算

（1）通过本研究，结合前人研究结果，我们认为，天津市的 SOR 在春季、秋季和冬季可以取同一个值，取值范围为 0.20 ～ 0.22；夏季的 SOR 需要单独使用，取值为 0.42±0.02。

（2）通过本研究，结合前人研究结果，我们认为，天津市的 NOR 在春季和秋季可以取同一个值，取值范围为 0.13 ～ 0.16；NOR 在夏季和冬季可以取同一个值，取值范围为 0.20 ～ 0.23。

（3）利用以上给出的 SOR 和 NOR 建议值，只需将天津市各季节对应的前体物质量浓度代入 SOR 和 NOR 的计算公式，便可估算出不同季节二次硫酸盐和二次硝酸盐的质量浓度，计算公式如下：

$$\rho(SO_4^{2-})=[SOR\times\rho(SO_2)]/(1-SOR) \tag{5-3}$$

$$\rho(NO_3^-)=[NOR\times\rho(NO_2)]/(1-NOR) \tag{5-4}$$

如，春季某天监测到的 SO_2 质量浓度和 NO_2 质量浓度均是 40 μg/m³, SOR 和 NOR 分别取 0.20 和 0.14，那么大气中的二次硫酸盐浓度和二次硝酸盐浓度分别为：

$$\rho(SO_4^{2-})=(0.20\times40)/(1-0.20)=10\ \mu g/m^3$$

$$\rho(NO_3^-)=(0.14\times40)/(1-0.14)\approx6.51\ \mu g/m^3$$

5.2　污染天与非污染天二次颗粒物生成潜势研究

研究了 2015 年 10 月 1 日—12 月 31 日 3 个月的逐时污染物浓度、气态前体物浓度及气象条件，确定了影响二次离子浓度的关键气象因素及其具体的影响机制，以及二次离子与气态前体物的关系。

5.2.1 总体天气污染状况

根据采集的有效数据，2015 年 10 月 1 日—12 月 31 日中共有污染天 42 天，非污染天 47 天，污染物、非污染天 $PM_{2.5}$、前体物及二次离子质量浓度、天气状况如表 5-5 及图 5-33 ～图 5-36 所示。

5.2.1.1 污染天天气污染状况

污染天 $PM_{2.5}$ 质量浓度的日均值为 204.14 μg/m^3，最高时质量浓度可达 581 μg/m^3（如表 5-5 所示），远高于我国环境空气质量二级质量浓度限值（75 μg/m^3）。且部分污染天呈现颗粒物质量浓度骤增骤减的趋势（如图 5-33 所示），如 10 月 16 日 14 时—17 日 3 时，$PM_{2.5}$ 的质量浓度由 76 μg/m^3 增加到 307 μg/m^3；11 月 5 日的 8 时—10 时，$PM_{2.5}$ 的质量浓度由 255 μg/m^3 减少到 59 μg/m^3；11 月 15 日 17 时—19 时，$PM_{2.5}$ 的质量浓度由 234 μg/m^3 减少到 74 μg/m^3；12 月 2 日 11 时—14 时，$PM_{2.5}$ 的质量浓度由 305 μg/m^3 减少到 58 μg/m^3。分析上述期间的气象条件可知，$PM_{2.5}$ 的变化可能与对应期间风速的增加有很大关系（上述时间点风速分别为 1.2 ～ 2.1 m/s、3.1 ～ 5.8 m/s、4.3 ～ 6.3 m/s、2.7 ～ 6.8 m/s），风速的增加为 $PM_{2.5}$ 的扩散提供了条件。同时，$PM_{2.5}$ 也表现出一定的日变化特征：通常早上 8 时、9 时以及晚上的 22 时左右会出现峰值，可能与对应上班早高峰以及晚上供暖强度增大有关。

表 5-5 2015 年 10 月—12 月污染天污染情况记录

质量浓度 / (μg/m^3)	最大值	最小值	平均值	污染期平均值	非污染期平均值
$PM_{2.5}$	581	5	128.69	204.14	61.46
SO_4^{2-}	125.78	0.14	19.92	31.86	6.25
NO_3^-	307.6	0.11	73.77	40.92	9.79
SO_2	151.3	3.1	35.39	49.43	23.46
NO_2	226.9	8.4	62.66	80.82	46.44
O_3	317.6	6	38.86	37.29	39.74
SOR（量纲一）	0.67	0.01	0.24	0.29	0.16
NOR（量纲一）	0.94	0.002 4	0.19	0.26	0.13

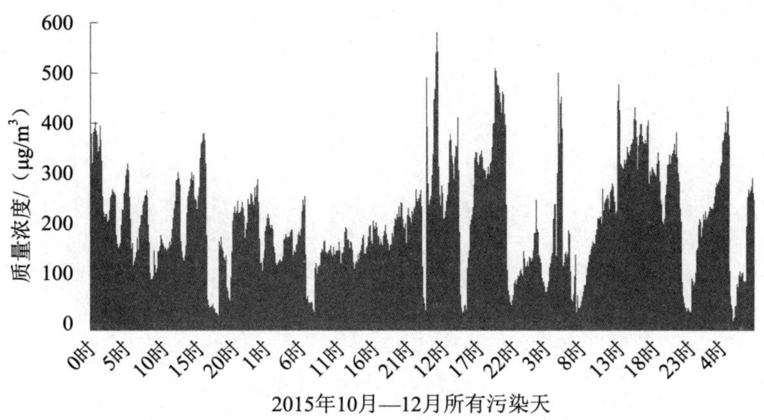

图 5-33　2015 年 10 月—12 月所有污染天 $PM_{2.5}$ 质量浓度变化

污染天的平均相对湿度为 60.79% 且变化幅度较大（如图 5-34 所示），相对湿度最大值与最小值分别为 96% 和 24.9%，整体上呈现相对湿度越大污染越严重的趋势。

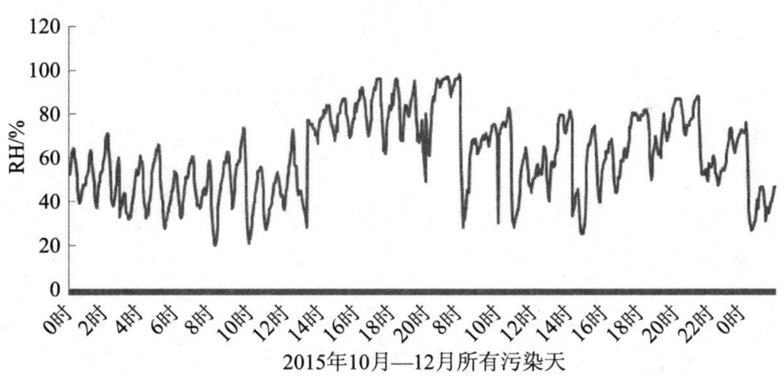

图 5-34　2015 年 10 月—12 月所有污染天 RH 变化

5.2.1.2　非污染天天气污染状况

非污染天 $PM_{2.5}$ 质量浓度的日均值为 58.11 μg/m³，最低时质量浓度可达 15.38 μg/m³，低于我国环境空气质量一级浓度限值（35 μg/m³）。相对于污染天来说，非污染天 $PM_{2.5}$ 质量浓度的日变化规律性不强，可能是受气象条件的影响较大。

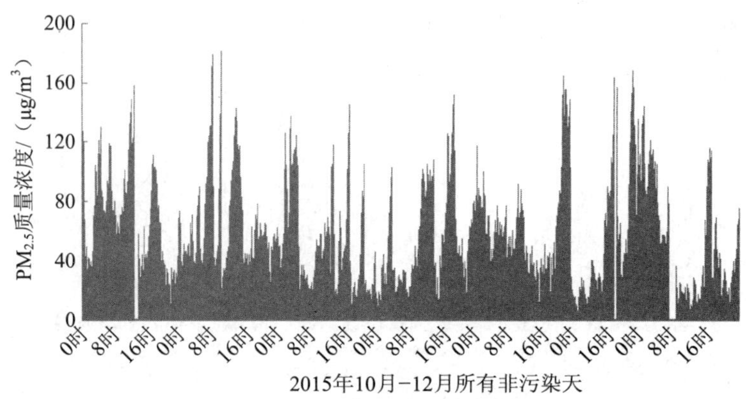

图 5-35　2015 年 10 月—12 月所有非污染天 $PM_{2.5}$ 质量浓度变化

非污染天的平均相对湿度为 52.66%，变化幅度较大（如图 5-36 所示），最低相对湿度与最高相对湿度分别为 13.7% 和 95%。与污染天相比，非污染天的相对湿度更低一些，变化幅度相对也更大。但与污染天一样，总体上也呈现出相对湿度越大、污染越严重的趋势，如 10 月 1 日 0 时、11 月 7 日 13 时、11 月 25 日 2 时等。

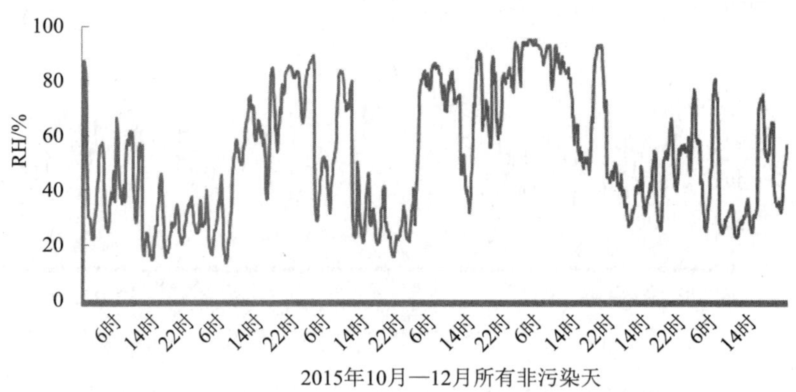

图 5-36　2015 年 10 月—12 月所有非污染天 RH 变化

5.2.2　前体物质量浓度特征

5.2.2.1　污染天前体物质量浓度特征

污染期间气态前体物的质量浓度均较高，SO_2、NO_2、O_3 的平均质量浓度分别为 49.43 μg/m³、80.82 μg/m³、37.29 μg/m³，变化幅度较大（如图 5-37 ～图 5-39 所示）。11 月 30 日最为显著，SO_2、NO_2、O_3 的平均质量浓度分别为 93.06 μg/m³、93.40 μg/m³、46.97 μg/m³，这天 $PM_{2.5}$ 的质量浓度也相对较高 (330.50 μg/m³)。O_3 质量浓度的日变化整体上呈现正态分布，通常 14 时、15 时的质量浓度最高，主要与该时间段光照相对较强有关。

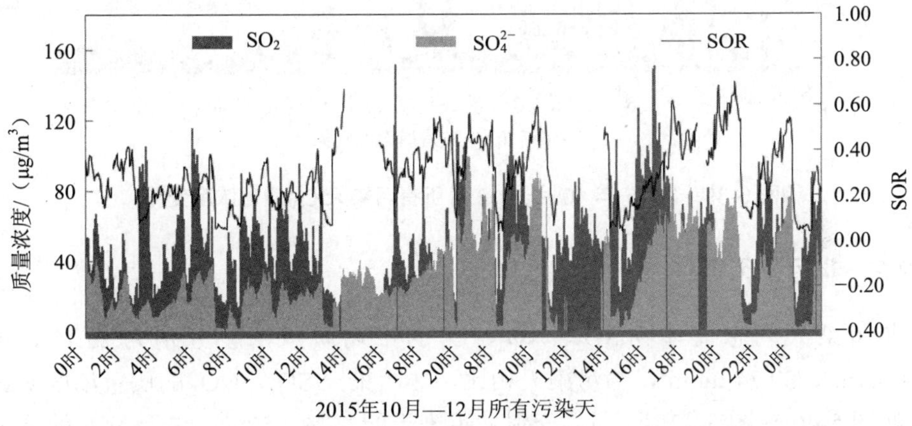

图 5-37　2015 年 10 月—12 月所有污染天 SO_2 质量浓度、SO_4^{2-} 质量浓度和 SOR 变化

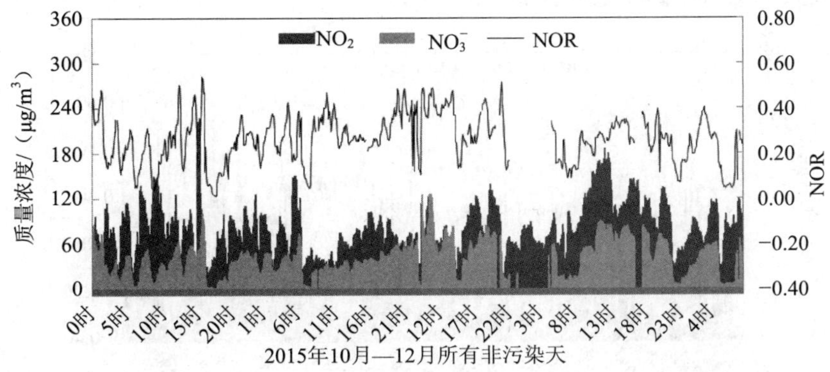

图 5-38　2015 年 10 月—12 月所有污染天 NO_2 质量浓度、NO_3^- 质量浓度和 NOR 变化

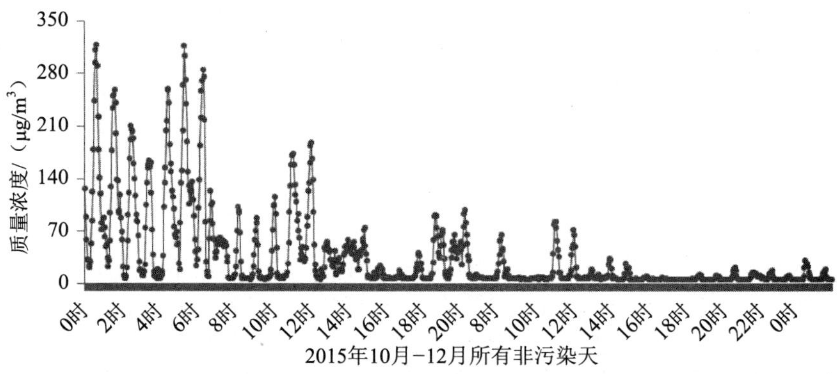

图 5-39 2015 年 10 月—12 月所有污染天 O_3 质量浓度变化

5.2.2.2 非污染天前体物质量浓度特征

非污染天气态前体物 SO_2、NO_2、O_3 的平均质量浓度分别为 23.46 μg/m³、46.44 μg/m³、39.74 μg/m³，与污染天相比，非污染天 SO_2、NO_2 的质量浓度明显偏低（如图 5-40 ～图 5-42 所示），分别是污染天的 47%、57%。白天 NO_2 的质量浓度相对较低，特别是 10 时—16 时，约为其他时段 NO_2 质量浓度的一半。非污染天与污染天的 O_3 质量浓度差别不大。

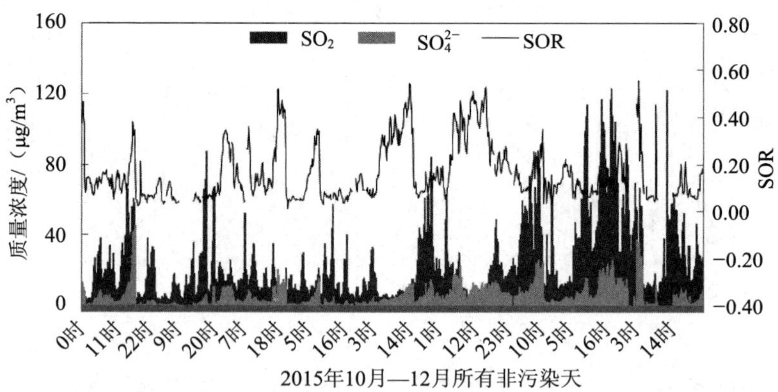

图 5-40 2015 年 10 月—12 月所有非污染天 SO_2 质量浓度、SO_4^{2-} 质量浓度和 SOR 变化

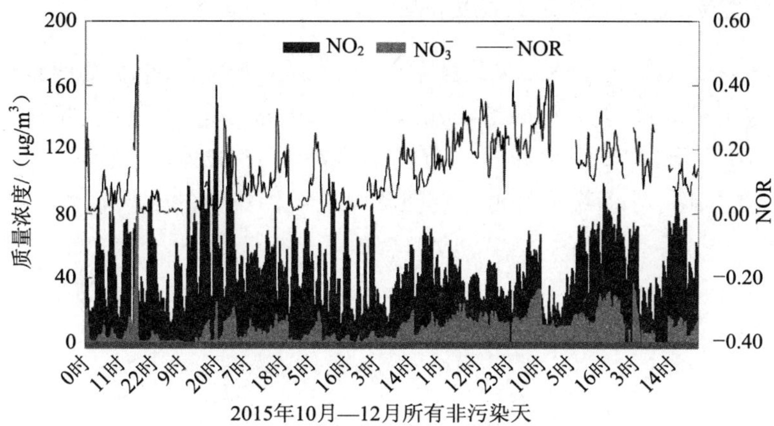

图 5-41　2015 年 10 月—12 月所有非污染天 NO_2 质量浓度、NO_3^- 质量浓度和 NOR 变化

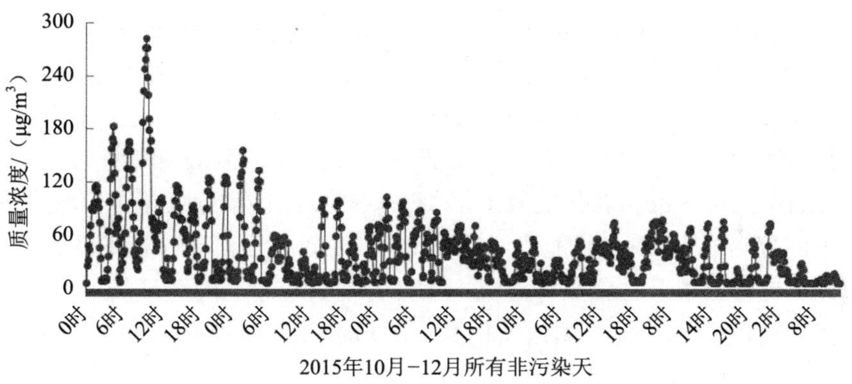

图 5-42　2015 年 10 月—12 月所有非污染天 O_3 质量浓度变化

5.2.3　二次离子质量浓度特征

5.2.3.1　污染天二次离子质量浓度特征

污染期间二次离子——二次硫酸盐与二次硝酸盐的质量浓度均较高。SO_4^{2-}、NO_3^- 的平均质量浓度分别为 31.86 μg/m³、40.92 μg/m³，在 $PM_{2.5}$ 中平均占比分别为 15.61%、20.05%。该研究结果与张婷等（2007）的结论不同的是，相对于 SO_4^{2-} 来说，NO_3^- 的质量浓度及其在 $PM_{2.5}$ 中的占比较高，二次硝酸盐的污染更重。

5.2.3.2 非污染天二次颗粒物浓度特征

非污染天二次离子——二次硫酸盐与二次硝酸盐的质量浓度均较低。SO_4^{2-}、NO_3^- 的平均质量浓度分别为 6.25 μg/m^3、9.79 μg/m^3，是污染天质量浓度的 20%、24%，占非污染天 $PM_{2.5}$ 平均质量浓度的 10.17%、15.92%。不管是质量浓度还是在 $PM_{2.5}$ 中的占比，非污染天均低于污染天，表明污染天的二次离子污染问题更为严重。

5.2.4 SOR、NOR 变化

5.2.4.1 污染天 SOR、NOR 变化及其影响因素分析

有研究表明，SOR $>$ 0.1 时大气中有光化学氧化过程发生（Harrison，1984）；SOR $<$ 0.1 则表明大气中以一次污染物为主。这一数值被广泛应用于 SO_2 与硫酸盐关系的研究中，许多研究者将该数值作为判断硫酸盐来源的依据。但是这一数值是在札幌地区测得的，不同地区的气象条件、大气氧化性不一样，这一数值未必适合判断硫酸盐来源。而且目前电厂等燃煤源大多采用湿法脱硫烟气处理工艺，经湿法脱硫后的烟气中硫酸盐含量比较高，将一次排放的硫酸盐质量浓度代入 SOR 计算公式中，得到的 SOR 就可能已经超过 0.1，而此时还没有二次硫酸盐生成。该结论具有一定的地域及时空条件限制，因此并非适用于所有的环境。对于 SOR 具体值为多少时可作为光化学氧化过程发生的指示，目前尚不清楚，相关研究有待深入。

SOR 越大，则表示大气中光化学氧化过程发生的可能性越大，即可能存在更多的二次粒子。研究时段内 SOR 的平均值为 0.29，表明 2015 年冬季采样周期内天津市的二次硫酸盐污染问题较为严重。

污染期间呈现 SO_2 质量浓度增加、SOR 降低的趋势（如图 5-43 所示），如 11 月 1 日 7 时、11 月 2 日 7 时、11 月 3 日 16 时等。由于 10 月刚进入污染季，其气象条件等与 11 月、12 月有一定差别，因此分开进行讨论。10 月 SOR 平均值为 0.22，11 月、12 月平均值稍高一些，为 0.31。

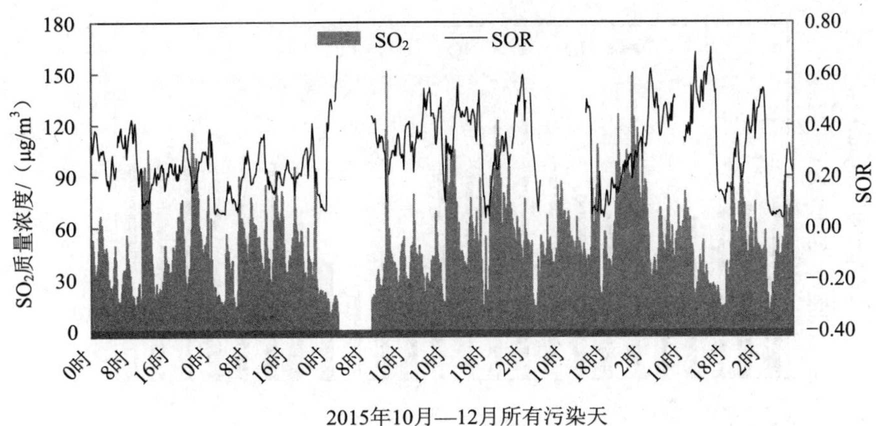

图 5-43　2015 年 10 月—12 月所有污染天 SO_2 质量浓度及 SOR 变化

NOR 呈现明显的日变化，通常 11 时—16 时 NOR 的值最高，16 时之后 NOR 开始降低，18 时—21 时出现最低值，可能与光照和温度有关。相对来说 11 时—16 时是一天中光照最强的时候，该时段温度也相对较高，光照和温度的共同作用促进了 NO_2 向硝酸盐的转化。10 月—12 月中典型 NOR 的日变化如图 5-44 所示，其中 10 月 NOR 值相对较小且变化幅度相对较大，平均值为 0.22，11 月、12 月 NOR 的变化较为相似，整体 NOR 都较高，平均值为 0.28。

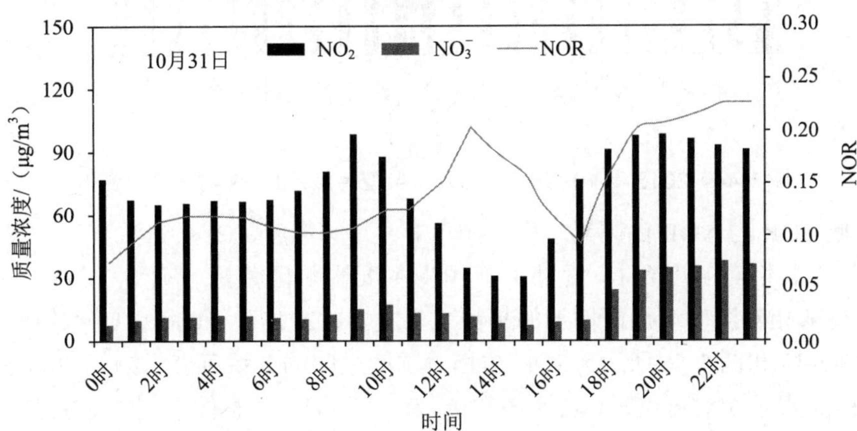

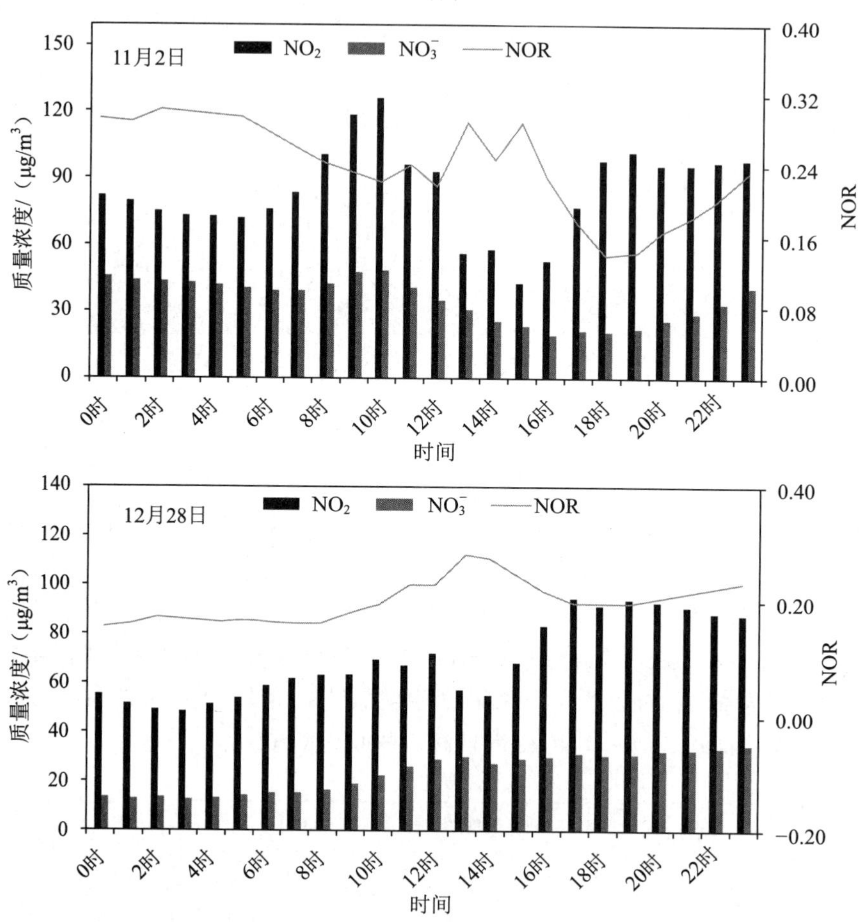

图 5-44 2015 年 10 月—12 月几个典型污染天 NOR 时间序列变化

影响 SOR 与 NOR 的因素较多，如相对湿度、温度、O_3 质量浓度等（吴烈善，2015）。选取相对湿度及 O_3 质量浓度作为主要影响因素进行研究。SOR 与 NOR 整体呈现随相对湿度增加而增加的趋势（郭文帝，2016），SOR 的变化趋势更为明显（如图 5-45 和图 5-46 所示），SOR 与相对湿度之间的关系可表示为 $y = 0.005\,4x - 0.034\,3$（x 表示相对湿度，y 表示 SOR），$R^2 = 0.491\,1$。整体来说，SOR 的变动范围为 0.04 ～ 0.70，平均值为 0.29。O_3 质量浓度主要分布在 100 μg/m^3 以下，集中分布在 0 ～ 20 μg/m^3，在此浓度范围内，SOR 与 NOR 分别在 0 ～ 0.8 和 0 ～ 0.6 的范围内变动。当 O_3 质量浓度超过 100 μg/m^3 时，SOR 在 0.2 ～ 0.4 范围内变动，NOR 则无明显变化规律（如图 5-47 和图 5-48 所示）。

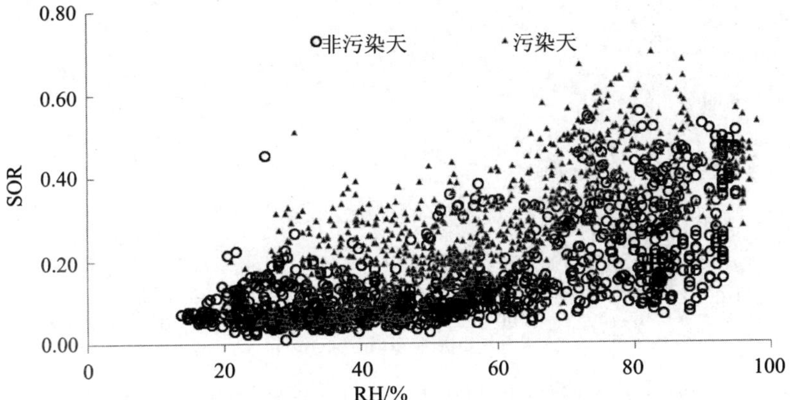

图5-45 2015年10月—12月非污染天和污染天SOR与RH关系

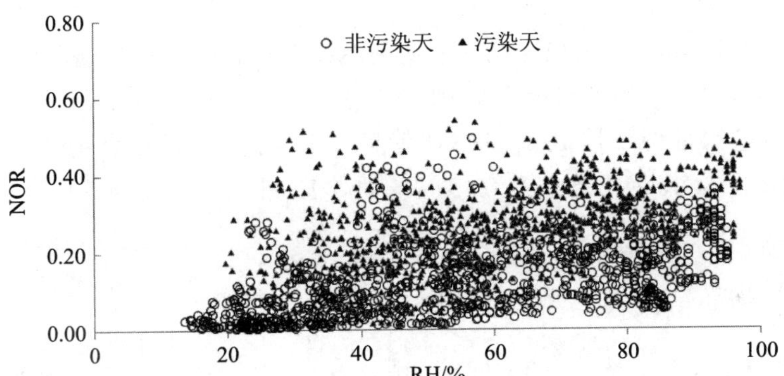

图5-46 2015年10月—12月非污染天和污染天NOR与RH关系

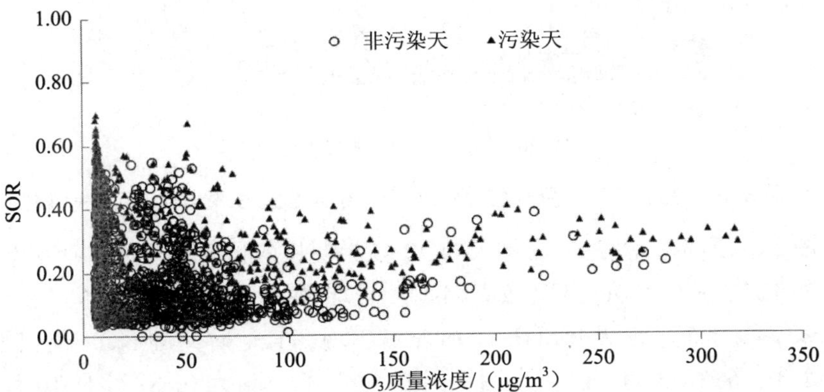

图5-47 2015年10月—12月非污染天和污染天SOR与O_3质量浓度关系

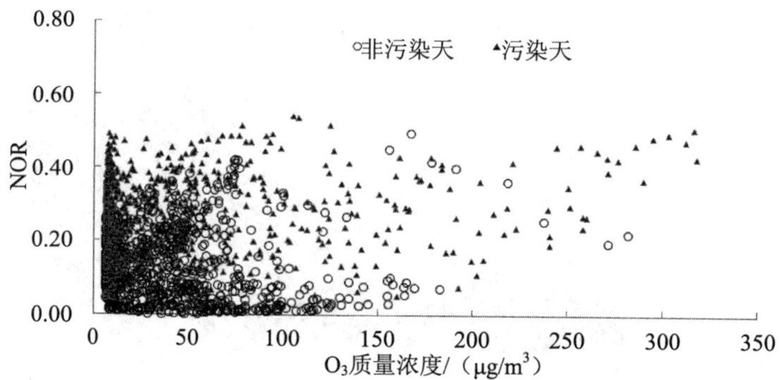

图 5-48　2015 年 10 月—12 月非污染天和污染天 NOR 与 O_3 质量浓度关系

5.2.4.2　非污染天 SOR、NOR 变化及其影响因素分析

与污染天相似，非污染天也呈现 SO_2 质量浓度增加、SOR 降低的趋势（如图 5-49 所示），12 月 6 日与 12 月 7 日最为明显。10 月的非污染天数为 22 天，是整个非污染期中天数最多的月份，且 10 月的变化趋势与 11 月、12 月略有不同，因此单独进行分析。10 月 SOR 的平均值为 0.13，11 月、12 月的平均值为 0.19。

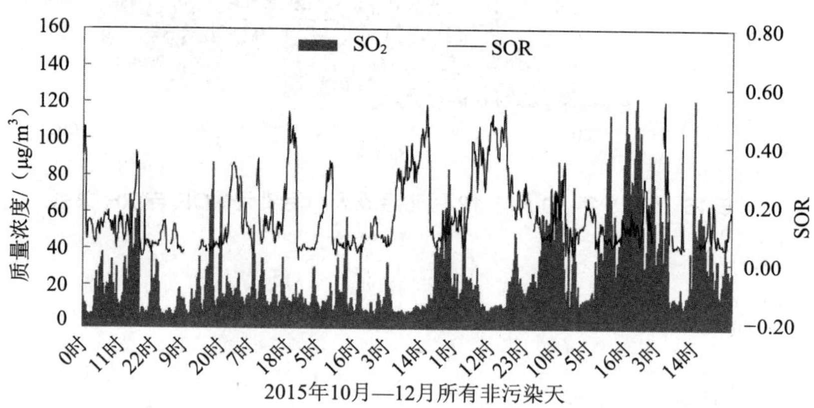

图 5-49　2015 年 10 月—12 月所有非污染天 SO_2 质量浓度及 SOR 变化

如图 5-50 所示，10 月非污染天 NOR 呈现明显的日变化，通常存在双峰分布，在 4 时和 12 时左右 NOR 出现峰值，NOR 平均值为 0.07。而 11 月、12 月通常呈现单峰或多峰分布，最大峰值在 12 时左右出现，其他时刻的 NOR 值也维持在相对较高水平，整个 11 月、12 月非污染天的 NOR 平均值为 0.18，约是 10 月的 3 倍。且与 10 月相比，11 月、12 月 SO_4^{2-} 和 NO_3^- 的质量浓度也高很多。

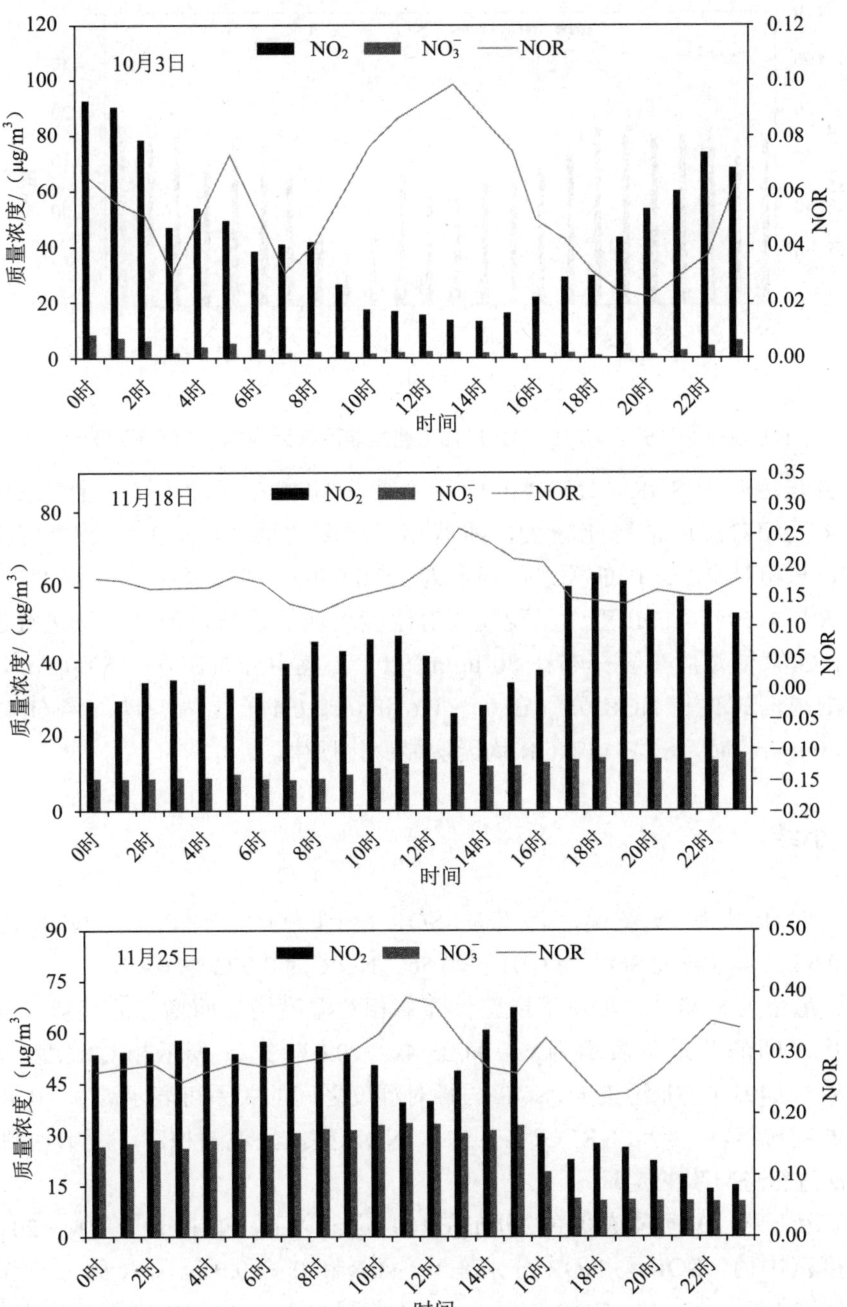

10月3日
NO2 NO3- NOR
质量浓度/（μg/m3）
NOR
时间
0时 2时 4时 6时 8时 10时 12时 14时 16时 18时 20时 22时
11月18日
NO2 NO3- NOR
质量浓度/（μg/m3）
NOR
时间
11月25日
NO2 NO3- NOR
质量浓度/（μg/m3）
NOR
时间

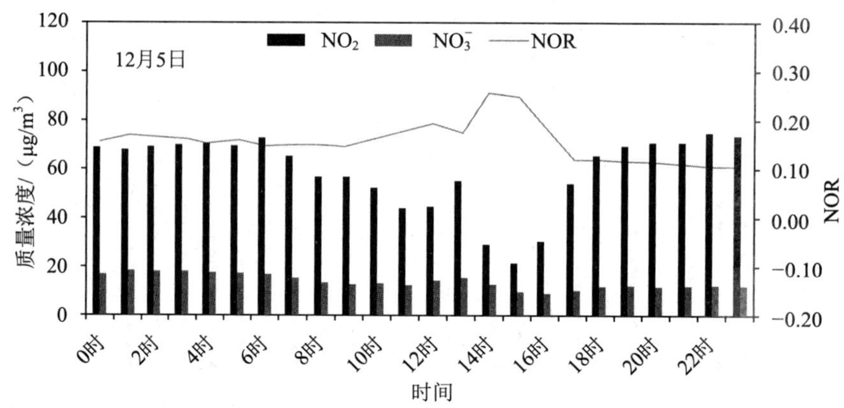

图 5-50　2015 年 10 月—12 月几个典型非污染天 NOR 时间序列变化

影响非污染天 SOR 与 NOR 的因素主要考虑相对湿度与 O_3 质量浓度。其中，SOR 受相对湿度的影响较大，随着相对湿度的增加，SOR 近似呈现指数增加，SOR 与相对湿度之间的关系可表示为 $y = 0.040e^{0.0213x}$（x 表示相对湿度，y 表示 SOR），$R^2 = 0.504$。NOR 整体呈现随相对湿度增加的趋势，但是无法进行进一步的定量。O_3 质量浓度主要分布在 80 μg/m³ 以下，集中分布在 0 ～ 50 μg/m³，在此浓度范围内，SOR 与 NOR 分别在 0 ～ 0.6 和 0 ～ 0.4 范围内变动。当 O_3 质量浓度超过 80 μg/m³ 时，SOR 与 NOR 均无明显变化规律。

5.2.5　小结

（1）对于秋冬季来说，污染天 SOR 范围为 0.04 ～ 0. 70，NOR 范围为 0.01 ～ 0.54；非污染天 SOR 为 0.01 ～ 0.56，NOR 为 0.002 ～ 0.49。

（2）污染天 SOR 与 NOR 呈现整体随着相对湿度增加而增加的趋势。SOR 与相对湿度之间的关系可表示为 $y = 0.005\,4x - 0.034\,3$（x 表示相对湿度，y 表示 SOR），$R^2 = 0.491\,1$。非污染天，SOR 与相对湿度之间的关系可表示为 $y = 0.40e^{0.0213x}$（x 表示相对湿度，y 表示 SOR），$R^2 = 0.504$。NOR 整体呈现随相对湿度增加的趋势，但是无法进行进一步的定量。

（3）污染天，O_3 质量浓度主要分布在 100 μg/m³ 以下，集中分布在 0 ～ 20 μg/m³，在此浓度范围内，SOR 与 NOR 分别在 0 ～ 0.8 和 0 ～ 0.6 范围内变动。当 O_3 质量浓度超过 100 μg/m³ 时，SOR 在 0.2 ～ 0.4 范围内变动，NOR 则无明显规律。非污染天，O_3 质量浓度主要分布在 80 μg/m³ 以下，集中分布在 0 ～ 50 μg/m³，在此浓度范围内，SOR 与 NOR 分别在 0 ～ 0.6 和 0 ～ 0.4 范围内变动。当 O_3 质量浓度超过 80 μg/m^3 时，SOR 与 NOR 均无明显规律。

5.3　两个重污染过程研究

重污染过程包括三个阶段：污染累积期、重污染期、污染消散期。污染累积期，颗粒物质量浓度快速增长，$PM_{2.5}$ 质量浓度不断升高；累积一定时间后，$PM_{2.5}$ 质量浓度超过了国家环境空气质量标准的二级质量浓度限值（75 μg/m^3），进入重污染期。重污染期间，颗粒物质量浓度一直维持在较高水平，$PM_{2.5}$ 质量浓度多在 100 μg/m^3 以上，重污染天气因气象条件的不同持续到 3 ～ 7 天不等，然后进入污染消散期。污染消散期，颗粒物的质量浓度明显降低，耗时 1 天左右，颗粒物质量浓度便能降至国家环境空气质量标准的一级质量浓度限值（35 μg/m^3）之下。

重污染过程类型较为复杂，该部分仅选取其中两个较为典型的重污染过程进行研究比较：2015 年 10 月 30 日—11 月 7 日和 2015 年 12 月 19 日—27 日。其中 10 月 31 日 12 时开始为污染累积期，18 时进入重污染期，11 月 5 日的 8 时开始进入污染消散期，21 时之后即为非污染天（如图 5-51 所示）。12 月 20 日 17 时开始为污染累积期，21 日 8 时进入重污染期，26 日 3 时进入污染消散期，14 时之后即为非污染天（如图 5-52 所示）。

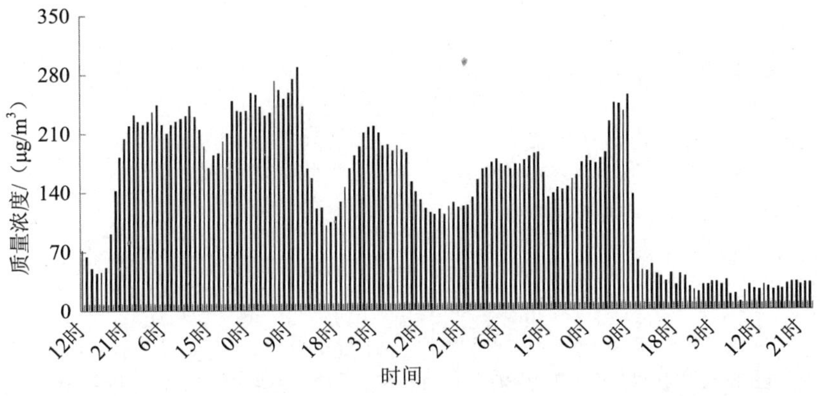

图 5-51　2015 年 10 月 30 日—11 月 7 日重污染过程 $PM_{2.5}$ 质量浓度的时间变化

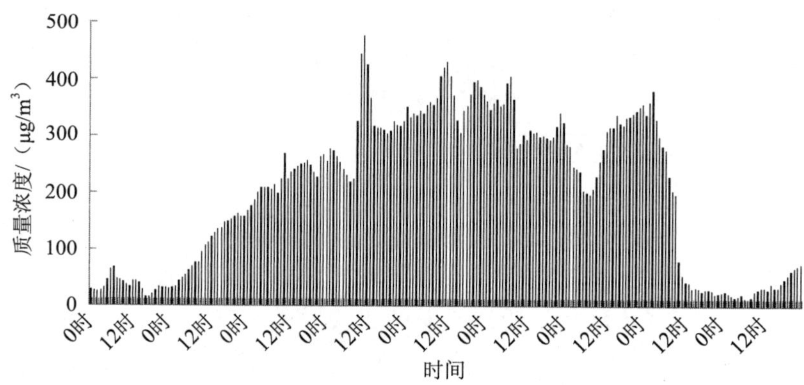

图 5-52　2015 年 12 月 19 日—27 日重污染过程 $PM_{2.5}$ 质量浓度的时间变化

5.3.1　气象条件状况

2015 年 10 月 30 日—11 月 7 日重污染过程中，相对湿度和温度上下浮动（如图 5-53 所示），相对湿度的变化范围为 23% ～ 94%，温度的变化范围为 3.3 ～ 19.8℃。进入污染消散期后，相对湿度和温度迅速下降，分别降至 35% 和 7.8℃。消散期结束，进入非污染天，此时温度仍呈现降低趋势，相对湿度则迅速增加。

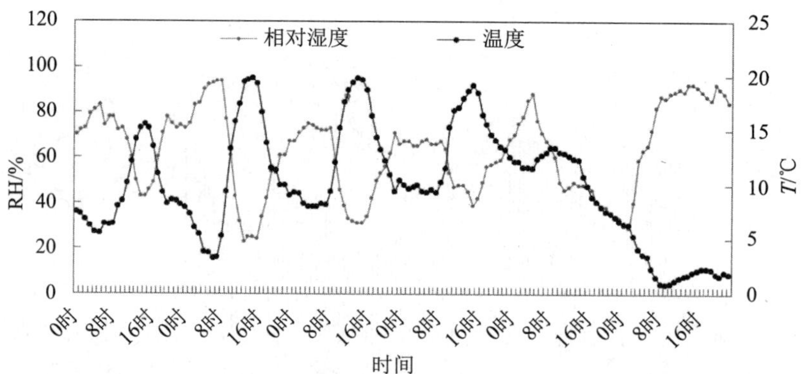

图 5-53　2015 年 10 月 30 日—11 月 7 日重污染过程气象条件变化

2015 年 12 月 19 日—27 日只有相对湿度数据（如图 5-54 所示），该期间污染累积期相对湿度逐渐增加到 74.5%，重污染期间相对湿度保持在相对较高的水平，平均值为 68.90%，污染消散期相对湿度有所增加，平均为 79.46%。而非污染天相对湿度则明显降低，平均为 44.75%。整体上呈现污染天相对湿度较高的趋势。

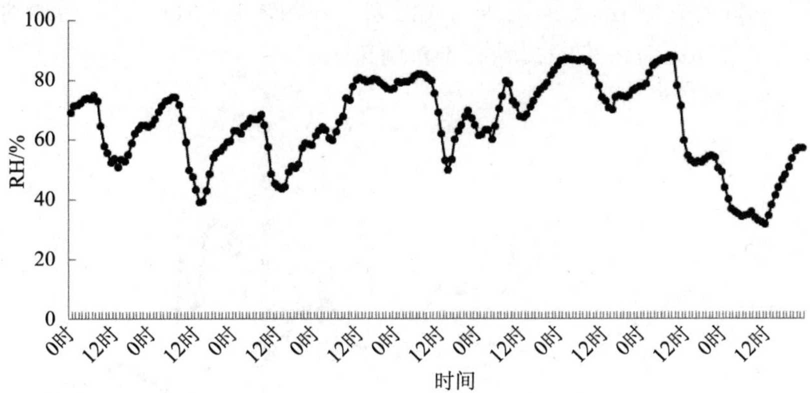

图 5-54 2015 年 12 月 19 日—27 日重污染过程气象条件变化

5.3.2 前体物质量浓度特征

污染累积期，SO_2、NO_2 的质量浓度快速上升，O_3 的质量浓度急剧下降。重污染期间，SO_2、NO_2 保持高质量浓度不变（2015 年 10 月 30 日—11 月 7 日 SO_2、NO_2 的平均质量浓度分别为 52.93 μg/m^3、82.91 μg/m^3，2015 年 12 月 19 日—27 日二者分别为 63.32 μg/m^3、123.07 μg/m^3）且二者变化趋势较为一致，O_3 质量浓度则每天呈现单峰分布（具体如图 5-55 和图 5-56 所示）。污染消散期，SO_2、NO_2 的质量浓度迅速下降，2015 年 10 月 30 日—11 月 7 日二者的平均质量浓度分别为 22.28 μg/m^3、33.52 μg/m^3，分别为重污染期间的 42.10%、40.43%，2015 年 12 月 19 日—27 日则为 23.85 μg/m^3、72.25 μg/m^3，分别为重污染期间的 37.66%、58.71%。非污染天 SO_2、NO_2 的平均质量浓度保持在较低水平，2015 年 10 月 30 日—11 月 7 日二者的平均质量浓度分别为 9.81 μg/m^3、25.79 μg/m^3，2015 年 12 月 19 日—27 日则为 20.59 μg/m^3、44.14 μg/m^3。整体来说，无论哪个污染阶段，第二个污染过程的二次离子问题都比第一个过程严重。

NO_2 主要来自机动车尾气，SO_2 主要来自燃煤源，NO_2 质量浓度与 SO_2 质量浓度的比值变化可以反映移动源和固定源对污染的贡献变化。ρ（NO_2）/ρ（SO_2）大于 1 时，移动源的贡献高于固定源，反之则固定源的贡献高于移动源。污染累积期，天津市大气中 ρ（NO_2）/ρ（SO_2）都在 1 以上，平均值为 2.18，移动源的贡献始终高于固定源。重污染过程中，ρ（NO_2）/ρ（SO_2）变化幅度较大，在 0.83 ～ 4.72 之间变动，平均值为 1.72，说明重污染期间移动源和固定源对污染的整体贡献变化较大，移动源的贡献略高于固定源。非污染天 $\rho(NO_2)/\rho(SO_2)$ 明显增加到 3 ～ 4，说明非污染天移动源对污染的贡献高于重污染天。

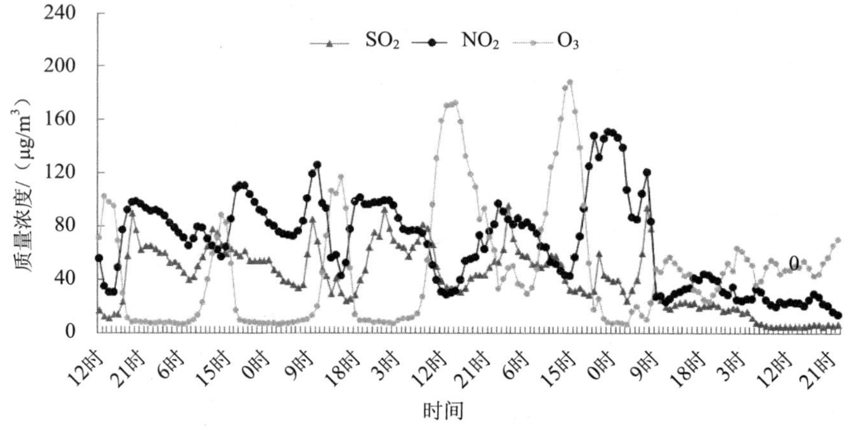

图 5-55　2015 年 10 月 30 日—11 月 7 日重污染过程气态前体物质量浓度变化

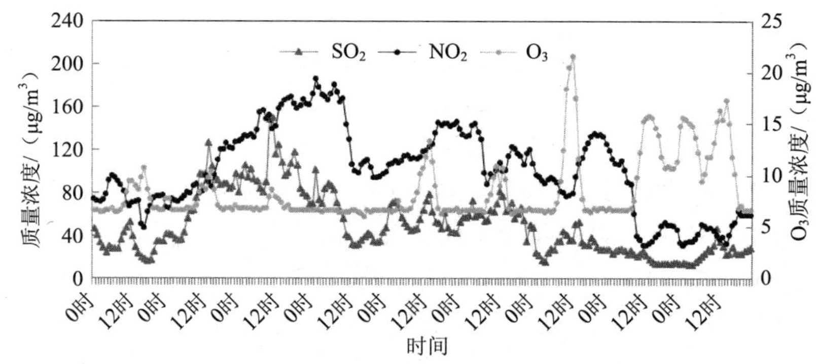

图 5-56　2015 年 12 月 19 日—27 日重污染过程气态前体物质量浓度变化

5.3.3　二次离子质量浓度特征

重污染期间，SO_4^{2-}、NO_3^- 保持高质量浓度不变（2015 年 10 月 30 日—11 月 7 日 SO_4^{2-}、NO_3^- 的平均质量浓度分别为 22.49 μg/m³、40.01 μg/m³，2015 年 12 月 19 日—27 日二者分别为 67.19 μg/m³、57.40 μg/m³）且二者变化趋势较为一致（如图 5-57 和图 5-58 所示）。污染消散期，SO_4^{2-}、NO_3^- 的质量浓度迅速下降，2015 年 10 月 30 日—11 月 7 日的重污染过程下降为 4.37 μg/m³、6.57 μg/m³，约为重污染

期间的 1/5、1/6，2015 年 12 月 19 日—27 日的重污染过程二者的质量浓度分别下降为 30.05 μg/m³、35.78 μg/m³。非污染天 SO_4^{2-}、NO_3^- 的平均质量浓度保持在较低水平，2015 年 10 月 30 日—11 月 7 日二者的质量浓度分别为 2.59 μg/m³、2.82 μg/m³，2015 年 12 月 19 日—27 日二者的质量浓度稍高于前一个污染过程，分别为 6.81 μg/m³、3.52 μg/m³。

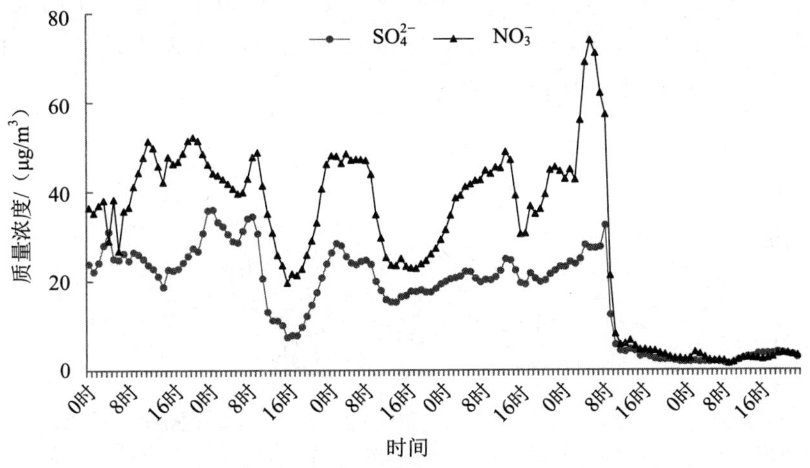

图 5-57　2015 年 10 月 30 日—11 月 7 日重污染过程二次离子质量浓度变化

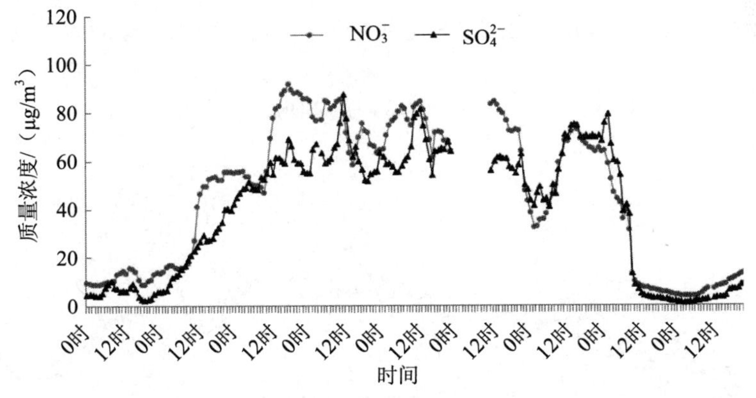

图 5-58　2015 年 12 月 19 日—27 日重污染过程二次离子质量浓度变化

5.3.4 SOR、NOR 变化

两个重污染过程中，SOR 与 NOR 均保持在较高水平（2015 年 10 月 30 日—11 月 7 日重污染过程中 SOR、NOR 的变动浮动分别为 0.13 ～ 0.41、0.14 ～ 0.43，2015 年 12 月 19 日—27 日分别为 0.13 ～ 0.70、0.12 ～ 0.40）。进入污染消散期后，SOR 与 NOR 迅速下降，第一个污染过程降低至 0.04、0.07，第二个污染过程二者分别降低为 0.44、0.22。非污染天后，SOR 迅速增加，NOR 维持在一个相对较为平稳的水平不变（如图 5-59 和图 5-60 所示）。

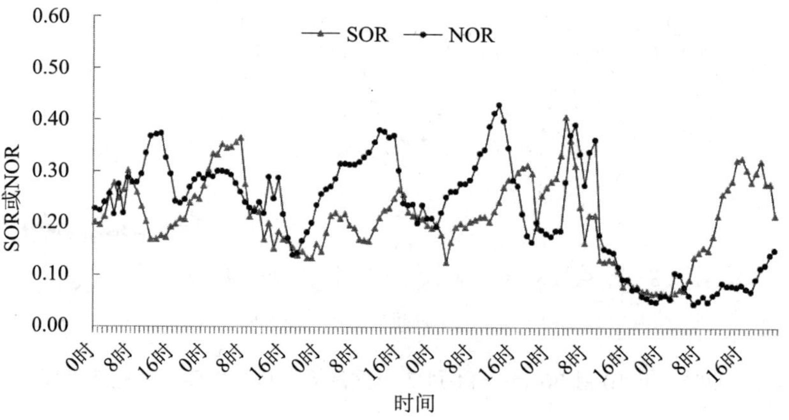

图 5-59 2015 年 10 月 30 日—11 月 7 日重污染过程 SOR 与 NOR 变化

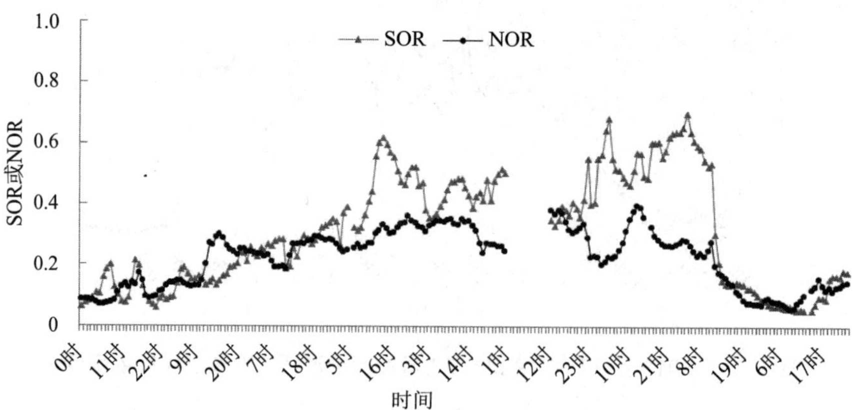

图 5-60 2015 年 12 月 19 日—27 日重污染过程 SOR 与 NOR 变化

5.4　总结

SOR 和 NOR 用于判断二次硫酸盐和二次硝酸盐的生成潜势，SOR 和 NOR 的值越大，说明二次硫酸盐和二次硝酸盐生成的可能性越大，大气中由气态前体物转化而来的硫酸盐和硝酸盐越多。确定了不同季节、不同天气下二次颗粒物的生成潜势大小，可通过其对应气态前体物的浓度来估算二次颗粒物的浓度，估算公式如下：

$$\rho(SO_4^{2-})=[SOR\times\rho(SO_2)]/（1-SOR）$$

$$\rho(NO_3^-)=[NOR\times\rho(NO_2)]/（1-NOR）$$

二次颗粒物的生成潜势具有地域性，每个地域都有其对应的生成潜势，不同地域不能使用相同的 SOR 和 NOR 值来判断二次颗粒物的生成潜势。天津市冬季 SO_2、NO_2、SO_4^{2-} 和 NO_3^- 的浓度均是四季中最高的，单就 SO_4^{2-} 和 NO_3^- 的浓度而言，冬季的二次离子污染最重的。

（1）不同季节、不同天气下二次颗粒物的生成潜势不同，影响二次硫酸盐生成潜势的关键气象因素是相对湿度，相对湿度越大，生成潜势越高；影响二次硝酸盐生成潜势的关键气象因素是温度，当温度高于 30℃，硝酸盐主要以气态形式存在，当温度低于 15℃，硝酸盐主要以颗粒态存在。

（2）天津市的 SOR 在春季、秋季和冬季可以取同一个值，取值范围为 0.20 ～ 0.22；夏季的 SOR 需要单独使用，取值为 0.42±0.02。天津市的 NOR 在春季和秋季可以取同一个值，取值范围为 0.13 ～ 0.16；NOR 在夏季和冬季可以取同一个值，取值范围为 0.20 ～ 0.23。

（3）秋冬季重污染过程中污染天的 SOR 和 NOR 值均高于非污染天，污染天 SOR 范围为 0.04 ～ 0.70，NOR 范围为 0.01 ～ 0.54；非污染天 SOR 为 0.01 ～ 0.56，NOR 为 0.002 ～ 0.49。

第 6 章　多模式数值预报模型研究

空气质量数值预报以大气动力学理论为基础，在给定的气象场、源排放以及初始和边界条件下，通过一套复杂的偏微分方程组描述大气污染物在空气中的各种物理化学过程（输送、扩散、转化、清除等），并利用计算机高速运算进行数值计算方法的求解，预报污染物浓度动态分布和变化趋势，提供时空高分辨率的污染物浓度区域分布，同时可用于污染来源追踪与分析，在区域性空气质量预报与分析方面具有明显优势，是目前国内外主流的环境空气质量预报技术方法。

6.1　多模式数值预报原理

6.1.1　NAQPMS 模型

NAQPMS 是中国科学院大气物理所基于一个三维欧拉硫化物输送模式自主发展的多尺度多物种模拟系统，其详细考虑了污染物的传输、扩散、化学转化和干湿沉降等过程。在模式中，垂直输送和扩散利用 Crank-Nicholson 方法求解，水平平流和扩散采用 Walcek 方案；气相化学机制为 CBM-Z 机理，相对于目前广泛使用的 CBM-IV 机理，CBM-Z 的化学物种由 34 种增加至 71 种，化学反应由 81 个增加至 134 个，CBM-Z 克服了 CBM-IV 机制在模拟臭氧的长距离输送方面的局限性。

在模式中，污染物浓度通过输送方程［如式（6-1）所示］计算：

$$\frac{\partial C}{\partial t}=-\nabla\cdot \boldsymbol{V}C+\nabla\cdot(K\nabla C)+\left(\frac{\partial C}{\partial t}\right)_{\text{conv}}+\left(\frac{\partial C}{\partial t}\right)_{\text{chem}}+\left(\frac{\partial C}{\partial t}\right)_{\text{emis}}+\left(\frac{\partial C}{\partial t}\right)_{\text{dry+wet}} \tag{6-1}$$

式中：C——污染物的浓度，μg/m^3；$-\nabla\cdot \boldsymbol{V}C$——平流输送对污染物的影响；$\boldsymbol{V}$——格点三维风矢量；$\nabla\cdot(K\nabla C)$——湍流扩散；$K$——湍流扩散系数；

$\frac{\partial C}{\partial t}_{\text{conv}}$——对流过程对污染物的影响；$\frac{\partial C}{\partial t}_{\text{chem}}$——化学过程的影响；$\frac{\partial C}{\partial t}_{\text{emis}}$——污染物的源排放，对于臭氧来讲，其值等于 0；$\frac{\partial C}{\partial t}_{\text{dry+wet}}$——干湿沉降过程的影响。

在具体的计算中，计算方案进一步将各物理化学过程分解为两个部分，即污染物浓度增加和减少过程。例如，对于平流过程则可分解为流入和流出过程；化学过程分解为化学生成和消耗过程；由于干湿沉降为污染物的主要汇，因此其只能分解为消耗过程。因此，式（6-1）可表示为：

$$\frac{\partial C}{\partial t} = F_{i_{(\text{adv+conv+diff})}} + P_{\text{chem}} + E_{\text{emis}} - F_{o_{(\text{adv+conv+diff})}} - L_{\text{chem}} - L_{\text{dry+wet}} \qquad (6\text{-}2)$$

式中：$F_{i(\text{adv+conv+diff})}$——来自其他格点通过平流、对流和扩散过程流入目标格点通量所导致单位时间内臭氧浓度的变化；$F_{o(\text{adv+conv+diff})}$——目标格点污染物的流出通量导致臭氧浓度的变化；$P_{\text{chem}}$ 和 L_{chem}——目标格点污染物的化学生成速率和消耗速率；E_{emis} 和 $L_{\text{dry+wet}}$——干湿沉降引起、导致臭氧浓度的变化；以上各项的单位为 μL/（$m^3 \cdot s$）。模式通过计算式（6-2）的各个部分最终得出目标格点污染物的浓度。

6.1.2　CMAQ 模型

CMAQ 的基本设计理念是“一个大气多种污染物”，即将多种大气污染物统一放在一个大气模式框架上来。它全面考虑了光化学氧化剂、颗粒物质、酸沉降等污染问题。“一个大气”的概念是指不同动力尺度间的相互作用和不同物种之间的相互作用不能忽略。这种相互作用是同时进行的，不能分开考虑。对某物种的模拟要考虑其他物种的影响；另一方面，从动力学角度，空气质量模拟要当成整个大气模拟的有机部分，即气象模式和空气质量模型的控制方程组和算法要保持兼容和一致。在 CMAQ 中必须先运行中尺度气象模式 MM5 提供气象背景场，然后使用气象化学界面处理程序 MCIP 将 MM5 输出的气象场经过处理后提供给化学传输模型 CMAQ 和排放源处理程序 SMOKE 输出的逐时网格排放数据，作为输入进入 CMAQ 模型。ICON 和 BCON 分别向 CMAQ 提供化学物种的初始条件和边界条件。JPROC 模块产生晴空光解率查找表，查找表包含不同高度、纬度和时角的光解率。有云时使用参数化方法修正晴空光解率。大气中的许多物种可发生光解反应，产生对人、畜、植物和材料有害的烟雾。光解过程将太阳能转化成化学能，从而激发或离解某些化学物种，光解是化学自由基的来源。

如图 6-1 所示，CCTM（化学传输模型）是 CMAQ 模型的核心程序。输入数据由以下几个子程序生成：经过 MCIP（气象化学接口模块）对 MMS 模拟结果从水平和垂直方向上提取 SMOKE 和 CMAQ 模块所需区域的气象资料，在垂直方向上可以插值，同时还可以诊断出 CMAQ 需要而 MMS 没有产生的要素，如污染物的干沉降速度等。编译处理后的气象模型（MMS）数据；经过排放模型（SMOKE 等）处理过的排放源数据，其中大点源的排放数据还需要经过包含子网格 Ping（烟羽网格模型）的 PDM 烟羽动力模型处理；ICON（初始条件处理器）和 BCON（边界条件处理器）生成的初始与边界条件数据；JPROC（光解速度处理器）计算得出的光解速率常数。

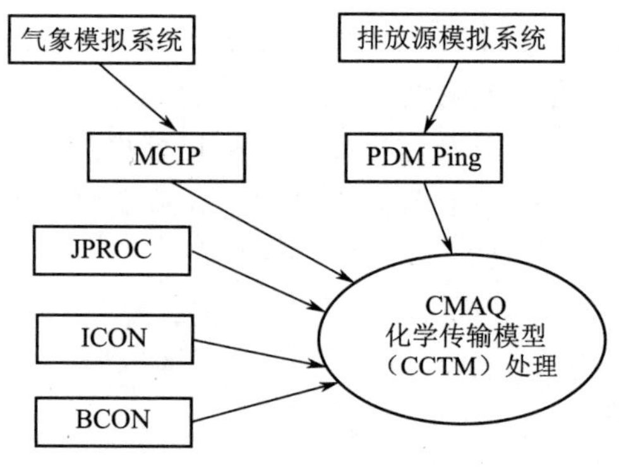

图 6-1 CMAQ 模型结构

6.1.3 CMAx 模型

CAMx 模型 (ENVIRON，2002) 是由美国环境公司 Environ 联合卡内基梅隆（Carnegie-Mellon）大学化学工程系、田纳西大学（University of Texas）资源环境中心等多家单位开发的三维欧拉型区域尺度空气质量模式，可用于多尺度的、有关光化学烟雾和细颗粒物的大气污染综合模拟研究，融入了当今许多空气质量模型的先进技术，如双向嵌套技术、次网格 PIG 技术、化学机理编译器和快速化学数值解法等。具有臭氧识别技术（OSAT）、颗粒识别技术（PSAT）以及用于敏感性分析的 DDM；气相化学机制提供 CB4 和 SAPRC97；同时，具有细粒径粗粒径悬浮颗粒模拟能力，包括了液相硫酸盐、硝酸盐的处理，无机化学与热力学采用 ISOPPOPIA。CAMx 模型光解速率常数的计算采用 NCAR 建立的 TUV 模型，考虑反照率、垂直臭氧浓度、垂直大气透光度、高度及日照角度，其中垂直臭氧柱浓度也可采用 TOMS 结果改善光化学模拟效果。

6.1.4　WRF-Chem 模型

WRF-Chem 模型是由美国国家大气研究中心（NCAR）、美国国家海洋和大气管理局（NOAA）等研究机构及一些大学的科学家们共同参与进行研发的新一代中尺度模式系统，此系统能够方便、高效地在并行计算的平台上运行，可应用于几百米到几千千米尺度范围，应用领域广泛。大多数空气质量模型都会考虑传输、沉降、排放、化学变化、气溶胶作用、光解和辐射等物理和化学过程，但一般与气象模块分开处理。WRF-Chem 最大的特点便在于与气象模式完全“耦合”(即“在线”)，即化学模块与其他各模块使用同一传输方案、同一格点、同一物理过程以及同一时间步长，不进行空间插值。这样可以避免物理量在不同模式系统间转换而产生的误差。WRF-Chem 模型考虑输送（包括平流、扩散和对流过程）、干湿沉降、气相化学、气溶胶形成、辐射和光分解率、生物所产生的放射、气溶胶参数化和光解频率等过程，其中包括 36 个化学物种和 158 类化学反应，气溶胶模块中含有 34 个变量，包括一次粒子和二次粒子（有机碳、无机碳和黑炭等）。在粗粒子设计方案中有 3 类：人为源粒子、海洋粒子和土壤尘粒子。该模型已被用于研究城市复合污染特征、气溶胶粒子、O_3 及其前体反应物（NO_x、VOCs 等）之间的化学反应机制等。

6.2　空气质量数值预报模型建立及本地化

6.2.1　气象场模拟及其设置

6.2.1.1　气象模型

空气质量模型的气象驱动场由美国国家环境预报中心（NCEP）、美国国家大气研究中心（NCAR）等科研机构和大学联合开发的新一代中尺度气象模式 WRF（Weather Research and Forecast）提供。WRF 系统组成如图 6-2 所示，它能够方便、高效地在并行计算的平台上运行，可应用于几百米到几千千米尺度范围，应用领域广泛，包括理想化的动力学研究（如大涡模拟、对流、斜压波）、参数化研究、数据同化、业务天气预报、实时数值天气预报、模型耦合、教学等。

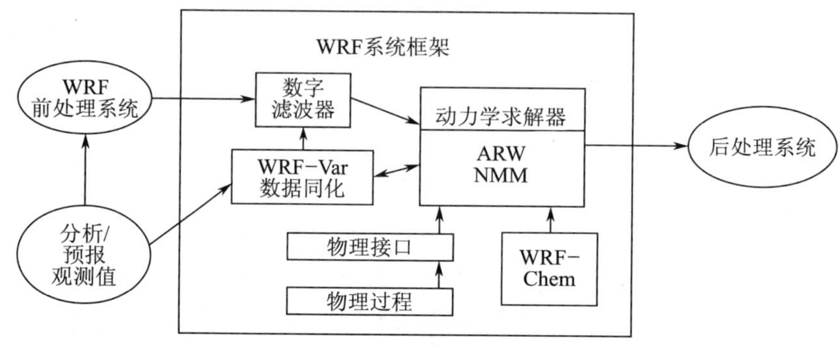

图 6-2 WRF 系统的组成

采用 NCEP 的数值天气预报中心 GFS 数据集全球预报分析资料作为 WRF 模式运行的初始及边界条件，WRF 模式三层区域时间积分步长分别为 240 s、80 s、26.667 s，模式输出频率为 1 次 /h。WRF 模式垂直方向上采用地形跟随质量坐标系，垂直分层不少于 30 层。WRF 模式每个物理过程均有多个可选方案，通过前期研究对不同参数化方案模拟预报效果的对比分析，本研究拟采用如下主要物理过程参数化方案（如表 6-1 所示）。

表 6-1 WRF 模式参数设置

模型物理过程	参数化方案选取
行星边界层	YSU 方案
近地层	MM5 similarity 方案
城市冠层	单层三类城市冠层方案
陆面过程	Noah 方案
云微物理	Lin 方案
积云对流	Grell 3D 方案
长波辐射	RRTM 方案
短波辐射	Goddard 短波辐射方案
数据同化	FDDA+SFDDA

同时实时收集由 GDAS（Global Data Assimilation System）模式的 FNL 最终分析场提供。GDAS 模式是由美国国家海洋和大气管理局（NOAA) 下属的美国国家环境预报中心（NCEP）负责运行的全球数据同化系统。FNL 数据时间分辨率为 1 次 / h，空间分辨率为 1°×1°。

WRF 模式为空气质量模式提供的主要气象参数有风场 U 分量、V 分量、水汽含量、云水含量、雨水含量、冰云光学厚度、水云光学厚度、气温、气压、相对湿度、模式高度等三维大气变量，土壤温度、土壤湿度等三维土壤变量，以及 2 m 温度、表面气压、2 m 相对湿度、10 m 风场 U 分量、10 m 风场 V 分量、海冰、最主要土壤类型、植被覆盖率、积雪深度、对流降水、非对流降水、地面接收的向下短波辐射、摩擦速度、MO 长度、边界层高度、高云量、中云量和低云量等二维变量等。

6.2.1.2　气象参数本地化

气象预报效果的改善主要依赖于气象模式本身的改进和气象模式在特定地区的本地化程度。关注并及时更新最新版气象预报模式 WRF。WRF 模式每年会进行 1 ～ 2 次的版本升级，升级版本通常对前一版本有一定的改进。基于长期的科研和业务实践经验，针对天津地区主要从以下几方面对气象预报效果进行本地化。①在 WRF 模式中，更新天津及其周边地区精细化的下垫面和土地利用数据。WRF 自带的土地利用数据是 1990 年代或 2000 年代的，已无法准确反映京津冀地区的快速城镇化过程，这是造成城市地区气象预报误差的重要原因。② WRF 模式中次网格过程采用参数化方法进行处理，不同地区由于地形、下垫面类型、土壤类型、植被类型、海陆分布等不同，适合的参数化方案也有所不同。基于天津地区高时空分辨率气象观测资料，对 WRF 模式的主要物理过程的各个参数化方案模拟效果进行了全面细致的评估，包括边界层、近地层、陆面过程、城市冠层、云微物理、积云对流和辐射过程等参数化方案。通过与观测数据对比分析，选择了适用于中东部地区气象模拟的最优参数化方案组合。③选取最优参数化方案后，如模式仍存在一定的系统性误差，根据预报效果评估结果，结合气象观测数据，对模式气象要素场做适当的修正。④利用京津冀地区的相关观测和科研成果，对 WRF 模式的相关物理过程进行本地化。

由于空气污染物主要存在于大气边界层中，而人们关心空气污染更是地面的污染情况，因此在 WRF 模式众多参数化过程中，边界层参数化方案的选择最为重要。表 6-2 给出了不同边界层参数化对风速的模拟情况分析。根据统计结果，YSU 方案模拟的平均风速（MM = 2.32 m/s）与观测平均值最为接近（MO = 2.32 m/s），平均偏差（MB）为 0.01 m/s，标准化平均偏差（NMB）仅为 0.33%。均方根误差（RMSE）和相关系数（R）也表明 YSU 方案具有一定优势。其他参数化方案的选择也采用类似方法。

表 6-2 不同边界层参数化方案对风速模拟情况

参数化方案	MO	MM	MB	NMB/%	RMSE	R
YSU	2.32	2.32	0.01	0.33	1.63	0.60
MYJ	2.32	2.95	0.63	27.31	1.91	0.53
QNSE	2.32	3.09	0.78	33.58	2.08	0.48
MYNN2	2.32	2.62	0.30	13.04	1.76	0.55
ACM2	2.32	2.49	0.18	7.61	1.65	0.59
BouLac	2.32	2.90	0.59	25.32	1.80	0.60
UW	2.32	2.83	0.52	22.40	1.73	0.60
MRF	2.32	2.34	0.03	1.16	1.62	0.61

注：MO——观测平均值；MM——模拟平均值；MB——平均偏差；NMB——标准化平均偏差；RMSE——均方根误差；R——相关系数。

表 6-3 为相关统计参数。可以看出本地化后的气象模式具有较好的模型性能。

表 6-3 本地化后的 WRF 模式模拟结果参数

	MO	MM	MB	NMB%	RMSE	R
温度 /℃	18.2	18.8	0.6	—	2.3	0.87
风速 /(m/s)	3.0	3.0	0.1	2.3	1.2	0.75
相对湿度 /%	62.8	57.1	–5.8	–9.2	12.0	0.88

6.2.2 排放源清单及处理过程

本研究采用清华大学研究建立的用于空气质量模型的网格化全国污染源清单（基准年 2012 年，精度约 0.3°×0.3°）及天津市本地污染源清单。

6.2.2.1 建立区域排放清单

区域污染源排放数据采用清华大学提供的 2012 年区域大气污染物排放清单，包括人为源与天然源排放数据，包括 SO_2、NO_x、CO、VOCs、PM_{10}、$PM_{2.5}$、BC、OC、NH_3 等 9 种污染物。

根据数值预报系统空气质量模拟的多重嵌套区域提供对应空间分辨率的排放清单数据。

6.2.2.2　区域与城市排放清单耦合同化

将基于排放清单管理分析子系统获得的天津市排放清单与区域排放清单数据进行耦合同化，进而获得高时空分辨率的网格化排放清单。系统能够对天津市排放清单污染源覆盖范围进行检查核对，确定缺少的污染源种类和污染物，从区域排放清单中提取相应数据，在时空尺度上与已有清单结果进行耦合。对于天津市以外区域，能够利用区域网格化排放清单实现时空尺度上的匹配。

6.2.2.3　排放清单与空气质量模型数据对接

对数据管理子系统输出的排放清单数据进行处理，生成符合空气质量模型输入格式要求的排放清单，从而实现空气质量数值模拟，并对接空气质量预报预警系统、重污染应急管理决策支持系统。主要是对排放清单进行时间分解、空间分解、化学物质分解、格式转换。

时间分解：时间分解参数设置用来将年排放量转化为每个月、每天、每小时的排放量，满足时间分辨率的要求。

空间分解：空间分解的作用是利用空间分配变化系数，将年排放量分配到垂直高度中，满足空间分辨率的要求。

化学物种分解：化学物种分解的作用是依据源谱数据将 PM 和 VOCs 等污染物转化为模型计算所需的化学物种，满足大气化学过程模拟对化学分辨率的要求。

空气质量模型数据对接：系统自动将经过时空分解以及化学分解之后的排放清单，通过污染源排放模式，转换成网格化形式的能够作为空气质量模型输入数据的格式。

排放清单耦合同化系统：排放清单耦合同化系统在对工业源和移动源高分辨率排放清单数据进行同化处理的基础上，进一步耦合区域排放清单数据，获取现有数据难以覆盖的民用、农业、生物质燃烧等污染源和天然源排放清单，并进行时间、空间和化学物种分配，通过网格化方式输出三维逐时排放数据，以满足预报预警系统和重污染应急决策支持系统的模拟需要。

6.2.3　污染资料实时同化

大气污染预报需要以污染源排放、气象条件预报和污染物初始场为输入，通过污染物化学 - 输送模型进行未来时刻的污染物浓度的计算。污染预报的不确定性主要来自污染源排放、气象条件预报和污染物初始场的不确定性，并且污染物化学-输送模型的误差也会影响污染预报的精度。大气污染的观测通常都是在时间、空间分布上十分不均匀和稀疏的，资料同化再分析资料集可以得到具有规则网格分布的大气污染时空分布，可以帮助分析污染物分布和变化规律。同化观测资料对初始场和关键预报因子进行动态订正，减小模型输入数据的不确定性。

应用污染资料同化技术将预报结果与观测信息结合起来，需要从覆盖面差、监测指标偏少的监测网络中获得空间时间相对均匀和具有更好代表性的数据集，为数值模拟提供多参数的初始场，以提高空气质量数值预报的准确性和可靠性。资料同化算法包括最优差值和集合卡尔曼滤波两大类。最优插值同化系统相对简单、使用方便和计算效率高，可以较好改善大气污染初始浓度场。集合卡尔曼滤波同化系统基于目前最先进的原理，可以同化常规大气污染观测、卫星柱浓度观测以及激光雷达消光系数观测资料。

污染资料准实时同化算法集成最优插值和集合卡尔曼滤波同化算法。

6.2.4 空气质量模型区域及参数化设置

6.2.4.1 模型模拟区域设置

模型计算采用三重嵌套区域设置。第一区域为京津冀及其周边省、自治区，水平分辨率为 27 km；第二区域为京津冀区域，水平分辨率为 9 km；第三区域为天津市及周边，水平分辨率为 3 km。模式计算垂直范围从地面到 20 km 高度，垂直分层不少于 20 层。

网格数量：第一区域，东经 105° ～ 135°，北纬 25° ～ 53°，12 650 个网格；

第二区域，东经 109° ～ 125°，北纬 34° ～ 43°，19 706 个网格；

第三区域，东经 114° ～ 119°，北纬 37° ～ 40°，19 257 个网格。

模型数量：5 个，NAQPMS、CAMx、CMAQ、WRF-Chem。

预报时长：168 h。

6.2.4.2 模型参数化设置

首先根据前期研究经验初步预设多模式集合预报系统 4 个核心模型的物理化学方案，通过模拟评估进一步优化方案参数，并采用不确定性分析方法评估模型参数的不确定性范围，进行扰动集合预报。CMAQ 模型平流输送采用 Bott 方案，干沉降采用 RADM 模型 +Pleim-Xiu 陆面模型，湿沉降考虑痕量气体与冷凝水混合的物理化学过程，气相化学采用CB05机制，液相化学采用基于RADM酸沉降模型，气溶胶化学考虑不同模态粒径气溶胶生成云凝结核过程。CAMx模型平流输送采用Bott方案，干沉降采用Wesely阻力模型，湿沉降考虑洗脱过程，气相化学采用CB4机制，液相化学采用基于RADM酸沉降模型，气溶胶化学考虑有机物两次形成颗粒物及气溶胶生成、扩散、洗脱和粒径转化过程。NAQPMS模型平流输送采用Walcek方案，干沉降采用Wesely阻力模型，湿沉降为RADM模型上发展而来的湿沉降算法，气象化学采用CBM-Z机制，液相化学采用基于RADM酸沉降模型，气溶胶化学考虑气溶胶微物理过程，同时考虑沙尘气溶胶与人为气溶胶相互作用。WRF-Chem模型平流输送采用Monotonic方案，垂直扩散采用MYJ方案，干沉降采用Wesely阻力模型，湿清除采用Easter方案，气相化学采用CBMZ机制，无机气溶胶模块为MOSAIC分档气溶胶方案，有机气溶胶采用VBS机制。

具体修改方案如下：

（1）确定最优的物理和化学参数化方案。

根据选定的天津及周边地区及目标年，选择合适的模拟区域、模拟时段与模型参数，利用所收集到的风速、风向、辐射强度、温度、大气压强和湿度等气象场监测数据对WRF模式进行校验和调试，确定最优的气象模拟参数化方案。利用项目开发的高精度大气排放源清单对模型进行校验和评估，确定适合模拟区域的模拟输入参数和化学反应模块，以提高模拟平台的可靠性。

（2）改进气溶胶模块，合理反映天津及邻近周边气溶胶特性。

针对天津及周边地区大气环境复合污染的特点，改进气溶胶模块的化学反应机制和相关物理和化学参数化方案，形成以沙尘气溶胶、城市扬尘、二次气溶胶为主要特色的气溶胶模块，兼顾考虑气溶胶的辐射强迫效应的反馈作用对O_3及其前体物的影响。

结合观测数据，从模型角度反映天津及邻近周边气溶胶模态分布和化学组分构成，改进相关物理和化学参数化方案，提高模型对气溶胶粒子尺度谱分布和化学组分的模拟能力。改进气溶胶与主要大气污染物多相态多物种化学反应机制，加强对二次无机及有机气溶胶的模拟能力；区分有机和无机气溶胶，耦合气溶胶热力学平衡机制模块，加强对有机气溶胶形成和转化机理的研究；考虑气溶胶浓度、成分或粒子尺度谱的变化所引起的辐射和温湿变化对其他大气污染物的物理化学反应过程的影响。

在改进模型气溶胶模块的工作中，主要依靠引进国际上先进的并得到广泛验证的、成熟的物理和化学参数化方案，同时考虑天津及邻近周边地区大气环境污染的特点，参照本研究中关于二次颗粒物潜势研究和边界层研究结论，对模块参数进行修订，使之更好地模拟天津及邻近周边气溶胶特性。

（3）改进 NAQPMS 模型关键参数化方案。

NAQPMS 模型中考虑了平流、扩散、气相化学、气溶胶化学、干沉降和湿沉降等核心过程，同时耦合了大气化学资料同化模块和污染源识别与追踪模块。平流输送模块结合模式网格空间结构守恒的特点采用通量输送守恒算法，涡旋湍流扩散模块则根据边界层层结特性引入了能够反映下垫面特征的扩散算子。气相化学模块提供了 CBM-Z 和 CBM-IV 两种气相化学反应机制。干沉降过程采用基于空气动力学原理的沉降速度阻抗系数算法，考虑了分子扩散、湍流混合、重力沉降过程对沉降速度的影响与贡献。湿沉降过程除考虑传统的降水清除作用外还计算了粒子吸湿增长过程造成的重力拖曳效应。

目前 NAQPMS 模型干沉积方案采用经验查表法，拟改进的参数化方案采用 Wesely 的大叶阻力模型方法，并加入了对部分气体补偿作用的考虑：如加入 Benjamin Loubet 等对氨补偿点的研究，改善模型对相关气体及污染物的模拟效果；考虑叶面水滴过程对植物叶面阻力的影响，修订大气污染物干沉积速度。在天津及周边地区通过与实际观测污染物浓度进行比对验证，在模拟效果较佳的情况下吸收新干湿沉降机制。

（4）优化模型模块，提高计算效能。

结合新建立的区域空气质量模型发展框架及模型代码规范，优化天津及邻近周边区域模拟，结合最新计算技术，优化模型模拟性能，提高模型运行效率，缩短单模型成员运算时间，为大规模多扰动集合预报提供时效性保障。

6.2.5 空气质量多模式集成

单一数值模型预报存在不确定性，这些不确定性来源于初值不确定性、模型不确定性以及大气的混沌特性，针对这些不确定性来源，集合预报（初值扰动、模式扰动）和多模式集成预报技术得到飞速发展。多模式集成是一项统计技术，通过一段时间（训练期）的模型预报和观测数据进行训练建模，在训练过程中最大限度地减小预报与实际观测要素之间的差距来确定最优的组合权重，最终在预报中进行超级集成预报。进行集成预报是因为在可用的预报模式中没有哪一个模型在任何情况下都始终提供优于其他模型的预报结果，所以把不同的模型结果进行集成，发挥不同模型的优势，提高预报精度，改善预报效果。

（1）多模式集合平均。

对于多个模型集成预报而言，最简单的集成方法就是多模式集合平均，其计算公式如下：

$$V_{EMN} = \frac{1}{N}\sum_{i=1}^{N} F_i \tag{6-3}$$

式中：F_i——第 i 个模型的预报值；N——参与集合的模式数。

（2）消除偏差集合平均。

模型往往存在固有的系统性偏差，可以根据训练期的模型表现得到该模型的偏差信息，并在预报期予以消除。通过消除偏差可以得到无偏的集合平均。消除偏差集合平均的计算公式如下：

$$V_{BREM} = \overline{O} + \frac{1}{N}\sum_{i=1}^{N}\left(F_i - \overline{F_i}\right) \tag{6-4}$$

式中：V_{BREM}——除偏差集合预报值，F_i——第 i 个模型预报值；$\overline{F_i}$——第 i 个模型预报值在训练期的平均值；$\overline{O}$——观测值在训练期的平均值；N——参与集合的模型数。

优点：实施简单、预报效果优于单个模型。

缺点：简单取平均无法体现各模型预报能力的差异，当多模式集成引入较差模型预报时，可能对集成预报结果产生消极作用。

（3）最优化集成 OCF（Optimal Consensus Forecast）。

①首先对各集成成员的预报结果进行预报偏差校正：计算出各集成成员在训练期的平均预报相对误差；根据平均预报相对误差，对各集成成员的预报结果进行系统偏差校正。②然后对各集成成员的预报结果进行绝对误差权重集成：计算出各集成成员（偏差校正后）在训练期的平均预报绝对误差；根据平均预报绝对误差的大小，取相应的权重系数对各集成成员进行加权平均，平均预报绝对误差越大的成员，权重系数越小。

6.2.6　空气质量模型本地化

空气质量模型的本地化也以预报效果评估为基础和依据，进行针对性的调优。根据长期的数值模型研究和业务实践经验，将从以下几方面对污染预报效果进行改善：①通过定期更新、污染源反演、人为修正等多种手段提高天津市本地排放清单的准确性。排放源不确定性高、误差大仍是当前预报误差的最主要来源。②根据预报效果评估结果，结合准实时观测数据，建立误差表征模型，对模型预报结果进行适当的偏差订正。③针对天津市首要污染物（$PM_{2.5}$、O_3、NO_2）存在的预报误差问题，针对性地调试和调整各空气质量模型的物理化学模块参数。④有效利用天津地区相关观测和科研成果，以及前期项目和本次项目的成果（例如精细化动态机动车源、铁塔垂直观测数据等），对预报预警系统做相应的更新和整合。

最新研究结果表明，空气重污染后，气溶胶可显著影响边界层气象要素，使得边界层大气更加稳定，进而造成污染物的进一步累积。京津冀地区污染严重，上述过程非常显著。因此，气象与空气质量模型考虑这一过程，可提高模型的预报效果，从预报结果上看，考虑反馈后（MOD_W），模拟值有显著提高，与观测值更加吻合。

表 6-4 气溶胶双向反馈过程对天津地区 $PM_{2.5}$ 模拟影响的统计参数

	NP	MO	MM	MB	NMB/%	RMSE	*R*
MOD_WO	1 156	148.4	126.8	–21.6	–14.6	71.2	0.67
MOD_W	1 156	148.4	146.6	–1.8	–1.2	70.7	0.68

注：NP——数据对数。

6.3 预报结果评估

为了更好地保障空气质量数值预报模型的预报效果，针对不同模型软件、不同嵌套区域、不同时效预报的污染物（主要针对 $PM_{2.5}$、PM_{10}、SO_2、NO_2、O_3、CO 等主要污染物）浓度、AQI 预报准确率、首要污染物预报准确率等进行评估，分析预报效果，如果预报效果不准确将分析模型预报偏差原因，并分区域、分污染物对模型系统进行调整，以改进预报效果。

预报效果评估方法及调优手段如下所述。

6.3.1 评估方法

（1）污染物浓度时间序列对比。

对比一段时间内模型预报的 24 h 污染物浓度与对应时间监测得到的污染物浓度的时间变化，可以得到模型预报的各项污染物浓度趋势、量值与实际监测结果的差异。

（2）统计参数评估。

统计参数法是结合一段时间内点对点的预报和观测数据，计算统计参数值并根据其大小、正负等定量分析预报效果的一种方法。统计参数法简单、方便，且通过不同统计量可以定量、详细分析模型的预报偏差、变化趋势预测能力、误差特征等。不同模型、地区、时段的预报统计结果可方便地进行相互比对。

常用于空气质量预报评价的统计参数指标如表 6-5 所示。其中相关系数 R 反映预报与观测值时空变化趋势的相似程度，$R>0$ 表示预报与观测正相关，$R<0$ 表示预报与观测负相关。R 值越大表示预报效果越好。MB、ME、RMSE、NMB、NME、MFB、MFE 反映预报与观测量值的接近程度，各个指标均是越接近于 0 越好。其中，MB、NMB、MFB 反映预报与观测的总体偏差情况，在统计时段内各时次的正负偏差会相互抵消，其量值可正可负，正值表示预报总体偏高而负值表示预报总体偏低。ME、RMSE、NME、MFE 则反映预报与观测的总体误差情况，在统计时段内各时次的误差是累加的，其量值均为正，量值越大表明预报效果越差。MB、ME、RMSE 反映预报的绝对偏差 / 误差情况，其单位与污染物的浓度单位一致。而 NMB、NME、MFB、MFE 反映预报的相对偏差 / 误差情况，是个比例值。NMB 和 NME 在计算时均以观测值作为基准，计算预报偏离观测值的比例。而 MFB 和 MFE 在计算时则以预报和观测的平均值作为基准，其认为观测也是存在不确定性的，并且站点观测值的代表性与模式网格平均的预报值的代表性是不匹配的。基于以上原因，有研究指出 MFB 和 MFE 更适用于评估颗粒物的预报效果。

表 6-5 统计参数指标定义

缩写	名称	计算公式	量值范围
R	相关系数	$R=\{\sum_{i=1}^{N}(M_i-\overline{M})(O_i-\overline{O})\}/\left\{\sum_{i=1}^{N}(M_i-\overline{M})^2\sum_{i=1}^{N}(O_i-\overline{O})^2\right\}$	–1 ～ 1
MB	平均偏差	$\mathrm{MB}=\frac{1}{N}\sum_{i=1}^{N}(M_i-O_i)=\overline{M}-\overline{O}$	$-\infty$ ～ $+\infty$
ME	平均误差	$\mathrm{ME}=\frac{1}{N}\sum_{i=1}^{N}\lvert M_i-O_i\rvert$	0 ～ $+\infty$
RMSE	均方根误差	$\mathrm{RMSE}=\left[\frac{1}{N}\sum_{i=1}^{N}(M_i-O_i)^2\right]^{\frac{1}{2}}$	0 ～ $+\infty$

续表

缩写	名称	计算公式	量值范围
NMB	标准化平均偏差	$\text{NMB}=[\sum_{i=1}^{N}(M_i-O_i)]/\sum_{i=1}^{N}O_i=(\frac{\overline{M}}{\overline{O}}-1)$	$-1\sim+\infty$
NME	标准化平均误差	$\text{NME}=[\sum_{i=1}^{N}\lvert M_i-O_i\rvert]/\sum_{i=1}^{N}O_i$	$0\sim+\infty$
MFB	标准化分数偏差	$\text{MFB}=\frac{1}{N}\sum_{i=1}^{N}\frac{(M_i-O_i)}{[(M_i+O_i)/2]}$	$-2\sim2$
MFE	标准化分数误差	$\text{MFE}=\frac{1}{N}\sum_{i=1}^{N}\frac{\lvert M_i-O_i\rvert}{[(M_i+O_i)/2]}$	$0\sim2$

注：M_i——第 i 时次的预报值；O_i——第 i 时次的观测值。

6.3.2 调优方法

对于模型预报效果较差的情况，将通过以下几个方面对模型进行调优。

（1）初步评估及误差分析。

对污染物浓度、气象要素的预报效果进行初步评估及误差分析，包括气象模式的结果和多空气质量模型的结果。

（2）排放源校核及影响分析。

对模型使用排放源的排放总量和排放强度进行核查和校正，并分析其对模型预报结果的影响。

（3）模式基础数据更新及参数调试。

收集本地相关资料，对模型使用的地形高度、土地利用资料进行检查和更新，并调试相关模型参数。

（4）气象模式参数方案调试优化。

结合气象预报的评估结果，分析并调试气象模式参数化方案，优化气象预报结果。

结合多种来源的气象、污染监测数据，对天津市空气质量多模式预报预警系统开展定期的预报效果评估，及时了解模式的预报误差，为模型预报效果改善提供依据。模型预报效果评估主要包括两方面，即气象预报评估和空气质量预报评估。空气质量预报评估部分分别评估主要污染物浓度预报和空气质量指数预报。评估内容涉及空间分布对比、时间变化对比、统计对比、准确率统计、偏差分析等。

6.3.3　评估结果

6.3.3.1　多模式结果对比

评估时间段为 2016 年 10 月 10 日—11 月 30 日（如图 6-3 所示），系统的预报效果分析如下。

（1）24 h 污染物浓度评估：4 个模式均可较好地预测各污染物浓度的时间变化趋势和量值（如表 6-6 所示）。整体上，各污染物相关性基本在 0.55 以上，标准化平均偏差控制在 ±40% 范围内。其中，$PM_{2.5}$ 质量浓度的相关系数在 4 个模型 NAQPMS、CAMx、CMAQ 和 WRF-Chem 下，分别为 0.67、0.66、0.70 和 0.43，且偏差除 WRF-Chem 为 35% 外，均略偏低，但控制在 20% 内。另外 PM_{10} 预报整体略偏低，SO_2 预报整体偏高，特别是在 CAMx 和 WRF-Chem 下，分别偏高 214% 和 265%。

（2）24 h AQI 评估：模式系统可较好地反映空气质量变化（如表 6-7 和表 6-8 所示）。等级预报准确率基本在 65% 以上，CAMx 在第二区域的准确率最高为 77%。首要污染物预报准确率高于 70%，CAMx 为 79%，首要污染物主要为 $PM_{2.5}$，还有 7 天为 NO_2。

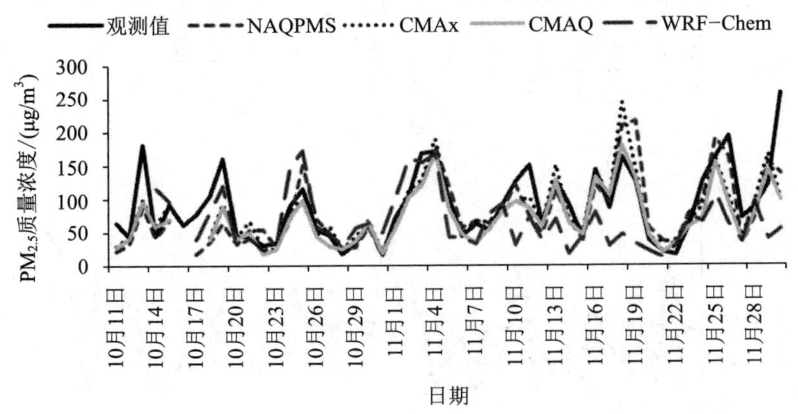

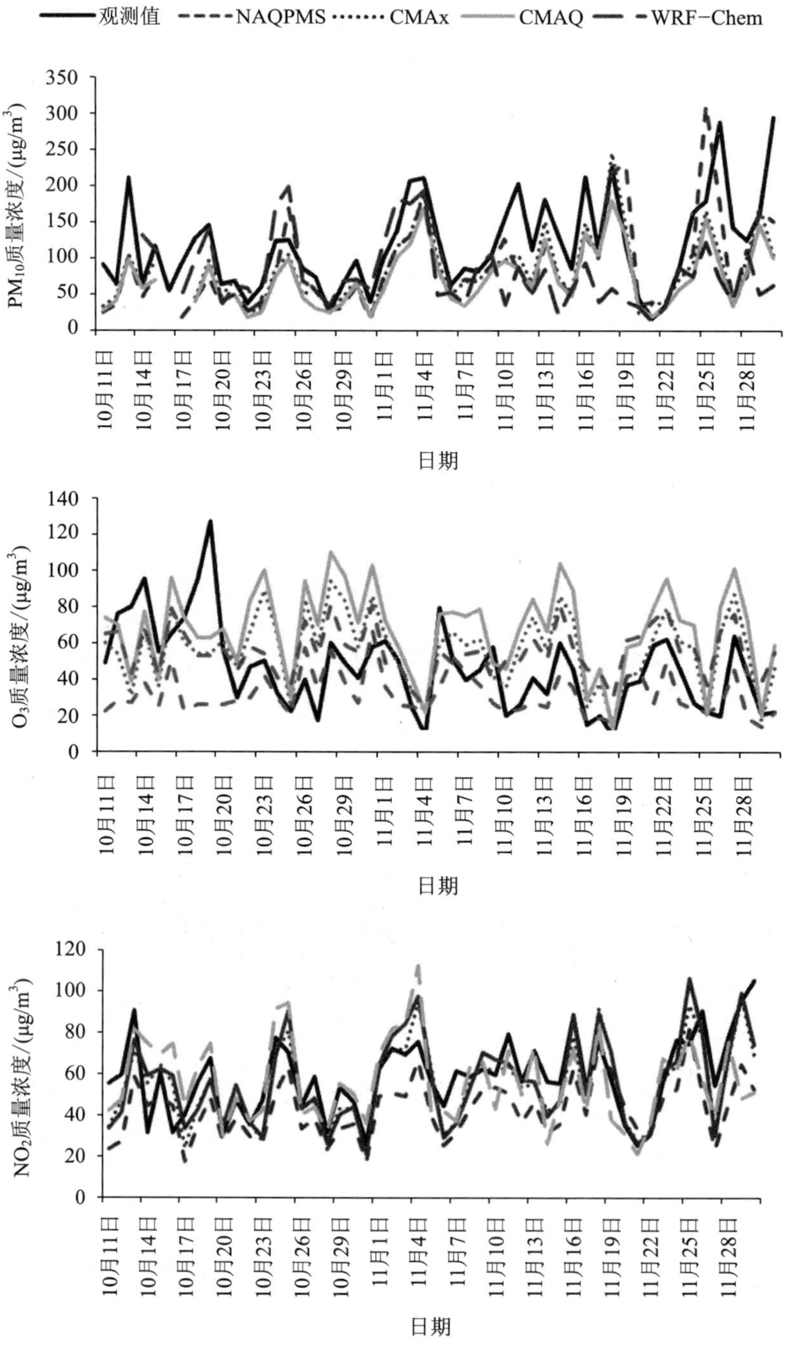

观测值 NAQPMS CMAx CMAQ WRF-Chem

PM_{10}质量浓度/(μg/m³)

350
300
250
200
150
100
50
0

10月11日 10月14日 10月17日 10月20日 10月23日 10月26日 10月29日 11月1日 11月4日 11月7日 11月10日 11月13日 11月16日 11月19日 11月22日 11月25日 11月28日

日期

O_3质量浓度/(μg/m³)

140
120
100
80
60
40
20
0

10月11日 10月14日 10月17日 10月20日 10月23日 10月26日 10月29日 11月1日 11月4日 11月7日 11月10日 11月13日 11月16日 11月19日 11月22日 11月25日 11月28日

日期

NO_2质量浓度/(μg/m³)

120
100
80
60
40
20
0

10月11日 10月14日 10月17日 10月20日 10月23日 10月26日 10月29日 11月1日 11月4日 11月7日 11月10日 11月13日 11月16日 11月19日 11月22日 11月25日 11月28日

日期

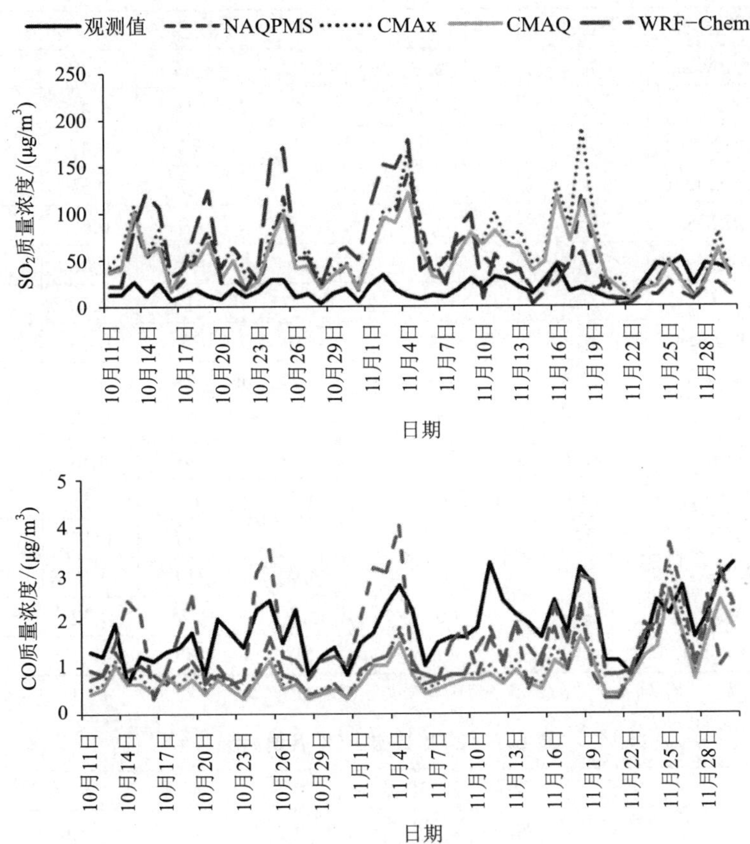

图 6-3　24 h 日均值对比

表 6-6　6 种污染物日均值预报效果统计

污染物	数值模式	MO	MM	MB	NMB/%	*R*	RMSE
CO	NAQPMS	1.837	1.399	–0.437 8	–24	0.68	0.760
	CAMx	1.846	1.146	–0.700 5	–38	0.65	0.921
	CMAQ	1.846	0.915	–0.931 2	–50	0.65	1.068
	WRF-Chem	1.874	2.626	0.752 4	40	0.47	1.318
NO_2	NAQPMS	62	47	–15.0	–24	0.65	21
	CAMx	63	63	0.3	0	0.77	13
	CMAQ	63	67	4.2	7	0.76	14
	WRF-Chem	62	84	21.2	34	0.58	30

续表

污染物	数值模式	MO	MM	MB	NMB/%	R	RMSE
O_3	NAQPMS	47	25	–22.2	–47	0.37	32
	CAMx	46	47	0.4	1	0.48	22
	CMAQ	46	58	11.7	25	0.47	27
	WRF-Chem	45	42	–3.0	–7	0.57	19
$PM_{2.5}$	NAQPMS	92	84	–7.8	–9	0.67	46
	CAMx	92	88	–3.6	–4	0.66	44
	CMAQ	92	74	–17.7	–19	0.70	45
	WRF-Chem	92	124	32.2	35	0.43	71
PM_{10}	NAQPMS	129	93	–36.3	–28	0.64	67
	CAMx	130	94	–35.6	–27	0.65	65
	CMAQ	130	77	–53.0	–41	0.68	75
	WRF-Chem	130	145	14.7	11	0.31	83
SO_2	NAQPMS	24	57	33.1	137	0.12	46
	CAMx	24	76	51.9	214	0.19	65
	CMAQ	24	60	35.5	147	0.32	47
	WRF-Chem	24	89	64.9	265	–0.07	97

注：除 CO 质量浓度单位为 mg/m^3 外，其余污染物质量浓度单位为 $\mu g/m^3$。

表 6-7　24 h 日报 AQI 准确情况

数值模式	优良	轻度	中度	重度	严重	总计	准确率 /%
NAQPMSd01	19(23)	6(9)	4(7)	4(8)	0(1)	33(48)	69
NAQPMSd02	18(23)	7(9)	5(7)	4(8)	0(1)	34(48)	71
NAQPMSd03	19(23)	7(9)	4(7)	4(8)	0(1)	34(48)	71
CAMxd02	22(23)	7(8)	3(7)	4(8)	0(1)	34(47)	77
CAMxd03	19(23)	7(8)	4(7)	4(8)	0(1)	34(47)	72
CMAQd01	20(23)	5(9)	3(7)	3(8)	0(1)	31(48)	65
CMAQd02	20(23)	5(8)	3(7)	3(8)	0(1)	31(47)	66
CMAQd03	20(23)	5(8)	2(7)	3(8)	0(1)	30(47)	64
WRF-Chemd01	17(21)	5(9)	3(7)	2(7)	0(1)	27(45)	60
WRF-Chemd02	6(21)	4(9)	4(7)	3(7)	0(1)	17(45)	38
WRF-Chemd03	6(21)	1(9)	4(7)	3(7)	0(1)	14(45)	31

注：$n(N)$ 代表监测和预报同时有效为 N 对时，AQI 准确数量为 n。

表 6-8　24 h 首要污染物准确情况

数值模式	无	SO_2	NO_2	PM_{10}	CO	O_3	$PM_{2.5}$	总计	准确率 /%
NAQPMS	1(5)	0(0)	1(7)	0(1)	0(0)	0(0)	32(36)	34(48)	71
CAMx	1(5)	0(0)	3(7)	0(1)	0(0)	0(0)	33(35)	37(47)	79
CMAQ	1(5)	0(0)	6(7)	0(1)	0(0)	0(0)	26(35)	33(47)	70
WRF-Chem	0(5)	0(0)	0(6)	0(1)	0(0)	0(0)	32(34)	32(45)	71

注：$n(N)$ 代表首要污染物天数为 N，首要污染物预报准确数量为 n。

6.3.3.2　不同时效预报评估

评估时间段为 2016 年 10 月 10 日—11 月 30 日（如图 6-4 所示），4 个模型 NAQPMS、CAMx、CMAQ 和 WRF-Chem 下 6 种污染物不同时效（即当天、24 h、48 h 和 72 h）的预报效果表明：整体上 4 个时效不同污染物的相关性及标准化平均偏差相差不大，仅有略微差异。4 个模型预报的 $PM_{2.5}$ 和 PM_{10} 均以 72 h 结果相关性最好，但 $PM_{2.5}$ 的 72 h 相对偏差较其他时效略大。气体主要以当天的相关性最好。

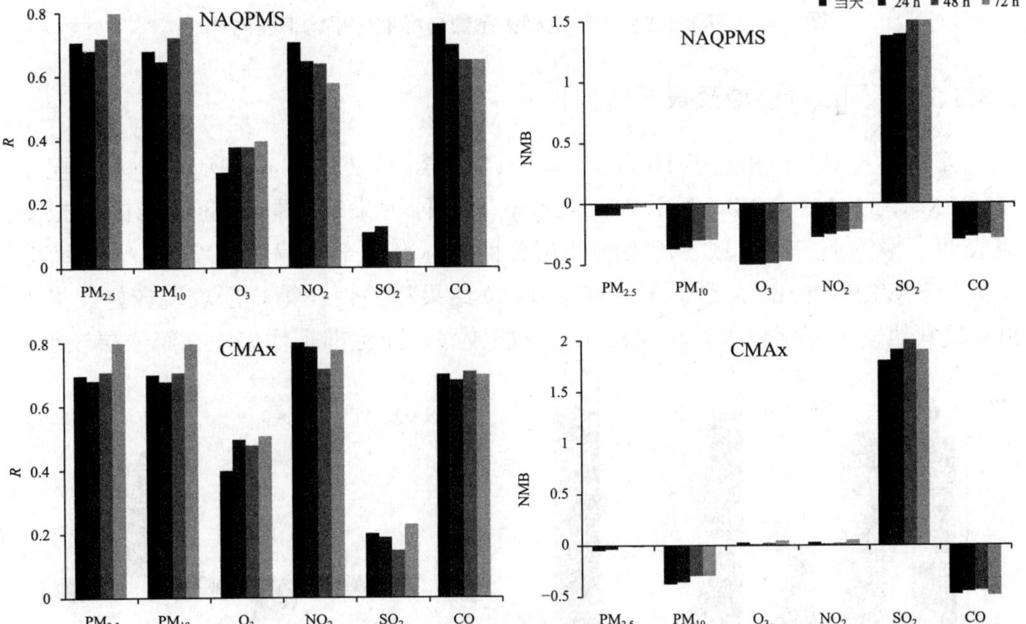

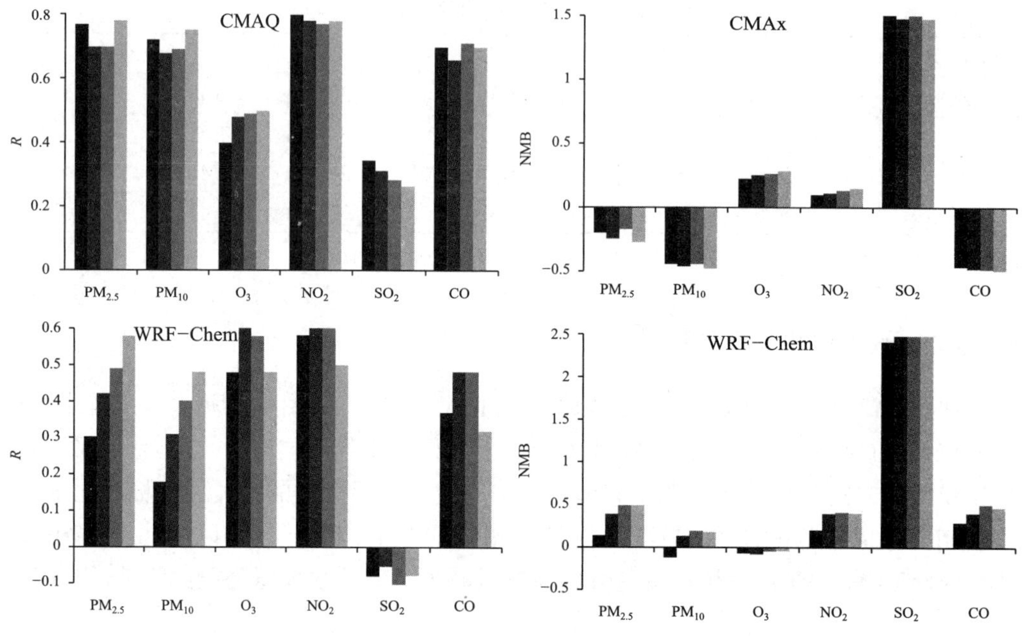

图 6-4　不同时效各污染物相关系数与标准化平均偏差对比

6.3.3.3　不同嵌套区域预报评估

评估时间段为 2016 年 10 月 10 日—11 月 30 日（如图 6-5 所示），4 个模型 NAQPMS、CAMx、CMAQ 和 WRF-Chem 下 6 种污染物不同嵌套区域的预报效果表明：整体上三层区域各污染物的相关性及标准化平均偏差相差不大，仅有略微差异。WRF-Chem 预报的 O_3、NO_2 和 CO 结果相关性在第一层表现较好。另外 SO_2 较其他物种变化较大，相关性在第三层较好，而标准平均偏差在第一层较小。

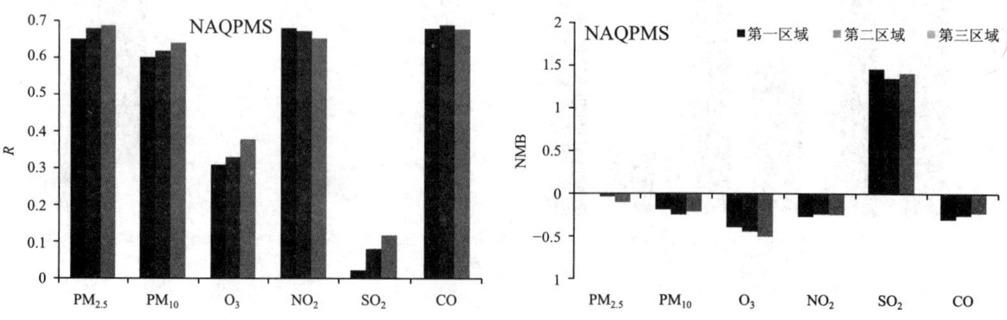

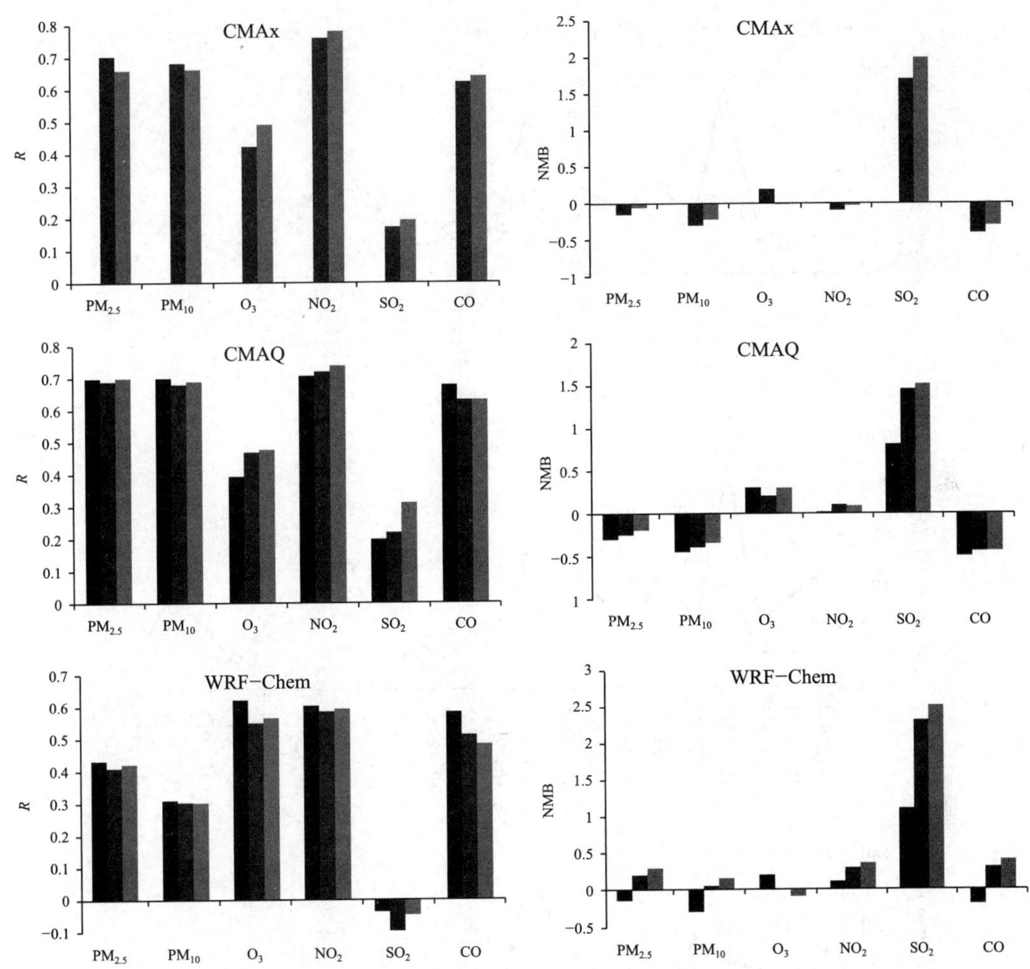

图 6-5　不同嵌套区域各污染物相关系数与标准化平均偏差对比

6.3.3.4　调优前后对比

于 2006 年 11 月上旬进行了系列调优，评估时间段 2016 年 10 月 10 日—31 日为调优前，2016 年 11 月 10 日—30 日为调优后，对比 6 种污染物调优前后（如图 6-6 和图 6-7 所示），可以发现调试后 4 个模型各物种的模拟值与观测值更吻合，而且 AQI 时间对比也显示模型很好地捕捉到了其变化趋势（如图 6-8 和图 6-9 所示）。同时 WRF-Chem 略偏高的问题得到明显改善，其中除 O_3 外各物种均得到不同程度的改善，特别是 SO_2 和 CO 偏差明显减小。

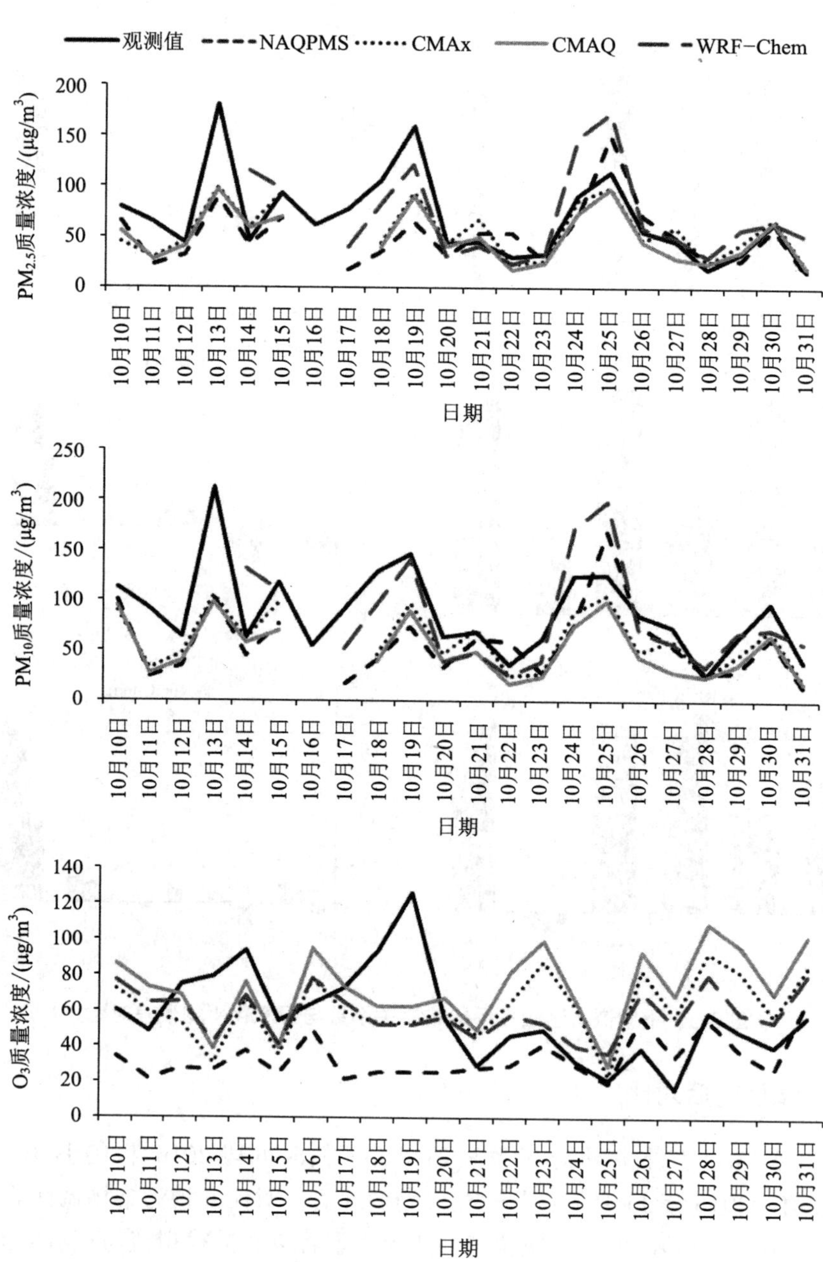
观测值
NAQPMS
CMAx
CMAQ
WRF-Chem
PM2.5质量浓度/(μg/m3)
PM10质量浓度/(μg/m3)
O3质量浓度/(μg/m3)
10月10日
10月11日
10月12日
10月13日
10月14日
10月15日
10月16日
10月17日
10月18日
10月19日
10月20日
10月21日
10月22日
10月23日
10月24日
10月25日
10月26日
10月27日
10月28日
10月29日
10月30日
10月31日
日期

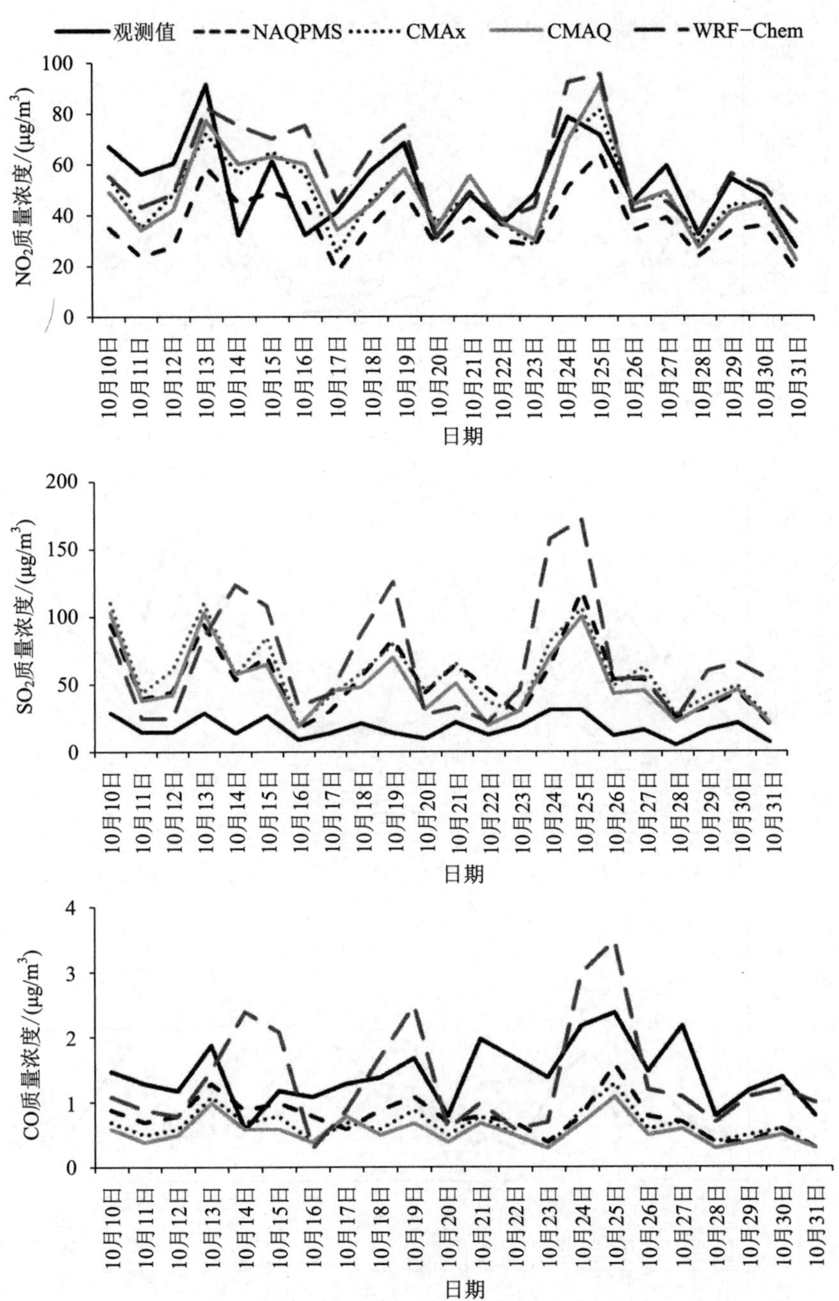

图 6-6　2016 年 10 月 10 日—31 日各污染物日均值对比（调优后）

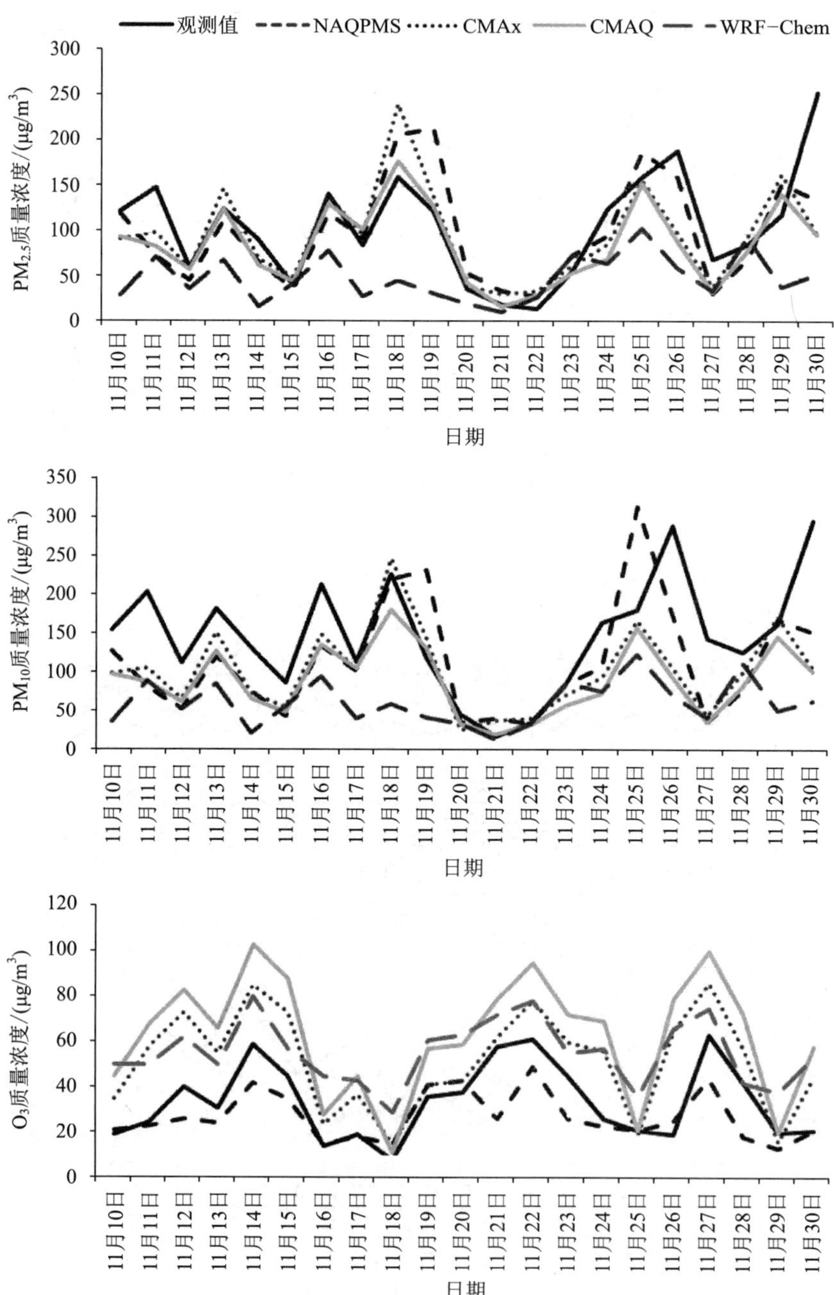
观测值
NAQPMS
CMAx
CMAQ
WRF-Chem
PM2.5质量浓度/(μg/m3)
PM10质量浓度/(μg/m3)
O3质量浓度/(μg/m3)
日期
11月10日
11月11日
11月12日
11月13日
11月14日
11月15日
11月16日
11月17日
11月18日
11月19日
11月20日
11月21日
11月22日
11月23日
11月24日
11月25日
11月26日
11月27日
11月28日
11月29日
11月30日

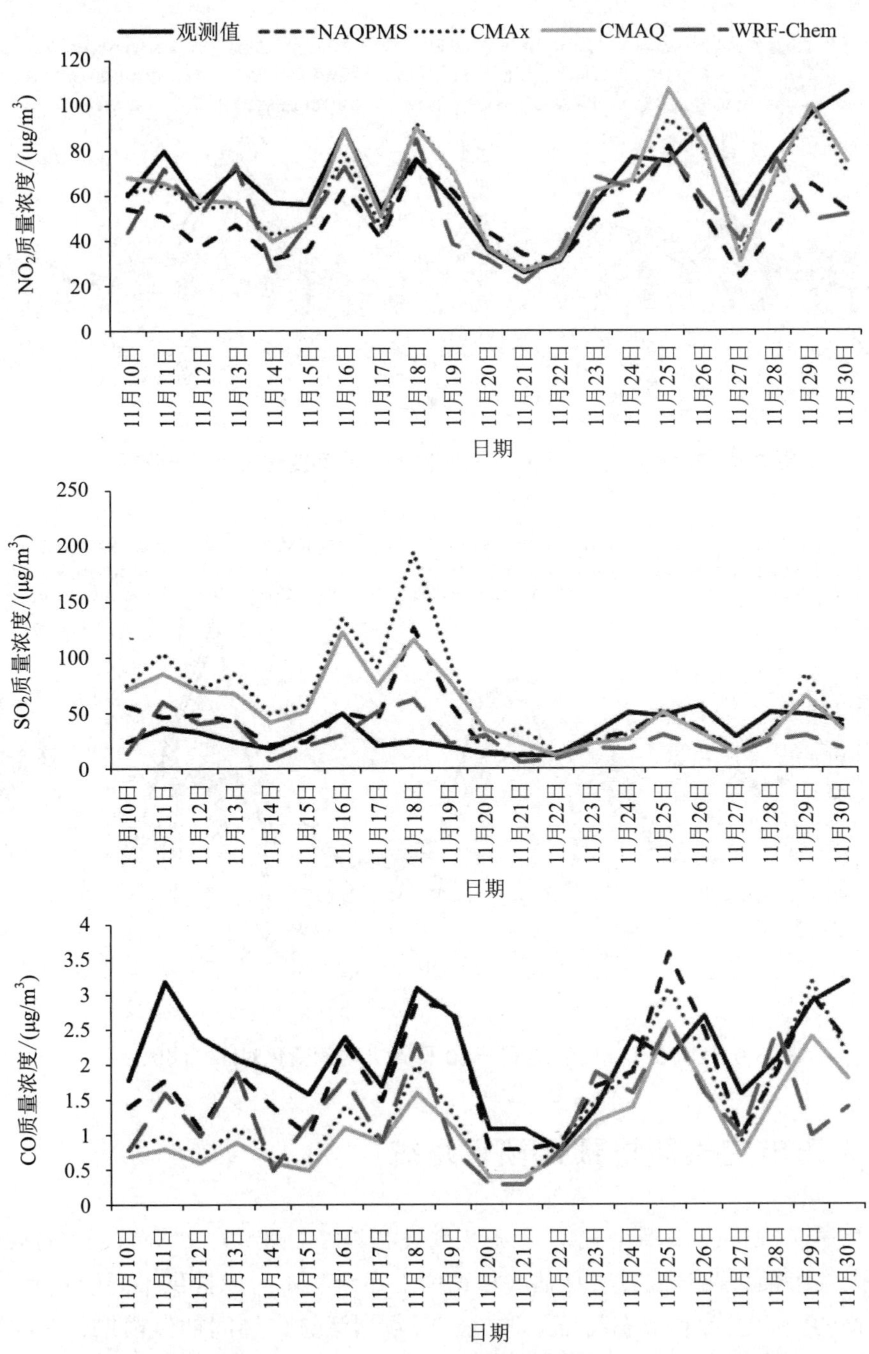

图 6-7　2016 年 11 月 10 日—30 日各污染物日均值对比（调优后）

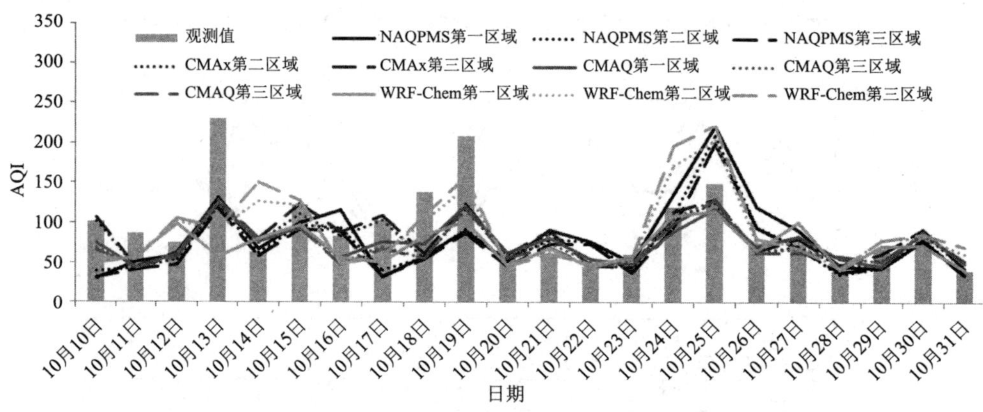

图 6-8　2016 年 10 月 10 日—31 日 AQI 时间变化对比（调优前）

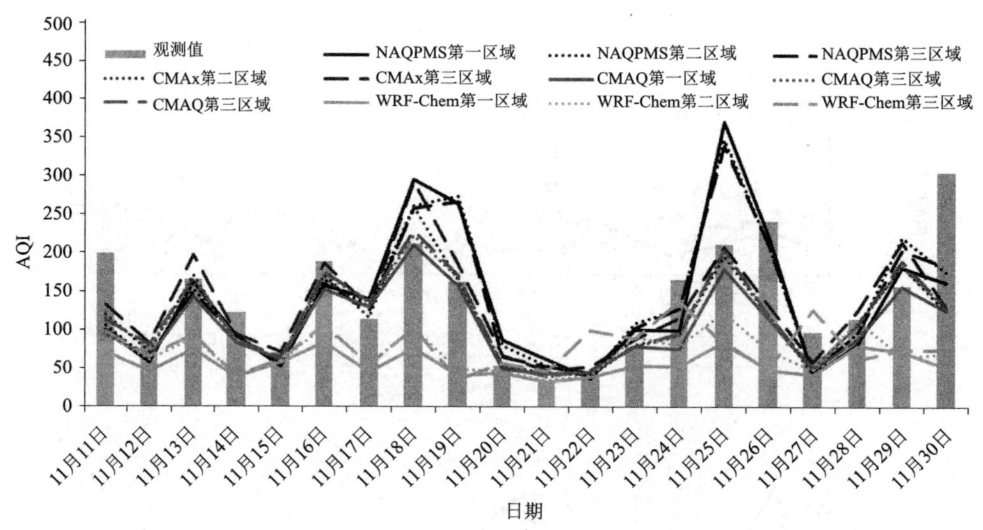

图 6-9　2016 年 11 月 10 日—30 日 AQI 时间变化对比（调优后）

6.4　天津市空气质量预报预警系统

空气质量预报及重污染预警系统以 NAQPMS、CMAQ、CAMx、WRF-Chem 模型对大气污染状况开展分析评估（根据所上系统版本对应提供不同模式），根据地理事物的空间位置和形态特征，通过空间数据运算、空间插值模拟、空间数据与属性数据的耦合关联，提取并产生新的污染物空间分布信息；从而使海量数据能够按特定要求进行抽取，并对污染分布信息进行可视化表达，使环境空气质量评估更加直观、准确，从而实现模拟、分析、评估、发布的有机统一，为预警预报业务提供技术支持与辅助决策。

6.4.1　预报分析

6.4.1.1　污染空间分析

污染形势分析提供各预报区域、各项污染物（PM_{10}、$PM_{2.5}$、O_3、NO_2、SO_2、CO）日报和小时报浓度空间分布形势图（如图 6-10 所示）。在形势图上可叠加气象要素（风、温度、湿度、气压）实现污染物浓度和气象要素的叠加分析。可实现预报周期内的污染物浓度动画效果展示，具备动画单帧和多帧播放，充分表现污染物在时间和空间上的动态变化过程。

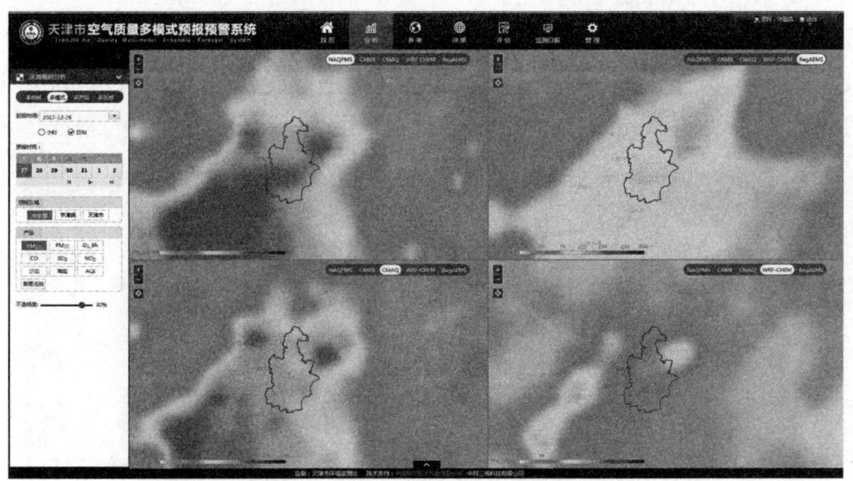

图 6-10　污染物浓度时空分布

6.4.1.2　天气形势分析

（1）气象实况分析。

气象实况提供了气象观测实况分析图（中国中央气象台、欧洲中心、韩国气象、日本传真图）等气象资料的单帧或多帧查看（如图 6-11 所示）。气象资料为天气形势、扩散条件、跨区域传输、相对湿度、云覆盖比例、地面降水沉降等气象要素，可提供依据对污染情况的总体趋势提供辅助决策。

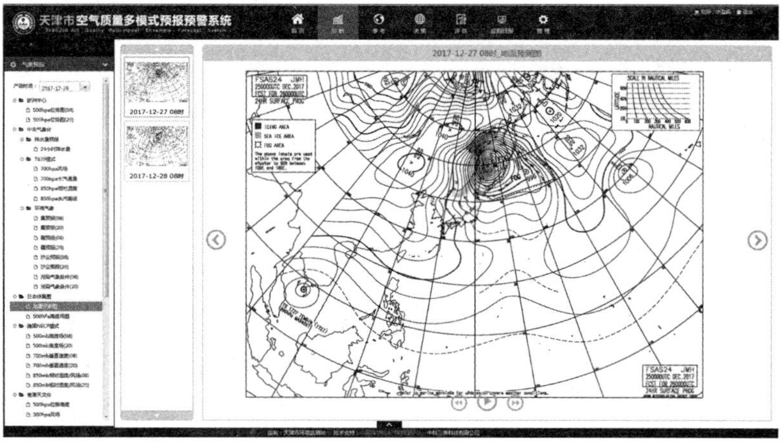

图 6-11　气象实况分析

（2）气象形势预报。

天气形势分析提供各区域未来 7 天的地面、850 hPa、700 hPa、500 hPa 等高度天气形势预报场产品（如图 6-12 所示），京津冀周边地区未来 72 h 预报，未来 4 ～ 7 天趋势预测的气溶胶消光系数（AOD）和能见度预报水平分布图的集成展示。

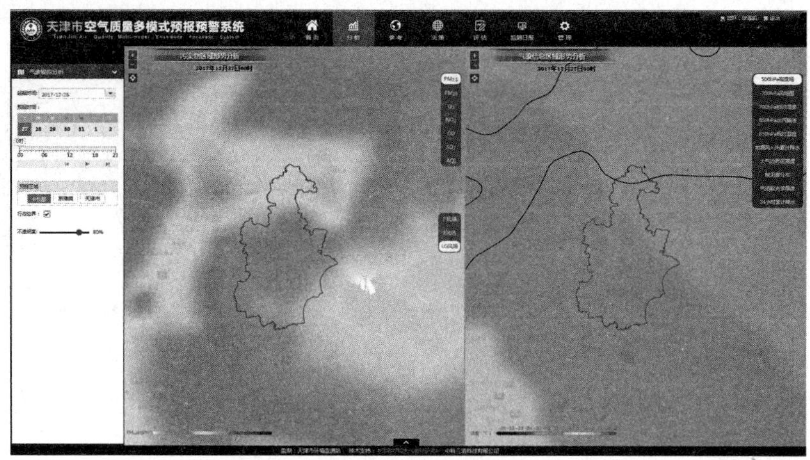

图 6-12　天气形势分析

同时提供气象预报分析图（欧洲中心、中国中央气象台、日本传真、美国 NECP 模式、中国香港天文台、中国台湾气象局、英国天气在线）等气象资料的单帧或多帧查看（如图 6-13 所示）。

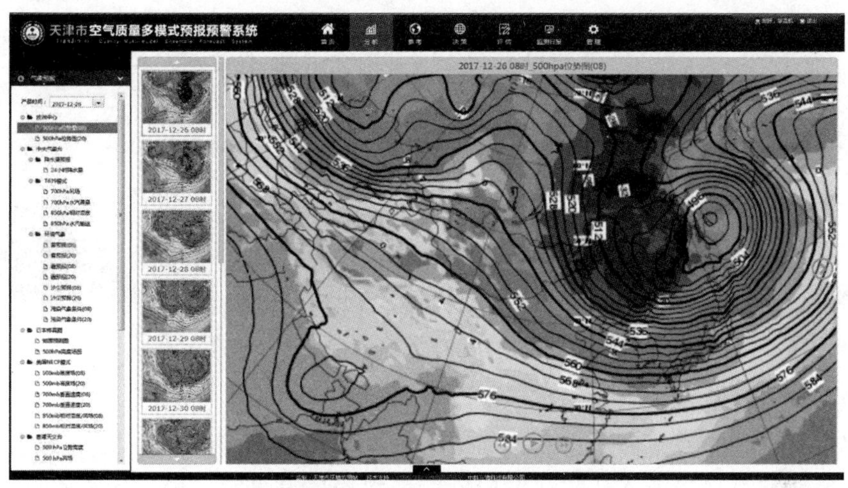

图 6-13　气象预报分析

6.4.1.3　模式预报分析

（1）AQI 预报。

提供预报时间周期内（日均值 7 天、小时值 168 h）城市或站点实测数据与预报数据的 AQI 变化趋势，时间轴及提示信息贯穿同步，如图 6-14 所示。

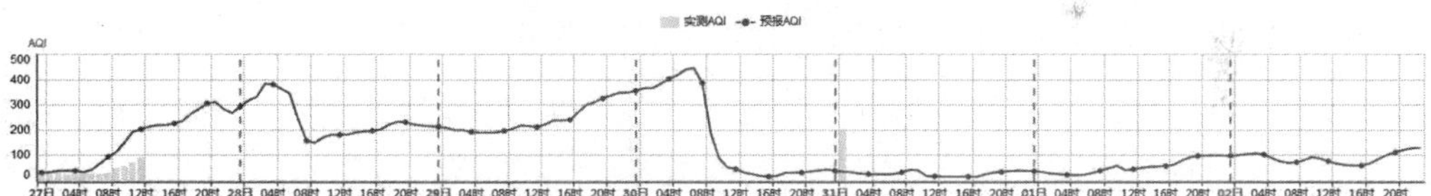

图 6-14　AQI 趋势预报情况

同时包括 6 项污染物质量浓度及能见度、边界层高度的折线形式分析图，如图 6-15 所示。

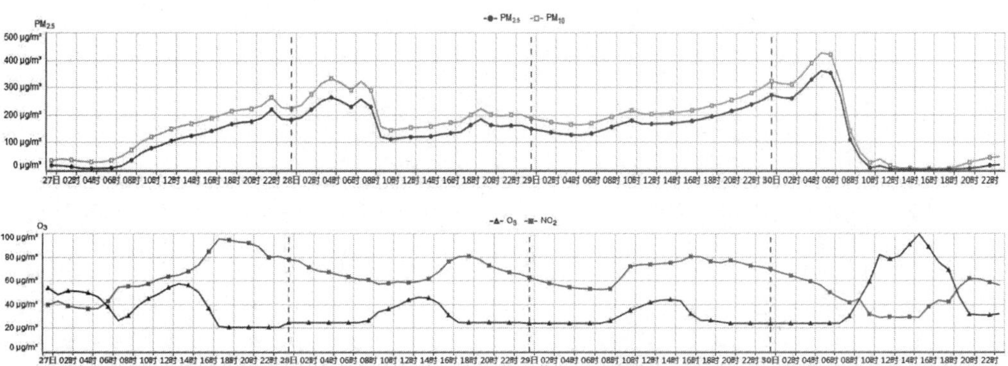

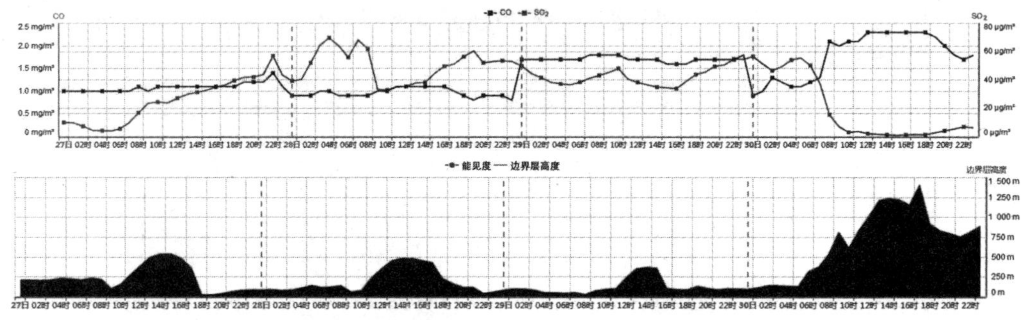

图 6-15　6 项污染物及能见度、边界层高度的折线形式分析

（2）SO_2 质量浓度预报。

提供预报时间周期内（日均值 7 天、小时值 168 h）城市或站点实测数据与预报数据的 SO_2 质量浓度变化趋势，时间轴及提示信息贯穿同步，如图 6-16 所示。

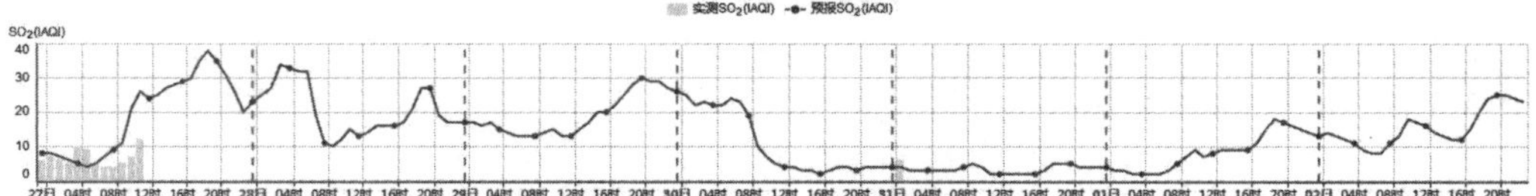

图 6-16　SO_2 质量浓度变化趋势预测

同时还包括硫酸盐生成速率、气象条件（露点温度、气压、湿度、降水、能见度、边界层高度、风速风向）的折线形式分析图，如图 6-17 所示。

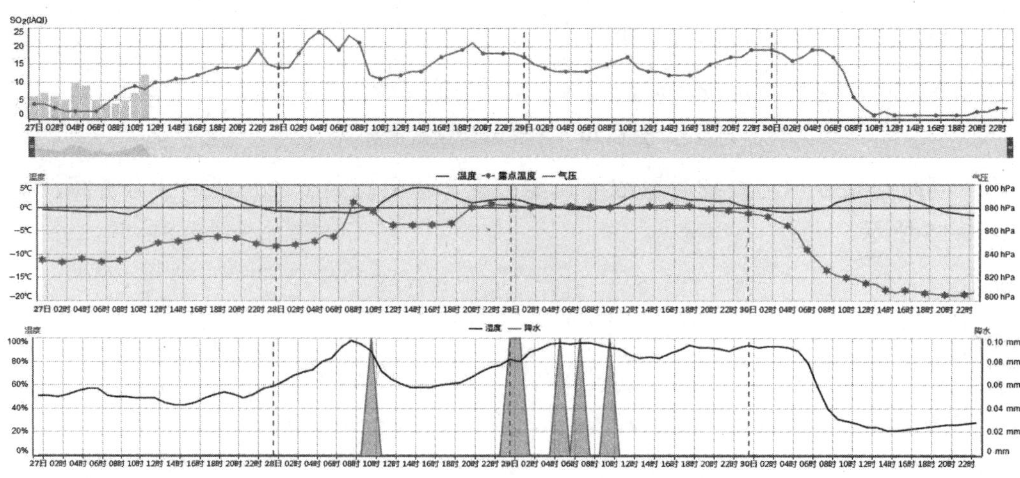

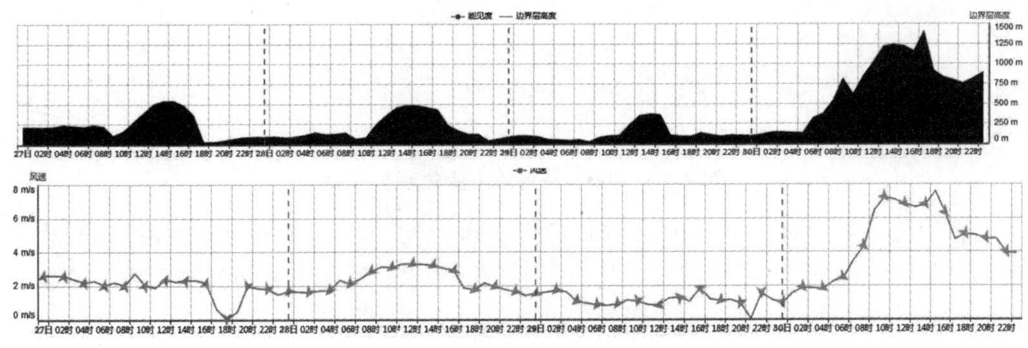

图 6-17　SO_2 相关要素趋势预测

（3）NO_2 质量浓度预报。

提供预报时间周期内（日均值 7 天、小时值 168 h）城市或站点实测数据与预报数据的 NO_2 质量浓度变化趋势，时间轴及提示信息贯穿同步，如图 6-18 所示。

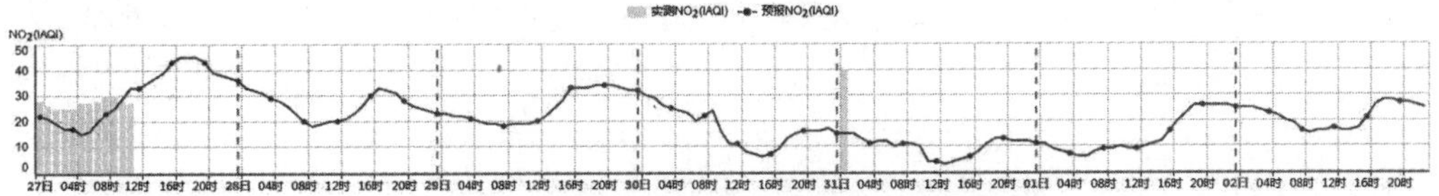

图 6-18　NO_2 质量浓度变化趋势预测

同时还包括硝酸盐生成速率、气象条件（露点温度、气压、湿度、降水、能见度、边界层高度、风速风向）的折线形式分析图，如图 6-19 所示。

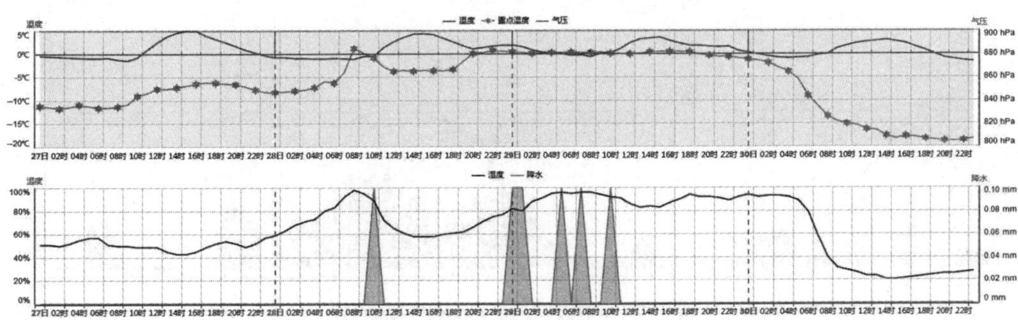

图 6-19　NO_2 相关要素趋势预测

（4）PM_{10} 质量浓度预报。

提供预报时间周期内（日均值 7 天、小时值 168 h）城市或站点实测数据与预报数据的 PM_{10} 质量浓度变化趋势，时间轴及提示信息贯穿同步，如图 6-20 所示。

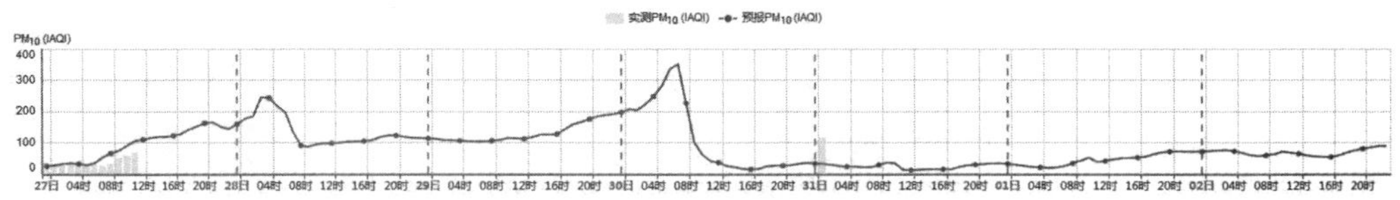

图 6-20 PM_{10} 质量浓度变化趋势预测

同时还包括 PM_{10} 组分图（细颗粒物、粗颗粒物、铵盐、有机物、黑碳、硝酸盐、硫酸盐）、气象条件（露点温度、气压、湿度、降水、能见度、边界层高度、风速）的折线形式分析图，如图 6-21 所示。

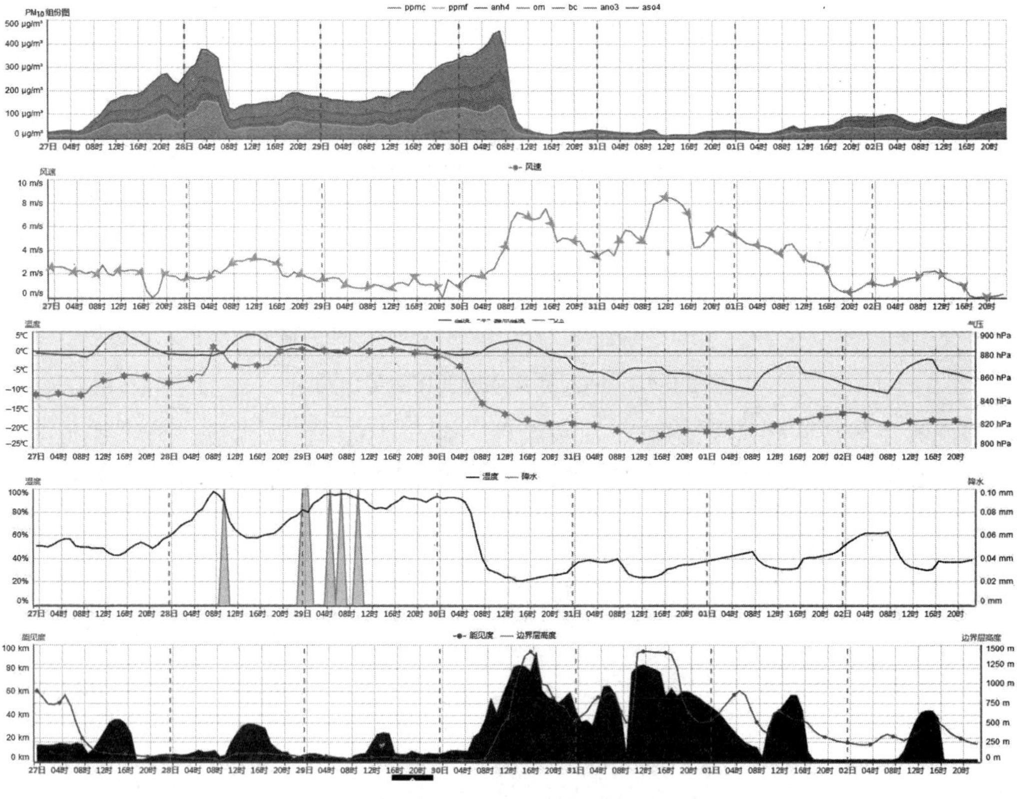

图 6-21 PM_{10} 相关要素趋势预测

（5）$PM_{2.5}$ 质量浓度预报。

提供预报时间周期内（日均值 7 天、小时值 168 h）城市或站点实测数据与预报数据的 $PM_{2.5}$ 质量浓度变化趋势，时间轴及提示信息贯穿同步，如图 6-22 所示。

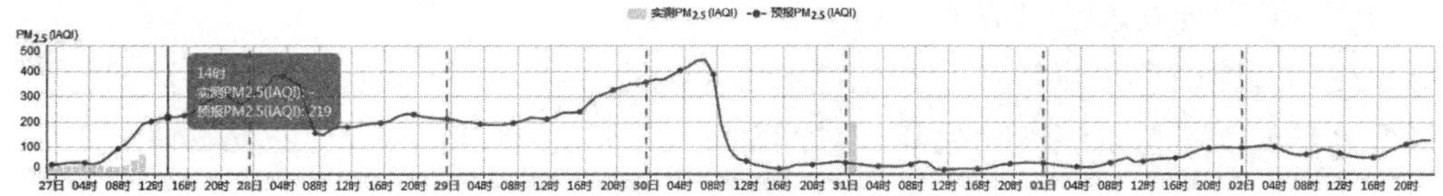

图 6-22　$PM_{2.5}$ 质量浓度变化趋势预测

同时还包括 $PM_{2.5}$ 组分图（细颗粒物、铵盐、有机物、黑碳、硝酸盐、硫酸盐）、气象条件（露点温度、气压、湿度、降水、能见度、边界层高度、风速）的折线形式分析图，如图 6-23 所示。

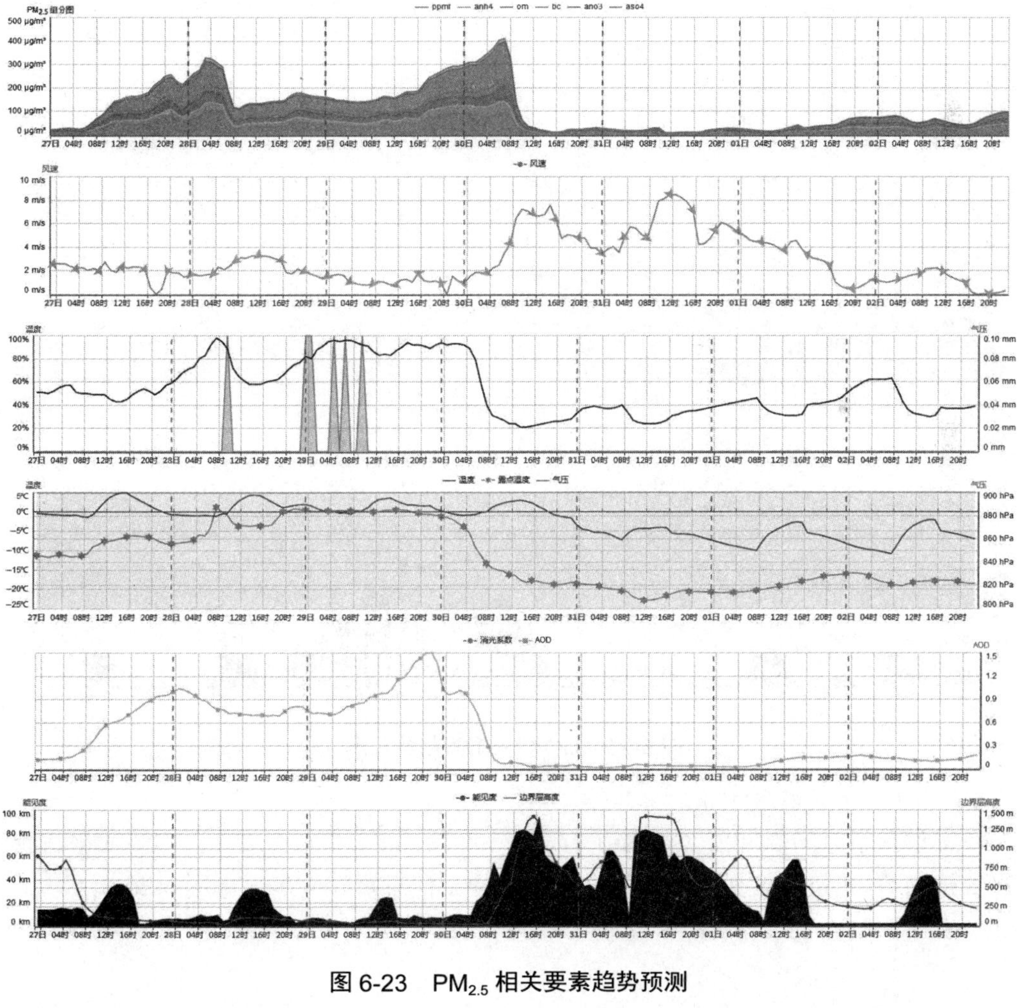

图 6-23　$PM_{2.5}$ 相关要素趋势预测

（6）CO 质量浓度预报。

提供预报时间周期内（日均值 7 天、小时值 168 h）城市或站点实测数据与预报数据的 CO 质量浓度变化趋势，时间轴及提示信息贯穿同步，如图 6-24 所示。

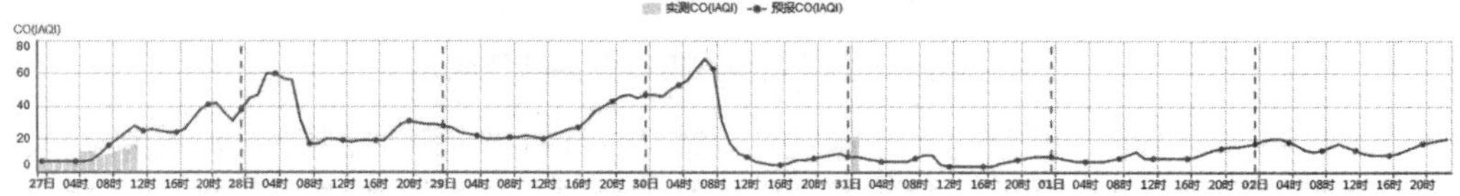

图 6-24　CO 质量浓度变化趋势预测

同时还提供了气象条件（露点温度、气压、湿度、降水、能见度、边界层高度、风速）的折线形式分析图，如图 6-25 所示。

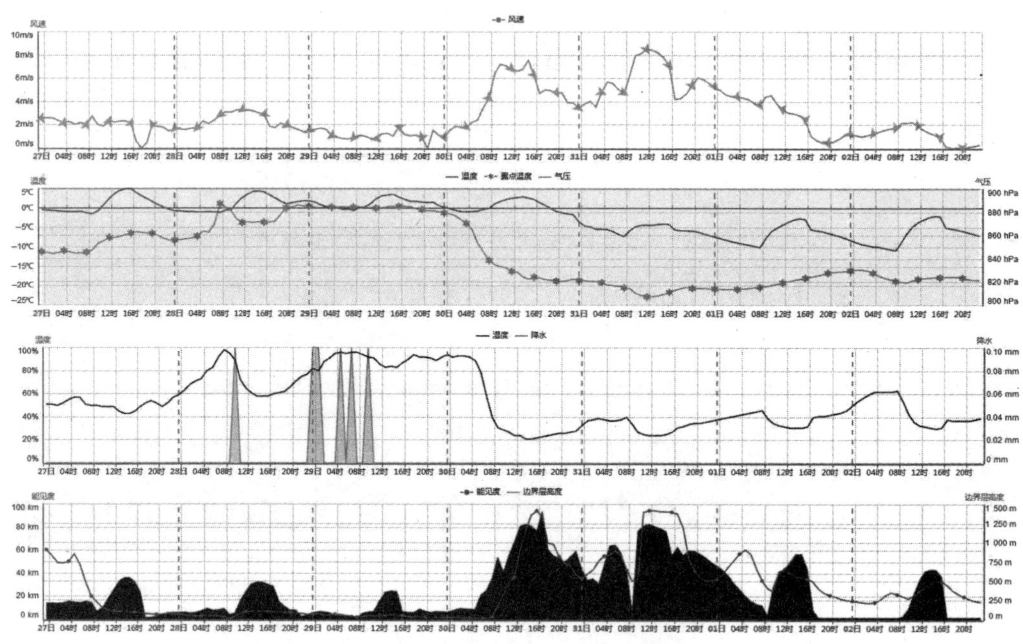

图 6-25　CO 相关要素趋势预测

（7）O_3 质量浓度预报。

提供预报时间周期内（日均值 7 天、小时值 168 h）城市或站点实测数据与预报数据的 O_3 质量浓度变化趋势，时间轴及提示信息贯穿同步，如图 6-26 所示。

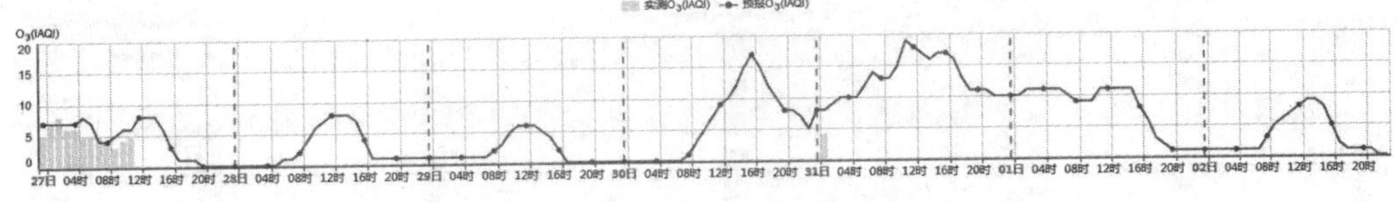

图 6-26　O_3 质量浓度变化趋势预测

同时包括硫酸盐质量浓度、铵盐质量浓度、硝酸盐质量浓度、气象条件（露点温度、气压、湿度、降水、地表向下短波辐射 SWDOWN 边界层高度、风速）、$PM_{2.5}$ 质量浓度、NO_2 质量浓度、SO_2 质量浓度的折线形式分析图，如图 6-27 所示。

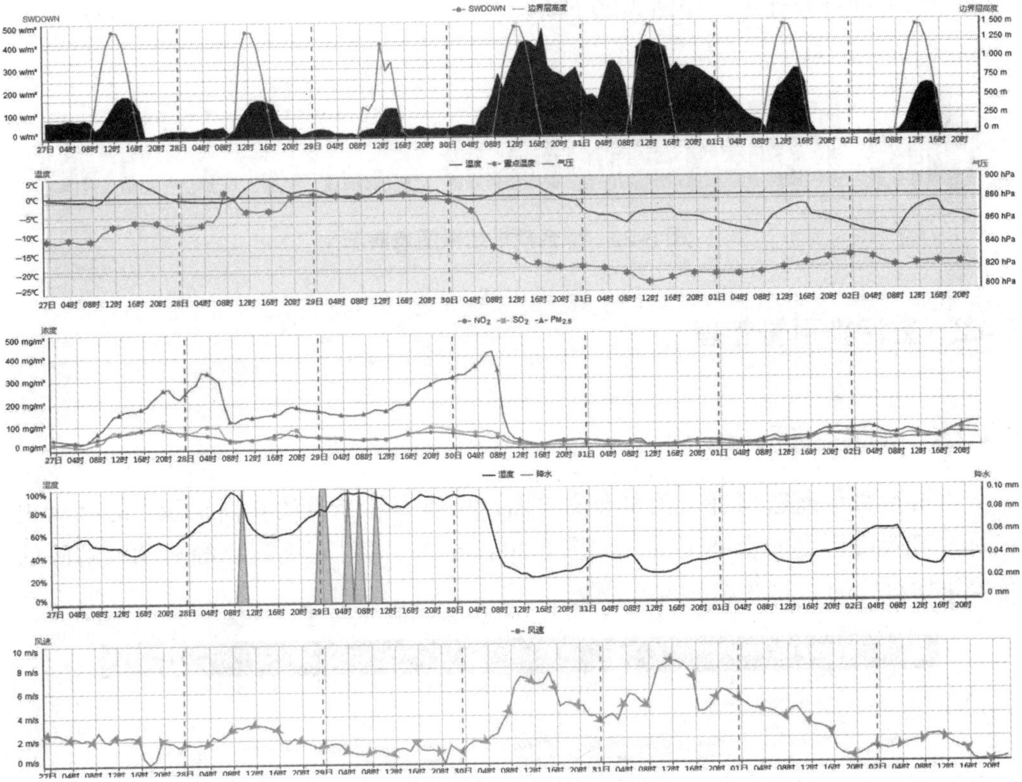

图 6-27　O_3 相关要素趋势预测

6.4.1.4　综合预报结果

预报时间周期内城市、站点模式数据的日报指标，包括各项污染物质量浓度、分指数与 AQI、首要污染物、级别等，如图 6-28 所示。

日期	SO_2 24小时平均		NO_2 24小时平均		PM_{10} 24小时平均		$PM_{2.5}$ 24小时平均		CO 24小时平均		O_3 最大1小时平均		O_3 最大8小时平均		AQI	首要污染物	级别
	浓度	分指数	浓度	分指数	浓度	分指数	浓度	分指数	浓度	分指数	浓度	分指数	浓度	分指数			
2017-12-27	57	54	60	76	139	95	129	170	2.1	53	35	11	29	15	170	$PM_{2.5}$	中度污染
2017-12-28	60	55	52	66	213	132	194	245	3.1	78	25	8	19	10	245	$PM_{2.5}$	重度污染
2017-12-29	55	53	49	62	208	129	193	243	2.8	70	20	7	14	7	243	$PM_{2.5}$	重度污染
2017-12-30	32	33	34	43	168	109	153	204	2.7	68	54	17	39	20	204	$PM_{2.5}$	重度污染
2017-12-31	9	9	19	24	22	23	20	29	0.6	15	60	19	53	27	29	-	优
2018-01-01	23	24	27	34	48	48	40	56	0.9	23	36	12	37	19	56	$PM_{2.5}$	良
2018-01-02	45	45	42	53	84	68	67	91	1.5	38	28	9	21	11	91	$PM_{2.5}$	良

天津市 12月27日至01月02日预报结果　单位：μg/m³（co为mg/m³，AQI为量纲一）

图 6-28　综合预报结果

图表展示预报周期城市和各站点 AQI 日报趋势，用户可针对城市、城市分区、站点分别进行查看分析，如图 6-29 所示。

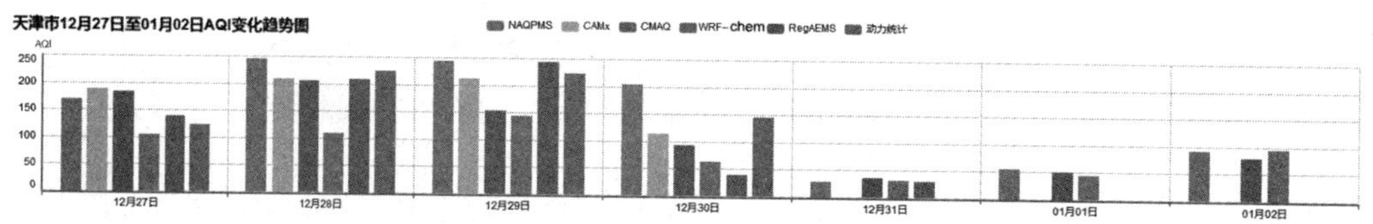

图 6-29　综合预报结果图表展示

6.4.2　重污染预警管理

6.4.2.1　预警会商历史记录

点击预警会商选项进入预警会商界面，可以查看当月的会商记录。选择历史年月，可查询历史的会商记录（如图 6-30 所示），同时可下载已经启动或解除的预警事件对应的会商意见 Word 文件。

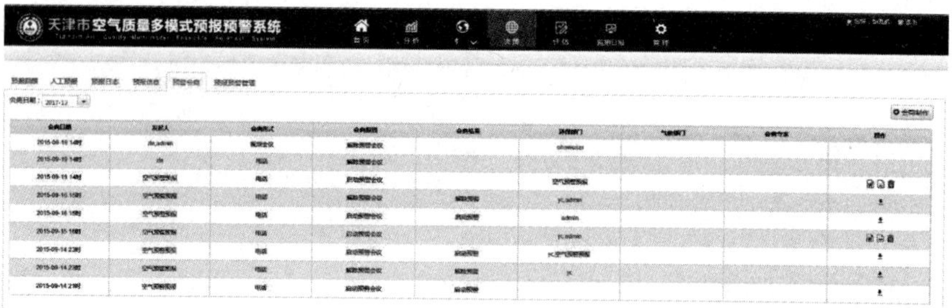

图 6-30　预警会商历史记录

6.4.2.2　新建预警会商

点击会商制作按钮，进入新建预警会商界面（如图 6-31 所示）。选择会商时间、会商形式、会商事由、参会环保人员、参会气象人员、会商专家等信息。若选择的是解除预警会商，则需要相应地选择解除的预警编号，点击保存，提交新的会商记录。

图 6-31　新建预警会商

6.4.2.3　新建会商意见

点击新建 / 编辑会商意见按钮可基于已有文件模板编辑添加环境监测站及气象台对于对应会商的意见及最终确定的会商意见（如图 6-32 所示）。

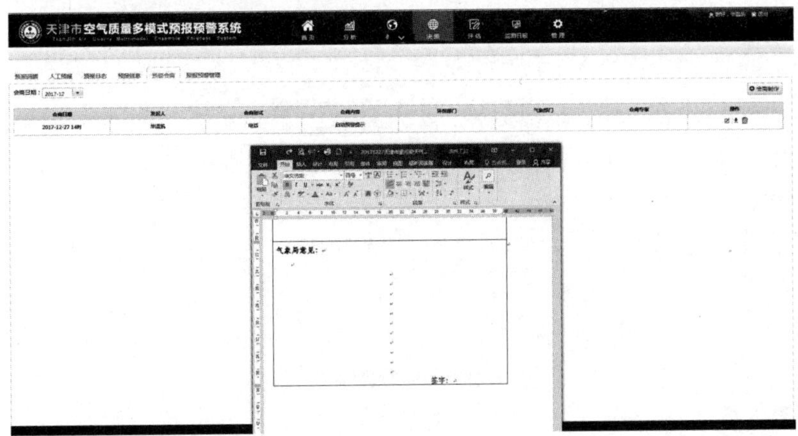

图 6-32　新建会商意见

6.4.3 预报评估

6.4.3.1 预报结果评估

将预报区域预报订正结果与观测结果进行对比，计算观测与订正结果之间的偏差，探寻两者偏差存在的原因，基于此对模式系统进行调整与改进，使其常规污染物的级别预报准确率达到指标要求。单位评估提供了某历史时段不同区域对应不同预报时效的订正结果范围的命中率图表、AQI 监测数和订正范围趋势折线图、首要污染物实测和订正对比图表、污染等级和实测订正图表。

AQI 图表（如图 6-33 所示）详细描述订正结果与观测结果的拟合情况与订正偏差分析，浅灰色表示预报订正结果与实况结果命中，深灰色表示偏离。

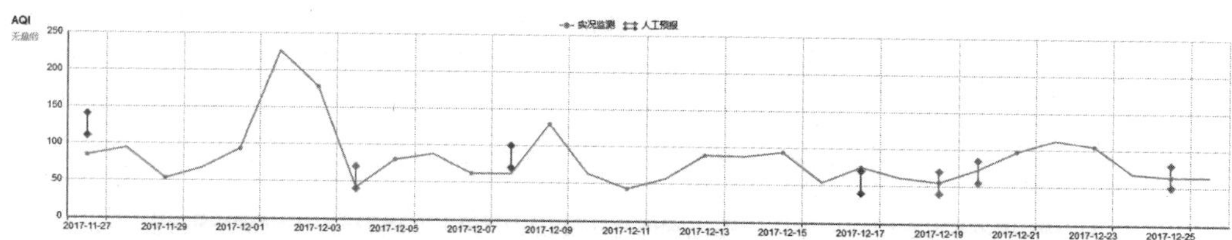

图 6-33 AQI 图表

首要污染物图表（如图 6-34 所示）详细描述时间范围内订正与实况首要污染物结果比较情况。

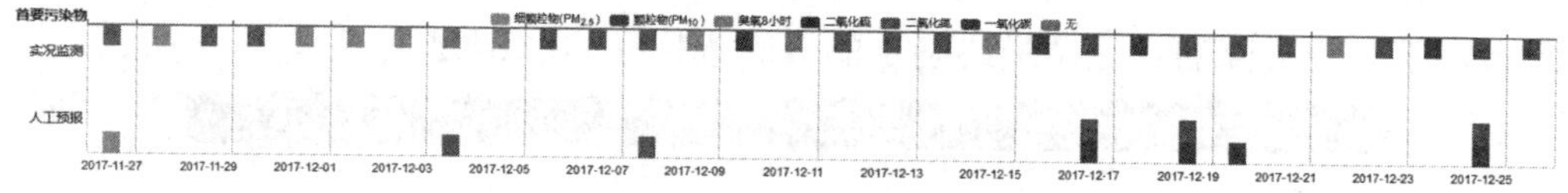

图 6-34 首要污染物图表

污染级别图表（如图 6-35 所示）详细描述时间范围内订正与实况污染级别结果比较的结果。

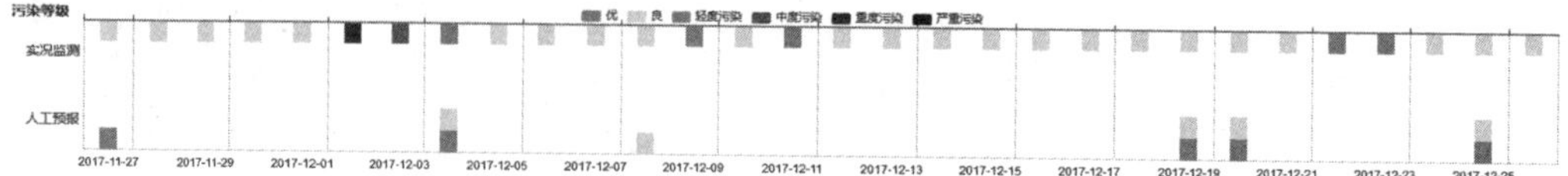

图 6-35 污染级别图表

6.4.3.2　模式评估

（1）偏差率。

模式评估偏差率提供了某历史时段不同区域对应不同预报时效的模式数据、监测数据的趋势折线图（如图 6-36 所示），还提供了模式、监测数据的相关性图表通过“拟合方程”分析出的“相关系数”“平均偏差”“均方根误差”“标准平均偏差”等参数指标。

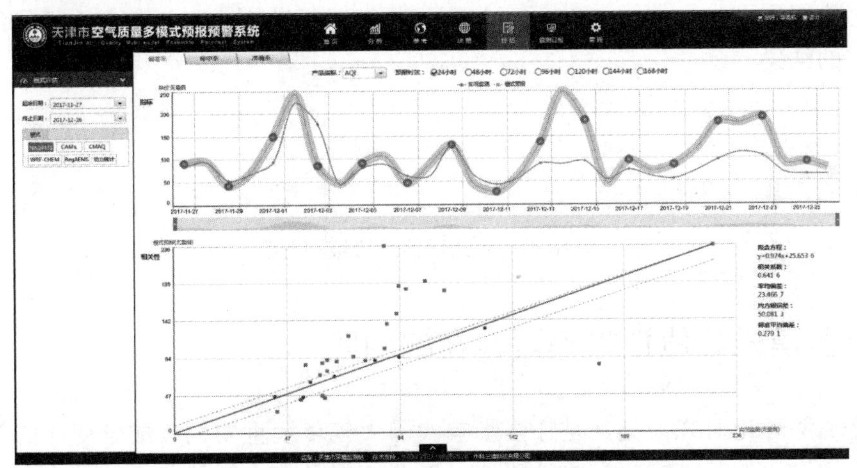

图 6-36　模式评估偏差率分析

（2）命中率。

模式评估命中率提供了某历史时段各模式、各区域、各预报时效的模式预报数据命中率图表、AQI 监测数和模式预报数据范围趋势折线图、首要污染物实测和预报对比图表、污染等级和实测预报图表，直观地体现了某历史时段空气质量模式预报数据准确性。

AQI 图表（如图 6-37 所示）详细描述模式结果与观测结果的拟合情况与订正偏差分析，浅灰色表示预报模式结果与实况命中，深灰色表示偏离。

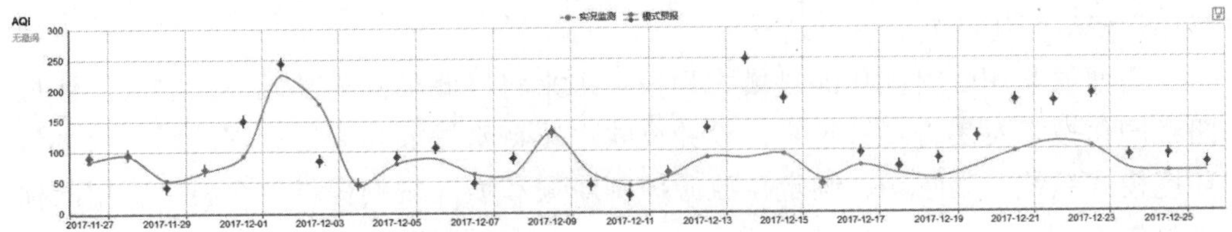

图 6-37　模式评估 AQI 图表

首要污染物图表（如图 6-38 所示）详细描述时间范围内模式结果与实况首要污染物结果比较的结果。

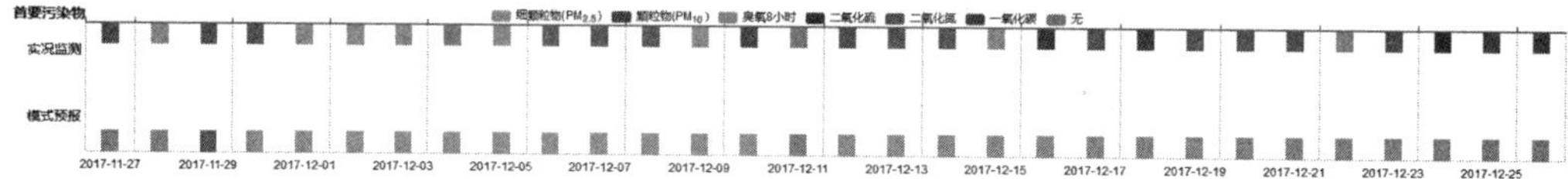

图 6-38 模式评估首要污染物图表

污染级别图表（如图 6-39 所示）详细描述时间范围内订正与实况污染级别结果比较的结果。

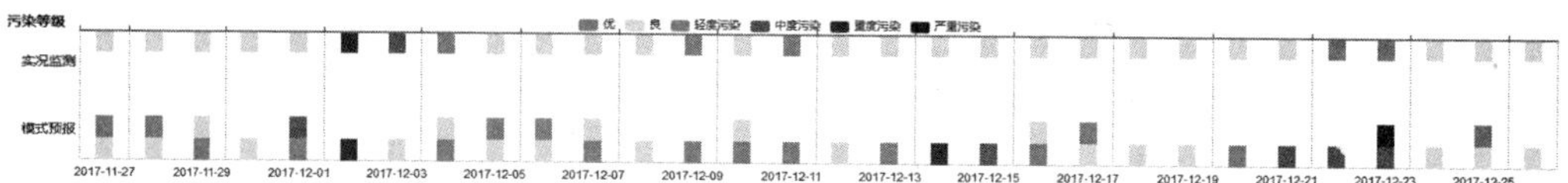

图 6-39 模式评估污染级别图表

6.5 多模式数值预报模型存在的问题

需加深理论研究，尤其是加强影响我国大气环境重要大气成分变化的关键物理和化学过程的基础理论和方法研究，以此获得具有中国特色的关键物理、化学过程的认识，为大气环境模式的建立提供坚实的理论基础。

需要建立多尺度多过程的大气环境模式系统，实现全球—区域—城市的双向嵌套模式系统框架，以便开展从区域到全球尺度的各类大气污染 (沙尘暴、光化学污染、城市悬浮颗粒物、酸雨等) 的变化规律及其与天气系统相互作用的研究，从而实现全球、区域和各个城市空气质量实时预报，计算硫、氮沉降，提供海洋沙尘通量的输入，从而合理评估大气污染对全球生态系统的影响。

需增加排放清单本地化及动态更新，由于污染排放源的不确定性对大气化学模式预报结果具有重大影响，故利用资料同化技术对排放源进行反演将是未来大气化学资料同化研究的热点之一。

需增加监测资料同化改进模式预报，未来将以此模式为基础，发展大气环境四维同化技术及集合预报技术，设计反映中国特殊排放和源汇过程的新一代大气环境模式系统，为阐明、制定排放源控制对策和城区规划提供一个科学实用的模式工具。

6.6　总结

天津的空气质量预报业务系统主要建设内容包括排放源清单处理系统、数值模式系统、预报预测业务集成平台等。其中数值模式系统包括 NAQPMS、CMAQ、CAMx 和 WRF-Chem 等多模式系统，可以提供多模式集成优化后的确定性预报结果，其整体预报技巧会高于最好的单模式预报。该系统通过长期测试，确定最优的物理和化学参数化方案，改进气溶胶化学机制，优化 NAQPMS 模式关键参数化方案，反映天津及周边的颗粒物污染特性。

2016 年第四季度的模式评估结果显示，天津市多模式数值预报系统可以提供较高的业务预报能力，AQI 预报准确率基本可达 65% 以上。此外，此系统在 2016 年 12 月 17 日—21 日的重污染红色预警的启动和解除提供有力的技术支撑。数值模式提前 3 ～ 4 天就可以成功预测出重污染过程的累积和清除趋势，滚动预报结果较合理地反映出整个过程的时空演变特征和污染物浓度水平。

第 7 章　重污染天气预警体系研究

7.1　重污染天气预警工作体系研究

大气环境保护事关人民群众根本利益，事关经济持续健康发展，事关全面建成小康社会，事关实现中华民族伟大复兴中国梦。当前，我国大气污染形势严峻，建立健全重污染天气预警和应急机制，确保重污染天气时应急工作高效、有序进行，对保障公众身体健康、促进社会和谐有重要的作用。

7.1.1　重污染天气分级体系

2013 年 9 月，国务院印发《大气污染防治行动计划》，明确要求“建立监测预警应急体系，妥善应对重污染天气”。一是建立监测预警体系。环保部门要加强与气象部门的合作，建立重污染天气监测预警体系。到 2014 年，京津冀、长三角、珠三角区域要完成区域、省、市级重污染天气监测预警系统建设；其他省（区、市）、副省级市、省会城市于 2015 年底前完成。要做好重污染天气过程的趋势分析，完善会商研判机制，提高监测预警的准确度，及时发布监测预警信息。二是制定完善应急预案。三是及时采取应急措施。

随后《京津冀及周边地区落实大气污染防治行动计划实施细则》更进一步明确：“建立重污染天气监测预警体系。环保部门要加强与气象部门的合作，抓紧建立重污染天气监测预警体系。到 2013 年底，初步建成京津冀区域以及北京市、天津市、河北省省级重污染天气监测预警系统；到 2014 年底，完成山西省、内蒙古自治区、山东省省级和京津冀及周边地区地级及以上城市建设任务。”

2013 年 9 月《天津市清新空气行动方案》指出“建立重污染天气监测预警体系。加强重污染天气预警研究，制定监测预警方案，完善监测预警系统，不断提高预测预报的准确性。重污染天气监测预警系统2013年底前初步建成，2014年底前全面完成建设。”

天津于2013年10月26日发布《天津市重污染天气应急预案》（津政办发〔2013〕88号），将重污染天气预警等级分为三级，分别为Ⅲ级（黄色）、Ⅱ级（橙色）、Ⅰ级（红色）预警，Ⅰ级（红色）为最高级别。其中Ⅲ级（黄色）启动条件为经预测，将发生连续3天AQI＞200（指城市所有国控环境空气质量监测点AQI日均值），但未达到Ⅱ级（橙色）、Ⅰ级（红色）预警等级，空气质量为重度污染或以上级别；Ⅱ级（橙色）启动条件为经预测，将发生连续3天500＞AQI＞300，空气质量为严重污染级别；Ⅰ级（红色）启动条件为经预测，将发生1天（含）以上AQI≥500，空气质量为极重污染。

2014年修订《天津市重污染天气应急预案》（津政办发〔2014〕53号）将预警等级调整为四级，增加Ⅳ级（蓝色），其他预警启动等级不变，并进一步严格各级别预警强制措施；Ⅳ级（蓝色）启动条件为经预测，将发生连续2天AQI＞200或1天AQI＞300（指城市所有国控环境空气质量监测点AQI日均值），但未达到Ⅲ级（黄色）、Ⅱ级（橙色）、Ⅰ级（红色）预警等级，空气质量为重度污染或以上级别。

为进一步完善应急预案，2015年《天津市重污染天气应急预案》又进行了修订，主要体现在以下几个方面：一是强化京津冀环保合作。为确保天津市重污染天气预警应急工作与国家或京津冀区域的临时环境空气保障活动有效衔接，新应急预案规定“在国家或京津冀及周边地区大气污染防治协作小组要求的情况下，按照市人民政府统一部署，启动实施Ⅲ级及以上响应措施或其他临时应急减排措施”。二是降低预案启动门槛。为有效落实国家京津冀区域联防联控有关要求，更好地应对区域性、大范围空气重污染，天津市将预案最低启动条件，即蓝色预警启动条件由“经预测，将发生连续2天AQI＞200或1天AQI＞300”调整为“经预测，将发生1天（含）以上AQI＞200”。三是简化预案启动程序。新应急预案将Ⅱ级（橙色）预警由“经市人民政府主要领导批准”启动修改为“经市人民政府分管环境保护工作的副市长批准”启动。四是加严道路保洁水洗要求。新应急预案明确规定，中心城区、滨海新区核心区及其他区县主要道路，在Ⅲ级（黄色）预警响应时，“对于可机扫水洗道路，在非冰冻期内每日大水量冲洗2至3次，在冰冻期内增加吸扫作业频次”；在Ⅱ级（橙色）预警响应时，“对于可机扫水洗道路，在非冰冻期内每日大水量冲洗3～4次，在冰冻期内增加吸扫作业频次”；在Ⅰ级（红色）预警响应时，“对于可机扫水洗道路，在非冰冻期内持续进行机扫、冲洗和洒水作业；在冰冻期内增加吸扫作业频次”。此外，新修订预案还将禁止燃放烟花爆竹、禁烧秸秆和垃圾等纳入日常管理。

2016年，按照环保部办公厅《关于做好重污染天气应急预案修订工作的函》（环办应急函〔2016〕1260号）要求，统一预警分级标准，建立健全职责明确、流程清晰、措施可行、督察到位、确保效果的工作体系，不断提高重污染天气应对水平，《天津市重污染天气应急预案》又进行了修订，修订后的《预案》重点在以下内容上有所变化：

（1）预警分级标准实现统一。按照环保部统一预警分级标准的要求，实现了北京市、天津市、河北省的全部城市及河南省、山东省的部分城市执行统一预警标准，即当AQI＞200发布蓝色预警、AQI持续2天及以上＞200发布黄色预警、AQI持续3天及以上＞200且出现AQI＞300的情况发布橙色预警、AQI持续4天及以上＞200且持续2天及以上＞300或1天及以上AQI达到500发布红色预警，以进一步更好地应对区域性、大范围空气重污染。

（2）在启动Ⅲ级及以上级别时，强制性应急措施更有针对性。一是明确了建筑垃圾和渣土运输车、砂石运输车辆禁止上路行驶；二是增加了对中心城区道路（含外环线）全天实行中型及以上柴油货车限行管理（承担民生保障及急救、抢险等任务的除外）；三是一般污染排放企业不能达到应急措施要求的，一律停产；四是增加了停止户外喷涂、粉刷、切割、护坡喷浆作业。

（3）增加了专家组的职责，提供技术支撑。为进一步对重污染天气应急响应应对工作提供科学决策和技术支持，增加了专家组的职责，即在发布黄色及以上预警时，在启动应急响应措施的同时，可根据污染特征及专家组会商意见，在重点区域、重点时段，实施针对性应急减排措施。

（4）Ⅰ级响应措施有所调整。在Ⅱ级响应措施基础上，增加以下强制性措施：①停止全市可能产生大气污染的与建设工程有关的生产活动；②全市行政区域内道路全天实行机动车（含外埠车辆）单双号行驶；③中心城区、滨海新区核心区及其他各区主要道路在日常机扫水洗作业的基础上，增加机扫水洗和保洁作业频次。对于可机扫水洗道路，在非冰冻期内持续进行机扫、冲洗和洒水作业；在冰冻期内增加吸扫作业频次；④预测AQI日均值达到500并将持续1天及以上时，中小学及幼儿园停课；⑤停止所有户外大型活动；⑥企事业单位实行弹性工作制。

历次重污染天气预警启动条件如表7-1所示，重污染天气预警强制性措施如表7-2所示。

表 7-1　天津市重污染天气预警启动条件

启动条件 \ 年份	2013 年	2014 年	2015 年	2016 年
Ⅳ级（蓝色）预警	—	经预测，将发生连续 2 天 AQI ＞ 200 或 1 天 AQI ＞ 300，但未达到高级别预警条件时	经预测，将发生 1 天（含）以上 AQI ＞ 200，但未达到高级别预警条件时	预测空气质量指数（AQI）日均值（24 小时均值，下同）＞ 200 且未达到高级别预警条件时
Ⅲ级（黄色）预警	经预测，将发生连续 3 天 AQI ＞ 200，但未达到高级别预警条件时	经预测，将发生连续 3 天 AQI ＞ 200，但未达到高级别预警条件时	经预测，将发生连续 3 天 AQI ＞ 200，但未达到高级别预警条件时	预测 AQI 日均值＞ 200 将持续 2 天及以上且未达到高级别预警条件时
Ⅱ级（橙色）预警	经预测，将发生连续 3 天 500 ＞ AQI ＞ 300，空气质量为严重污染级别	经预测，将发生连续 3 天 500 ＞ AQI ＞ 300，空气质量为严重污染级别	经预测，将发生连续 3 天 500 ＞ AQI ＞ 300，空气质量为严重污染级别	预测 AQI 日均值＞ 200 将持续 3 天且出现 AQI 日均值＞ 300 的情况时
Ⅰ级（红色）预警	经预测，将发生 1 天（含）以上 AQI ≥ 500，空气质量为极重污染	经预测，将发生 1 天（含）以上 AQI ≥ 500，空气质量为极重污染	经预测，将发生 1 天（含）以上 AQI ≥ 500，空气质量为极重污染	预测 AQI 日均值＞ 200 将持续 4 天及以上且 AQI 日均值＞ 300 将持续 2 天及以上时；或预测 AQI 日均值达到 500 并将持续 1 天及以上时

表 7-2 天津市重污染天气

预警级别	2013 年	2014 年
Ⅳ级（蓝色）	—	无强制性措施，均为建议性和健康防护措施
Ⅲ级（黄色）	（1）重点排污工业企业按照重污染天气应急保障预案采取限产等措施，确保二氧化硫、烟（粉）尘、氮氧化物排放量削减 20%。加大巡查力度，对排放大气污染物不能稳定达标的企业要立即停止超标排放。 （2）一般污染排放企业采取使用低硫优质煤、提高污染治理设施运行效率、压缩生产负荷等措施，确保二氧化硫、烟（粉）尘、氮氧化物排放浓度控制在现行排放标准限值的 80% 以下。加大巡查力度，对排放大气污染物不能稳定达标的企业要立即停止超标排放。 （3）停止所有建筑、拆房、市政、道路、水利、绿化、电信等施工工地的土石方作业（包括：停止土石方开挖、回填、场内倒运、掺拌石灰、混凝土剔凿等作业，停止建筑工程配套道路和管沟开挖作业，停止工程渣土运输）；中心城区道路每日机扫，隔日水洗 1 次；中心城区以外区县人民政府所在地主要道路每日清扫保洁 1 次。 （4）按照“黄标车”限行区域，本市牌照的载客汽车每日限行一组（两个）尾号，载货机动车、危险品运输车辆每日 6 时至 24 时禁止驶入限行区域，零时至 6 时按照尾号限行规定行驶。 （5）加强公交运力保障。 （6）禁止露天烧烤，禁止垃圾、秸秆焚烧。 （7）所有水泥粉磨站、渣土存放点全面停止生产、运行。 （8）外环线以内混凝土搅拌站和砂浆搅拌站停止生产，站内堆放的散体物料全部苫盖，增加洒水降尘频次。	（1）重点排污工业企业按照重污染天气应急保障预案采取限产等措施，确保二氧化硫、烟（粉）尘、氮氧化物排放量削减 20%。 （2）一般污染排放企业采取使用低硫优质煤、提高污染治理设施运行效率、压缩生产负荷等措施，确保二氧化硫、烟（粉）尘、氮氧化物排放浓度控制在现行排放标准限值的 80% 以下。 （3）停止所有建筑、拆房、市政、道路、水利、绿化、电信等施工工地的土石方作业（包括：停止土石方开挖、回填、场内倒运、掺拌石灰、混凝土剔凿等作业，停止建筑工程配套道路和管沟开挖作业，停止工程渣土运输）；中心城区及滨海新区核心区道路每日机扫，隔日水洗 1 次；其他区县人民政府所在地主要道路每日清扫保洁 1 次。 （4）加强公交运力保障。 （5）禁止露天烧烤，禁止垃圾、秸秆焚烧。 （6）所有水泥粉磨站、渣土存放点全面停止生产、运行。 （7）外环线以内混凝土搅拌站和砂浆搅拌站停止生产，站内堆放的散体物料全部苫盖，增加洒水降尘频次。

预警强制性措施

2015 年	2016 年
建议性和健康防护措施	建议性和健康防护措施
（1）重点排污工业企业中除已达到燃气排放标准的燃煤设施外，其余燃煤设施全部采取限产、加强管理等措施，确保二氧化硫、烟（粉）尘、氮氧化物排放量削减 20% 或达到燃气排放标准。 （2）一般污染排放企业采取使用低硫优质煤、提高污染治理设施运行效率、压缩生产负荷等措施，确保二氧化硫、烟（粉）尘、氮氧化物排放浓度控制在现行排放标准限值的 80% 以下。 （3）停止所有建筑、拆房、市政、道路、水利、绿化、电信等施工工地的土石方作业（包括：停止土石方开挖、回填、场内倒运、掺拌石灰、混凝土剔凿等作业，停止建筑工程配套道路和管沟开挖作业，停止工程渣土运输）。 （4）中心城区、滨海新区核心区及其他区县主要道路在日常机扫水洗作业的基础上，增加机扫水洗和保洁作业频次。对于可机扫水洗道路，在非冰冻期内每日大水量冲洗 2 至 3 次，在冰冻期内增加吸扫作业频次。 （5）加强公交运力保障。 （6）所有水泥粉磨站、渣土存放点全面停止生产、运行。 （7）全市混凝土搅拌站和砂浆搅拌站停止生产，站内堆放的散体物料全部苫盖，增加洒水降尘频次。	在Ⅳ级响应措施基础上，增加以下措施： 强制性措施 （1）重点排污工业企业中除已达到燃气排放标准的燃煤设施外，其余燃煤设施全部采取限产、加强管理等措施，确保二氧化硫、烟（粉）尘、氮氧化物排放量各削减 20% 或达到燃气排放标准。 （2）一般污染排放企业采取使用低硫优质煤、提高污染治理设施运行效率、压缩生产负荷等措施，确保二氧化硫、烟（粉）尘、氮氧化物排放浓度控制在现行排放标准限值的 80% 以下，不能达到要求的，一律停产。 （3）停止室外喷涂、粉刷、切割、护坡喷浆作业。 （4）停止所有施工工地的土石方作业（包括：停止土石方开挖、回填、场内倒运、掺拌石灰、混凝土剔凿等作业，停止建筑工程配套道路和管沟开挖作业）。建筑垃圾和渣土运输车、砂石运输车辆禁止上路行驶。 （5）所有水泥粉磨站、渣土存放点全面停止生产、运行。全市混凝土搅拌站和砂浆搅拌站停止生产，站内堆放的散体物料全部苫盖，增加洒水降尘频次。 （6）中心城区、滨海新区核心区及其他各区主要道路在日常机扫水洗作业的基础上，增加机扫水洗和保洁作业频次。对于可机扫水洗道路，在非冰冻期内每日大水量冲洗 2 至 3 次，在冰冻期内增加吸扫作业频次。 （7）加强公交运力保障。 （8）中心城区道路（含外环线）全天实行中型及以上柴油货车限行管理（承担民生保障及急救、抢险等任务的除外）。

预警级别	2013 年	2014 年
Ⅱ级（橙色）	（1）重点排污工业企业按照重污染天气应急保障预案采取限产等措施，确保二氧化硫、烟（粉）尘、氮氧化物排放量削减 30%。加大巡查力度，对排放大气污染物不能稳定达标的企业要立即停止超标排放。 （2）一般污染排放企业采取使用低硫优质煤、提高污染治理设施运行效率、压缩生产负荷等措施，确保二氧化硫、烟（粉）尘、氮氧化物排放浓度控制在现行排放标准限值的 70% 以下。加大巡查力度，对排放大气污染物不能稳定达标的企业要立即停止超标排放。 （3）停止所有建筑、拆房、市政、道路、水利、绿化、电信等施工工地的土石方作业（包括：停止土石方开挖、回填、场内倒运、掺拌石灰、混凝土剔凿等作业，停止建筑工程配套道路和管沟开挖作业，停止工程渣土运输）；中心城区道路每日机扫，每日水洗 1 次；中心城区以外区县人民政府所在地主要道路每日清扫保洁，并加强水洗作业。 （4）按照“黄标车”限行区域，本市牌照的载客汽车实施单双号限行，载货机动车、危险品运输车辆每日 6 时至 24 时禁止驶入限行区域，零时至 6 时按照尾号限行规定行驶。 （5）加强公交运力保障。 （6）禁止露天烧烤，禁止垃圾、秸秆焚烧。 （7）所有水泥粉磨站、渣土存放点全面停止生产、运行。 （8）全市混凝土搅拌站和砂浆搅拌站停止生产，站内堆放的散体物料全部苫盖，增加洒水降尘频次。	（1）重点排污工业企业按照重污染天气应急保障预案采取限产等措施，确保二氧化硫、烟（粉）尘、氮氧化物排放量削减 30%。 （2）一般污染排放企业采取使用低硫优质煤、提高污染治理设施运行效率、压缩生产负荷等措施，确保二氧化硫、烟（粉）尘、氮氧化物排放浓度控制在现行排放标准限值的 70% 以下。 （3）停止所有建筑、拆房、市政、道路、水利、绿化、电信等施工工地的土石方作业（包括：停止土石方开挖、回填、场内倒运、掺拌石灰、混凝土剔凿等作业，停止建筑工程配套道路和管沟开挖作业，停止工程渣土运输）；中心城区及滨海新区核心区道路每日机扫，每日水洗 1 次；其他区县人民政府所在地主要道路每日清扫保洁，并加强水洗作业。 （4）加强公交运力保障。 （5）禁止露天烧烤，禁止垃圾、秸秆焚烧。 （6）所有水泥粉磨站、渣土存放点全面停止生产、运行。 （7）全市混凝土搅拌站和砂浆搅拌站停止生产，站内堆放的散体物料全部苫盖，增加洒水降尘频次。

续表

2015 年	2016 年
（1）重点排污工业企业中除已达到燃气排放标准的燃煤设施外，其余燃煤设施全部采取限产、加强管理等措施，确保二氧化硫、烟（粉）尘、氮氧化物排放量削减 30% 或达到燃气排放标准。 （2）一般污染排放企业采取使用低硫优质煤、提高污染治理设施运行效率、压缩生产负荷等措施，确保二氧化硫、烟（粉）尘、氮氧化物排放浓度控制在现行排放标准限值的 70% 以下。 （3）停止所有建筑、拆房、市政、道路、水利、绿化、电信等施工工地的土石方作业（包括：停止土石方开挖、回填、场内倒运、掺拌石灰、混凝土剔凿等作业，停止建筑工程配套道路和管沟开挖作业，停止工程渣土运输）。 （4）中心城区、滨海新区核心区及其他区县主要道路在日常机扫水洗作业的基础上，增加机扫水洗和保洁作业频次。对于可机扫水洗道路，在非冰冻期内每日大水量冲洗 3 至 4 次，在冰冻期内增加吸扫作业频次。 （5）加强公交运力保障。 （6）所有水泥粉磨站、渣土存放点全面停止生产、运行。 （7）全市混凝土搅拌站和砂浆搅拌站停止生产，站内堆放的散体物料全部苫盖，增加洒水降尘频次。	在Ⅲ级响应措施基础上，增加以下措施： 强制性措施 （1）重点排污工业企业中除已达到燃气排放标准的燃煤设施外，其余燃煤设施确保二氧化硫、烟（粉）尘、氮氧化物排放量削减比例各增加至 30% 或达到燃气排放标准。 （2）一般污染排放企业采取使用低硫优质煤、提高污染治理设施运行效率、压缩生产负荷等措施，确保二氧化硫、烟（粉）尘、氮氧化物排放浓度降低至现行排放标准限值的 70% 以下，不能达到要求的，一律停产。 （3）中心城区、滨海新区核心区及其他各区主要道路在日常机扫水洗作业的基础上，增加机扫水洗和保洁作业频次。对于可机扫水洗道路，在非冰冻期内每日大水量冲洗增加到 3 至 4 次，在冰冻期内增加吸扫作业频次。

预警级别	2013 年	2014 年
Ⅰ级（红色）	在Ⅱ级应急响应措施基础上，增加以下强制性措施： （1）停止全市与建设工程有关的生产活动。 （2）中小学及幼儿园停课。 （3）停止所有户外大型活动。 （4）企事业单位实行弹性工作制。	在Ⅱ级响应措施基础上，增加以下强制性措施 （1）停止全市与建设工程有关的生产活动。 （2）全市行政区域内道路全天实行机动车（含外埠车辆）限行管理，限行 50% 车辆。 （3）中小学及幼儿园停课。 （4）停止所有户外大型活动。 （5）企事业单位实行弹性工作制。

续表

2015 年	2016 年
在Ⅱ级响应措施基础上，增加以下强制性措施： (1) 停止全市可能产生大气污染的与建设工程有关的生产活动。 (2)全市行政区域内道路全天实行机动车(含外埠车辆）限行管理，限行 50% 车辆。 (3) 中心城区、滨海新区核心区及其他区县主要道路在日常机扫水洗作业的基础上，增加机扫水洗和保洁作业频次。对于可机扫水洗道路，在非冰冻期内持续进行机扫、冲洗和洒水作业；在冰冻期内增加吸扫作业频次。 (4) 中小学及幼儿园停课。 (5) 停止所有户外大型活动。 (6) 企事业单位实行弹性工作制。	在Ⅱ级响应措施基础上，增加以下措施： 强制性措施 (1) 停止全市可能产生大气污染的与建设工程有关的生产活动。 (2) 全市行政区域内道路全天实行机动车（含外埠车辆）单双号行驶。 (3) 中心城区、滨海新区核心区及其他各区主要道路在日常机扫水洗作业的基础上，增加机扫水洗和保洁作业频次。对于可机扫水洗道路，在非冰冻期内持续进行机扫、冲洗和洒水作业；在冰冻期内增加吸扫作业频次。 (4) 预测 AQI 日均值达到 500 并将持续 1 天及以上时，中小学及幼儿园停课。 (5) 停止所有户外大型活动。 (6) 企事业单位实行弹性工作制。

7.1.2 重污染预警工作流程

（1）日常空气质量预报会商（流程如图 7-1 所示）。基于空气质量数值预报模型及空气质量统计预报模型预报结果，每日与气象部门开展两次视频会商，研判天气形势和污染态势，预判未来 72 h 环境空气质量预报及 120 h 潜势预报，完成环境空气质量预报，同时向公众发布未来 48 h 环境空气质量预报。

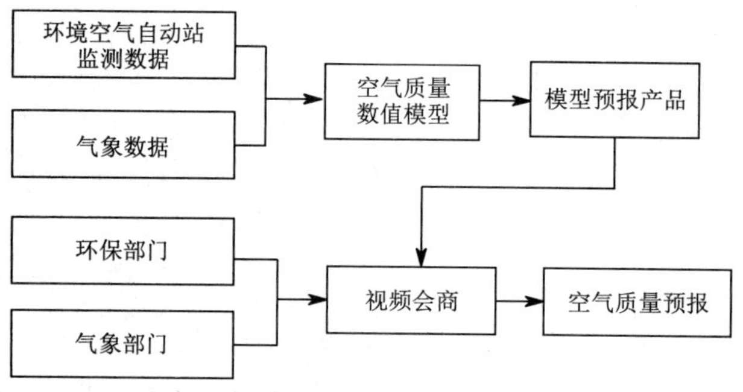

图 7-1 日常空气质量预报会商流程

（2）重污染天气会商专家组预报会商。当预测可能出现连续的重污染天气过程时，依据《天津市重污染天气应急预案》，监测中心及时组织召开重污染天气会商专家会，组织环保、气象、交通、建设、电力、石化领域的专家研判污染发展态势，形成专家会商意见。具体流程如图 7-2 所示。

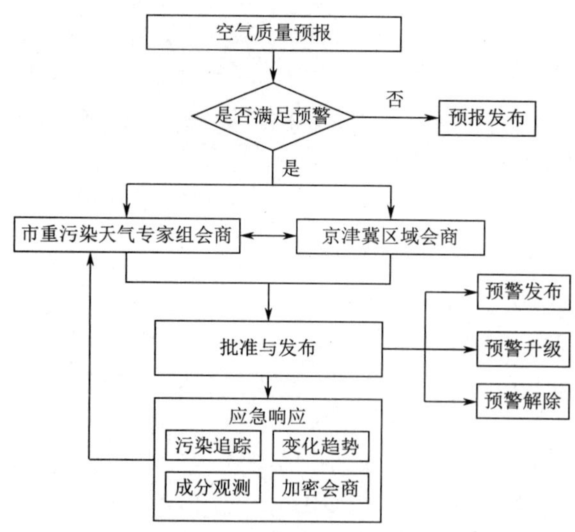

图 7-2 重污染天气下空气质量预报会商流程

（3）重污染天气预警发布与解除。环境应急中心根据专家会商意见形成预警建议或解除建议，经市政府审批后通过广播、电视、报纸、政府官方微博、环保局官方网站和微博等渠道及时发布重污染天气预警信息或预警解除信息，同时启动 / 终止重污染天气应急响应。

（4）重污染天气加密会商和研判评估。启动重污染天气预警后，监测中心与气象部门的会商频次增加至最高每天 4 次，从 8 时—20 时每 4 h 一次，实时关注天津市及周边省市空气质量状况；密切关注污染源排放情况，把握空气质量变化趋势、污染物累积、转移情况，每 4 h 向各区县政府及有关单位报送重污染天气快报，从京津冀区域、全市、区县、监测点四个层面把握空气质量变化情况。

7.1.3　区域联合会商情况

2013 年 10 月 23 日，由六省区七部委协作联动的京津冀及周边地区大气污染防治协作机制在北京正式启动，这标志着区域联防联控工作的全面展开。京津冀重污染天气联合会商机制逐渐形成，借 APEC 会议之机建立了区域联合视频会商机制，共同研判区域污染态势。APEC 期间，准确预报出 11 月 4 日—5 日、9 日—10 日两次污染过程，为政府及时采取有利减排措施，实现“APEC 蓝”提供了重要的技术支撑。此后，不断完善区域空气质量联合预报会商机制，在重大节日、活动、重污染天气预报预测等方面积极与周边省市沟通交流，以准确把握污染物变化趋势，全面分析空气质量变化趋势，为保障空气质量、积极应对重污染天气提供技术保障。

依托先进的环境空气质量多模式预测预警体系和监测手段，天津市环境空气质量预报工作取得了长足进步，预报时段由初期的 24 h 延长至 72 h、潜势预报 120 h，准确率由初期的 27% 上升至现在的 70% 以上。重污染预测准确率达 90% 以上，2014—2016 年，天津市出现多次连续重污染天气过程，监测中心均做出准确预测。

7.2　重污染天气预警发布体系研究

为了保障公众知情权，天津市根据建设进度制订了空气质量监测数据发布计划，设定了发布节点。在空气质量发布内容上坚持公开化、透明化，在发布方式上讲求多渠道、多元化。重污染预警同步发布于天津市空气质量发布平台。鉴于公众对环境空气质量实时数据的广泛关注和浏览方式的多样化，天津市先后开发了环境空气质量实时发布 GIS、WAP 版和手机客户端。三个应用系统相对独立，面向不同的用户而又数据统一，由统一的后台进行管理，通过站点管理、预警预报、权限控制，对 GIS、WAP 版、手机客户端系统的数据发布情况进行整体控制。环境空气质量实时发布 GIS、WAP 版和手机客户端共同形成了天津市环境空气质量实时发布系统。

7.2.1 天津市空气质量发布平台概述

2012 年 11 月 26 日，发布 $PM_{2.5}$ 日均质量浓度，按照中心城区和环城四区两个区域发布 $PM_{2.5}$ 日均质量浓度，同时辅之常规空气质量日报、预报。

2012 年 12 月 31 日，通过环境空气质量 GIS 发布平台，正式对外发布了市内六区和新四区及滨海新区部分监测点位的 $PM_{2.5}$ 等 6 项污染物最近 1 h 和最近 24 h 滑动平均质量浓度（O_3 为最大 8 h 平均质量浓度）及 AQI 评价结果。

平台自上线以来，受到了广大市民的广泛关注。为了更好地满足公众查阅环境空气质量实时数据的需要，2013 年 2 月 7 日对环境空气质量 GIS 发布平台进行了升级、改造，升级后的 GIS 发布平台全面支持主流的 iOS、Android、WP 等系统浏览方式。

2013 年 2 月 28 日，按照《环境空气质量标准》（GB 3095—2012）对全市所有监测点位开展空气质量评价，发布了 PM_{10}、SO_2、NO_2、CO、O_3、$PM_{2.5}$ 最近 1 h 和最近 24 h 滑动平均质量浓度（O_3 为最大 8 h 平均质量浓度）及 AQI 评价结果。

为更大限度保障浏览方式的多样化、多元性，2013 年 3 月 5 日，手机 WAP 版已经正式上线，公众可以通过手机查询全市各空气自动监测点位的实时情况。

7.2.2 天津市环境空气质量 GIS 发布平台

天津市环境空气质量 GIS 发布平台正式上线运行以来，实时发布天津市及全部监测站点的 SO_2、NO_2、CO、O_3、PM_{10} 和 $PM_{2.5}$ 最近 1 h 和最近 24 h 质量浓度均值（O_3 为最近 8 h 质量浓度均值），并依据《环境空气质量标准》（GB 3095—2012）开展环境空气质量 AQI 评价（如图 7-3 和图 7-4 所示）。

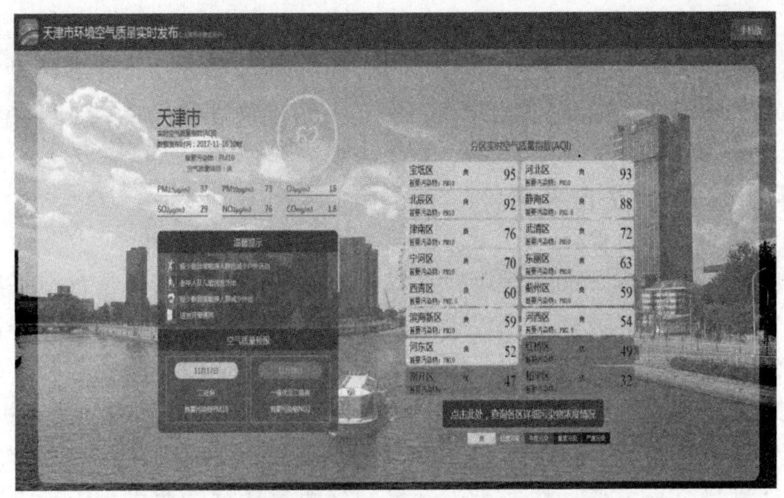

图 7-3　环境空气质量 GIS 发布平台首页

鉴于公众对环境空气质量实时数据的广泛关注和浏览方式的多样化，对天津市环境空气质量 GIS 发布平台进行了升级、改造，升级后的 GIS 发布平台全面支持安装有主流 iOS、Android、WP 操作系统的移动客户终端进行网页浏览，满足广大市民随时查阅环境空气质量数据的需要，为市民健康出行和做好安全防护发挥了便捷快速的指引作用。

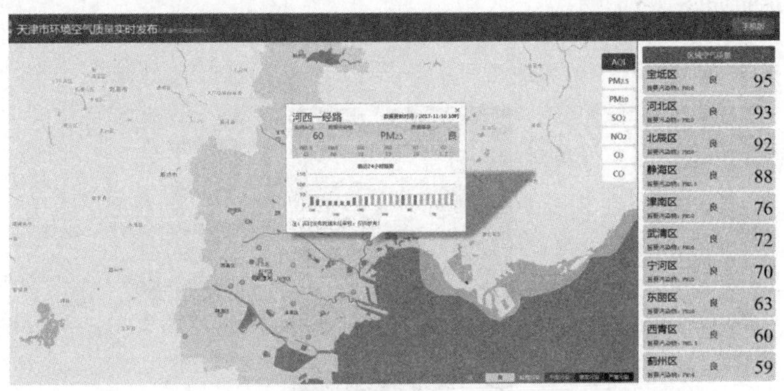

图 7-4　环境空气质量 GIS 发布平台河西一经路实时数据

为贯彻落实《关于对“全国城市空气质量实时发布平台”发布内容进行调整的通知》（总站气字〔2013〕240 号）精神，使发布结果更加贴近公众的实际感受，对“天津市环境空气质量 GIS 发布平台”发布内容进行了调整，改进各点位 PM_{10} 和 $PM_{2.5}$ 小时 AQI 的算法，不再使用最近 24 h 滑动平均浓度进行计算，而是使用当前 1 h 的 PM_{10} 和 $PM_{2.5}$ 浓度进行计算，并取消臭氧 8 h AQI 指标的发布，改为发布臭氧 1 h AQI。根据各点位污染物当前 1 h 平均浓度分别计算各污染物的小时 AQI，确定各点位当前 1 h 空气质量级别和首要污染物等信息。

7.2.3 手机客户端发布平台

手机应用即手机客户端，是可以在移动终端运行的软件，是目前手机网络信息最便捷、专业的查询方式，已成为手机用户查询数据的首要选择。经调研，中国环境监测总站、北京市环境保护监测中心、上海市环境监测中心和广州市环境监测中心站等环保部门均已针对环境空气质量实时发布开发了专门的手机客户端，上线以来已得到了广大用户的关注和好评。为了更好地保障公众的环境知情权，最大限度地满足公众方便、快捷查询环境空气质量数据的要求，天津市开发了环境空气质量实时发布手机客户端平台。

7.2.3.1 环境空气质量实时发布手机客户端 1.0 版

手机用户下载、安装天津市环境空气质量实时发布手机客户端，即在手机桌面生成图标。客户端主界面如图 7-5 所示，站点列表界面如图 7-6 所示。GIS 定位查询界面如图 7-7 所示。

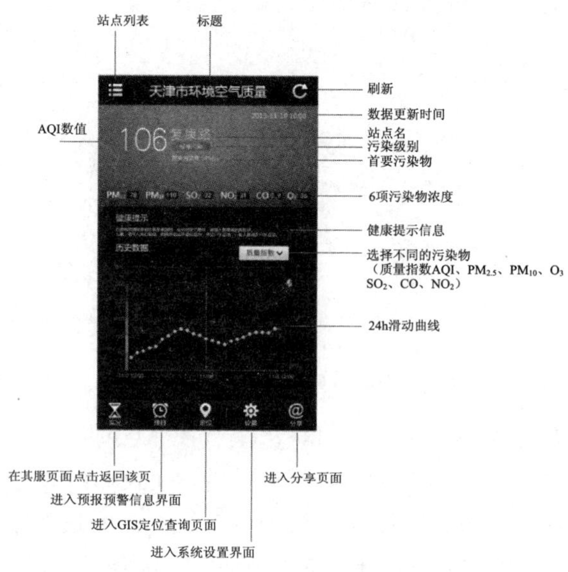

图 7-5　手机客户端 1.0 版主界面

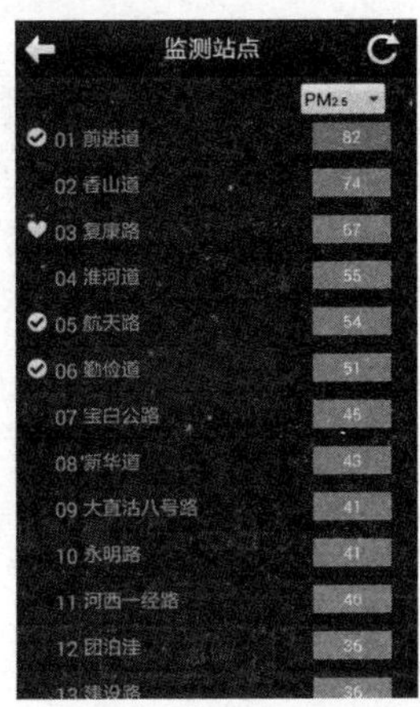

图 7-6　手机客户端 1.0 版站点列表界面

可实现用户自主添加或删除自己感兴趣的监测站为兴趣点，用户退出后再次进入界面默认显示上次查询的监测站点。

心形标注为默认站点，手指轻触站点名称停留 2 s 设定或取消。

勾选标注为关注站点，手指轻触站点名称停留 2 s 设定或取消。

采用 PUSH 方式推送空气质量预报预警的信息，触发手机振铃，方便用户及时了解空气质量预报预警信息。

图 7-7　手机客户端 1.0 版 GIS 定位查询界面

提供地图查询功能和基于位置服务功能，用户可以通过地图或移动运营商的通信网络，定位距离自己最近的空气质量监测子站，并获取相关监测点的实时数据。

手机客户端 1.0 版还可以实现软件更新提醒以及更新服务。

7.2.3.2 环境空气质量实时发布手机客户端 2.0 版

手机客户端 2.0 版整体风格更清新，数据显示更加清晰、直观（如图 7-8 所示）。主界面默认站点空气质量指数及级别显示非常清晰，一目了然，6 个气泡内显示 6 项污染物浓度，数据下方的下划线以颜色区分空气质量分指数级别。显示内容重点突出，界面感觉简洁又活泼。

站点列表界面不同的站点背景白蓝交替，视觉舒适，数据易读。

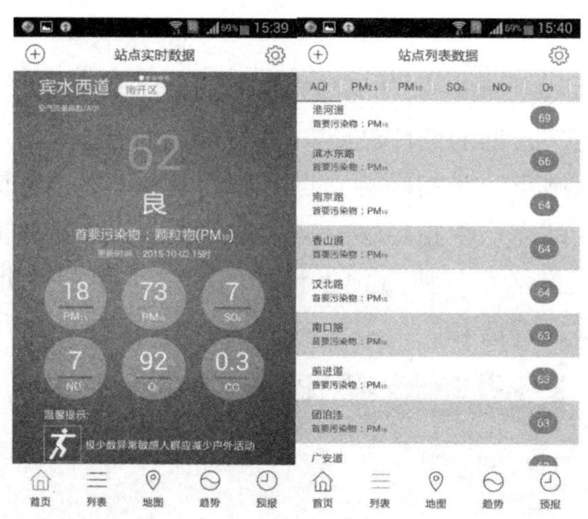

图 7-8 手机客户端 2.0 版主界面及站点列表界面

站点趋势图界面中，AQI 以柱状图表示，不同级别柱按级别颜色填充，6 项污染物以曲线图展示，不同的级别区间同样按级别颜色填充，易于辨认空气质量级别（如图 7-9 所示）。此外，对于 1.0 版近 24 h 的趋势显示在一屏、太过拥挤、不够清晰的问题进行了改进。2.0 版以清晰、视觉舒适为原则，只需手指左右滑动即可看全趋势图。

预报界面显示未来两天空气质量情况。

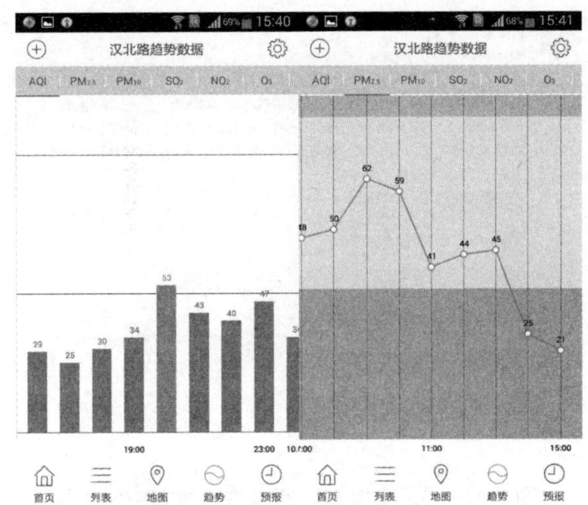

图 7-9　手机客户端 2.0 版 AQI 及 $PM_{2.5}$ 近 24 h 趋势图

7.2.4　微博发布平台

微博（Weibo），即微型博客（MicroBlog）的简称，是一种通过关注机制分享简短实时信息的广播式的社交网络平台。微博是一个基于用户关系信息分享、传播以及获取的平台。用户可以通过 WEB、WAP 等各种客户端组建个人社区，以 140 字（包括标点符号）的文字更新信息，并实现即时分享。微博的关注机制分为可单向、可双向两种。

微博作为一种分享和交流平台，其更注重时效性和随意性。微博客更能表达出每时每刻的思想和最新动态，而博客则更偏重于梳理自己在一段时间内的所见、所闻、所感。

顺应时代发展要求，为最大化传播天津市空气质量信息，也随即在天津政府（北方网）、天津环保等微博发布天津空气质量。重污染预警信息等也随之发布，各微博发布空气质量、重污染天气预警、空气质量预报情况如图 7-10 ～图 7-15 所示。

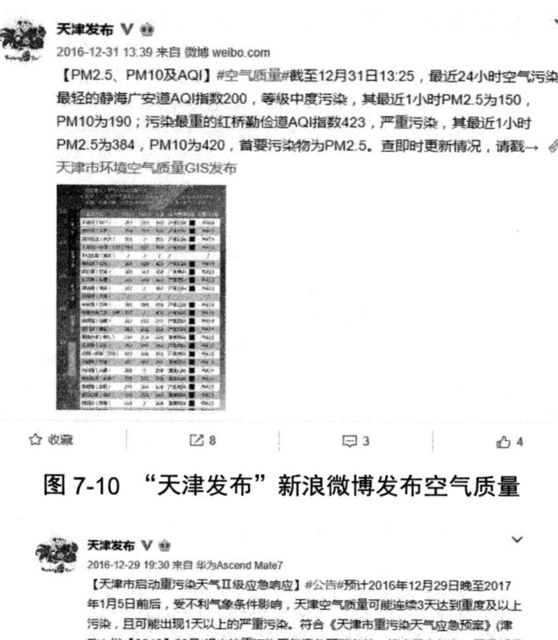
天津发布
2016-12-31 13:39 来自 微博 weibo.com
【PM2.5、PM10及AQI】#空气质量#截至12月31日13:25，最近24小时空气污染最轻的静海广安道AQI指数200，等级中度污染，其最近1小时PM2.5为150，PM10为190；污染最重的红桥勤俭道AQI指数423，严重污染，其最近1小时PM2.5为384，PM10为420，首要污染物为PM2.5。查即时更新情况，请戳→ 天津市环境空气质量GIS发布

收藏 | 8 | 3 | 4

图 7-10 “天津发布”新浪微博发布空气质量

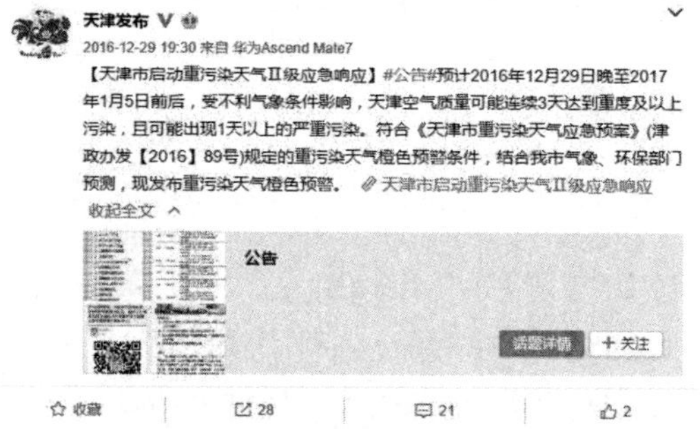

天津发布
2016-12-29 19:30 来自 华为Ascend Mate7
【天津市启动重污染天气Ⅱ级应急响应】#公告#预计2016年12月29日晚至2017年1月5日前后，受不利气象条件影响，天津空气质量可能连续3天达到重度及以上污染，且可能出现1天以上的严重污染。符合《天津市重污染天气应急预案》(津政办发【2016】89号)规定的重污染天气橙色预警条件，结合我市气象、环保部门预测，现发布重污染天气橙色预警。 天津市启动重污染天气Ⅱ级应急响应
收起全文 ^
公告
话题详情 + 关注
收藏 | 28 | 21 | 2

图 7-11 “天津发布”新浪微博发布重污染天气预警应急响应

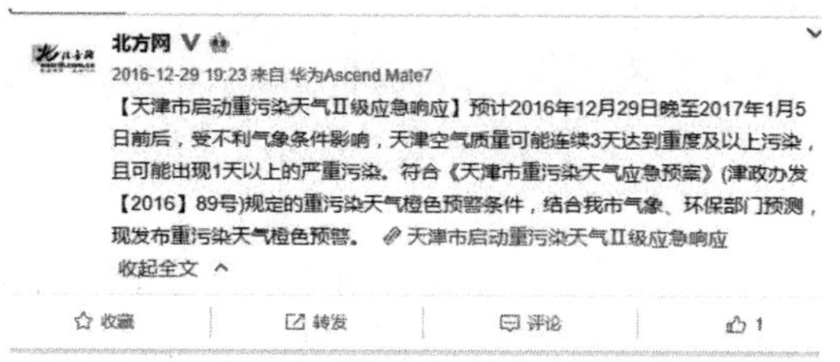
北方网
2016-12-29 19:23 来自 华为Ascend Mate7
【天津市启动重污染天气Ⅱ级应急响应】预计2016年12月29日晚至2017年1月5日前后，受不利气象条件影响，天津空气质量可能连续3天达到重度及以上污染，且可能出现1天以上的严重污染。符合《天津市重污染天气应急预案》(津政办发【2016】89号)规定的重污染天气橙色预警条件，结合我市气象、环保部门预测，现发布重污染天气橙色预警。 天津市启动重污染天气Ⅱ级应急响应
收起全文 ^
收藏 | 转发 | 评论 | 1

图 7-12 “北方网”新浪微博发布重污染天气预警应急响应

图 7-13　“天津环保发布”新浪微博发布重污染天气预警应急响应

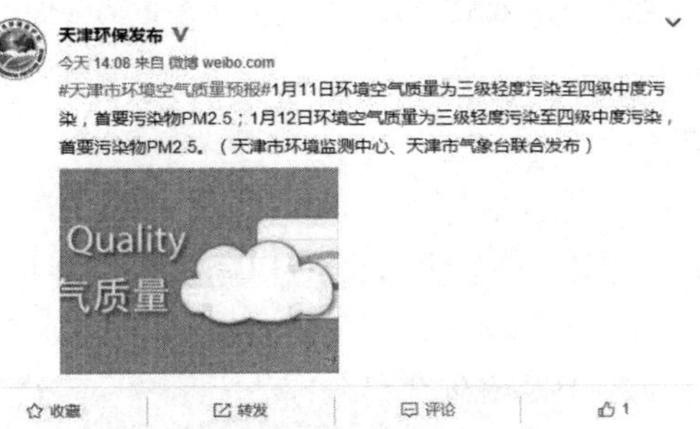

图 7-14　“天津环保发布”新浪微博发布空气质量预报信息

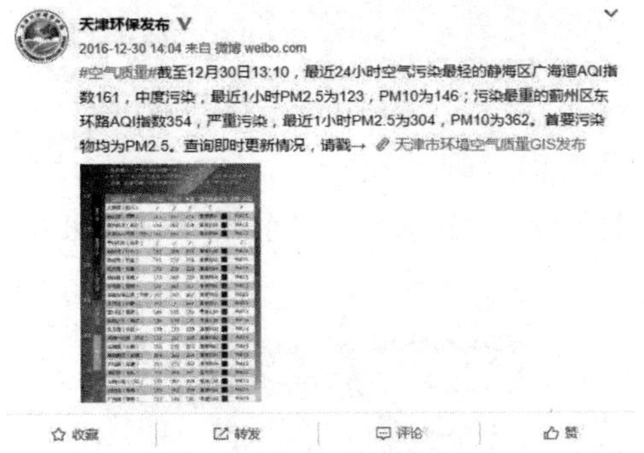

图 7-15　“天津环保发布”新浪微博发布空气质量信息

7.2.5　微信发布平台

天津市环境保护局公众号“天津环保”，及时发布天津市空气质量预报预警信息，第一时间展示发布预警和解除预警信息（如图 7-16 所示）。

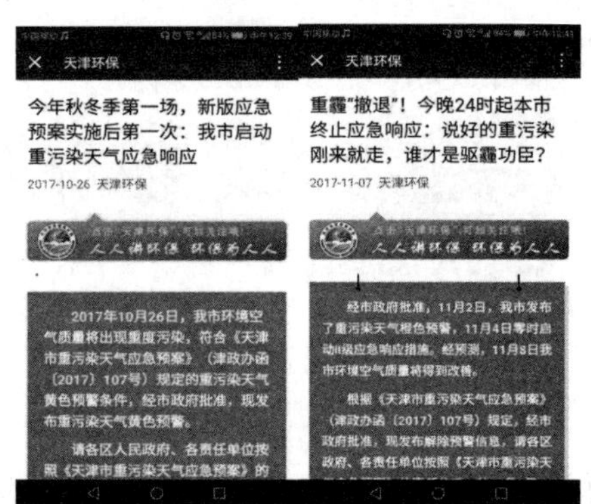

图 7-16　微信公众号发布空气质量预警信息

7.2.6 报刊发布平台

《每日新报》《城市快报》等多家报纸均刊登天津市环境空气质量预报信息（如图 7-17、图 7-18 所示）。

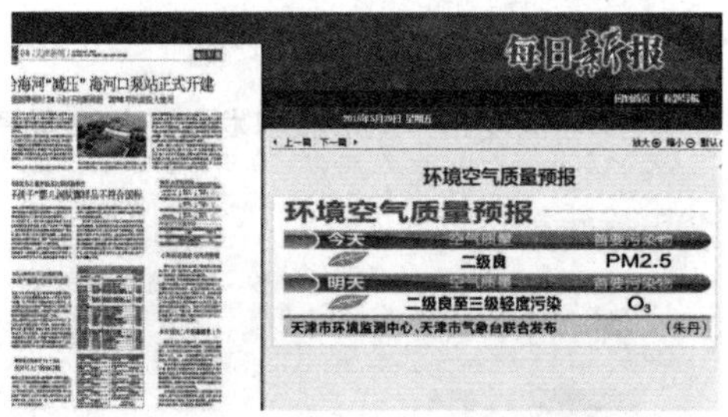

图 7-17　《每日新报》发布空气质量预报信息

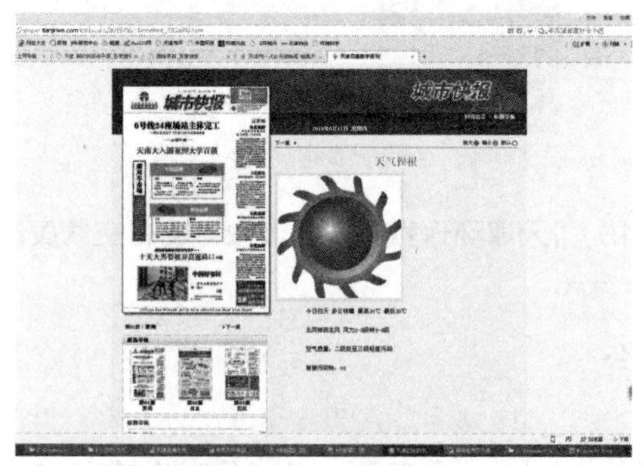

图 7-18　《城市快报》发布空气质量预报信息

第 8 章　预测预警技术示范应用

用多模式集合预测预警技术指导环境空气质量预报以及评估工作，是日常预报工作以及重大活动期间空气质量保障工作的重要基础，是有效落实“提前预报预警、提前采取措施、及时控制污染”原则的重要保证，可以提高预测预报的准确性，为空气质量保障提供技术支持和决策参考，对于客观、有效、针对性地确定空气质量减排力度、采取空气质量保障措施意义重大。

8.1　APEC 会议期间保障效果评估

2014 年 11 月 5 日—11 日，2014 年亚太经济合作组织（APEC）会议在北京举办，京津冀及周边地区六省、市、区（北京、天津、河北、山西、山东、内蒙古）联合开展了空气质量保障工作，是环境空气质量新标准和《大气污染防治行动计划》实施以来，国内首次开展的规模最大、级别最高的区域大气污染联防联控。天津市空气质量保障工作于 11 月 1 日启动，并于 11 月 6 日 0 时至 11 月 11 日 24 时实施了最高级别的应急减排措施。环境空气质量预测预警体系在天津市 APEC 会议期间空气质量分析、预测预警、减排措施效果评估等保障工作中发挥了重要作用。

8.1.1　活动期间空气质量分析

8.1.1.1　空气质量整体状况

APEC 会议期间，天津市环境空气质量以二级良至三级轻度污染为主，仅 11 月 9 日和 10 日空气质量达到四级中度污染和五级重度污染水平（如图 8-1 所示）。$PM_{2.5}$、PM_{10}、SO_2、NO_2 平均质量浓度分别为 75 μg/m^3、110 μg/m^3、27 μg/m^3、57 μg/m^3，CO 24 h 平均质量浓度第 95 百分位数为 1.9 mg/m^3，O_3 日最大 8 h 平均质量浓度第 90 百分位数为 70 μg/m^3。

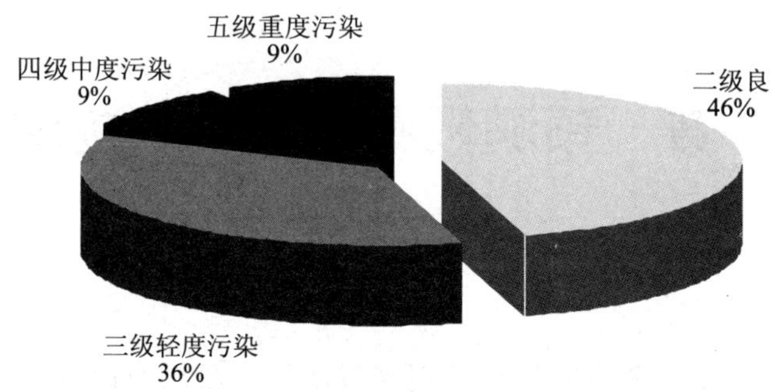

图 8-1 APEC 会议期间天津市环境空气质量级别分布

从小时浓度变化曲线（如图 8-2 所示）来看，SO_2、NO_2、PM_{10}、$PM_{2.5}$ 和 CO 5 项污染物的变化趋势较为一致，均在 11 月 4 日—5 日、8 日—11 日受以低压高湿、弱小偏南风为典型特征的静稳天气影响，出现污染累积过程，6 日则在冷空气活动和最高级别减排措施共同影响下达到浓度谷值。O_3 随日照和温度变化呈现中午峰、早晚谷的浓度变化特点，但在静稳天气下 O_3 质量浓度峰值也有所上升。从污染程度来看，PM_{10} 和 $PM_{2.5}$ 质量浓度明显高于其他 4 项污染物质量浓度，是 APEC 会议期间影响环境空气质量的主要污染物。气态污染物中，SO_2 和 CO 的变化趋势最为一致，二者质量浓度均处于较低水平；NO_2 质量浓度明显高于

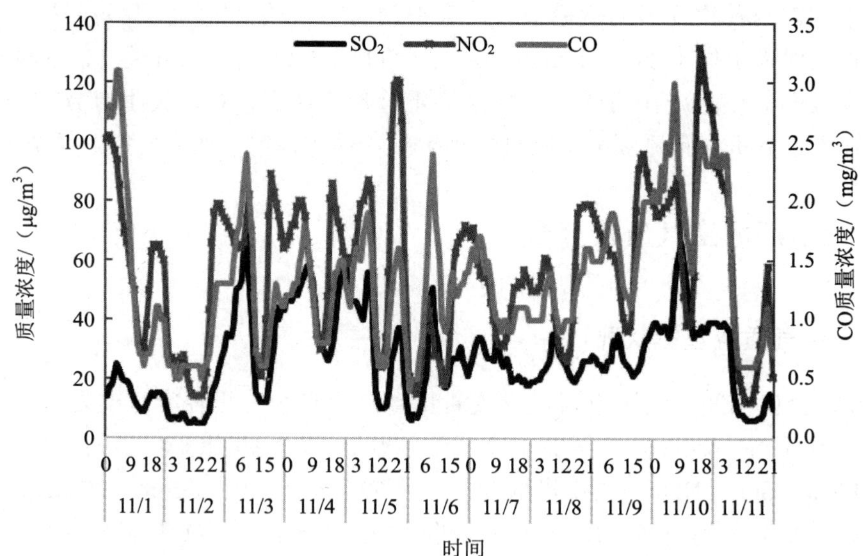

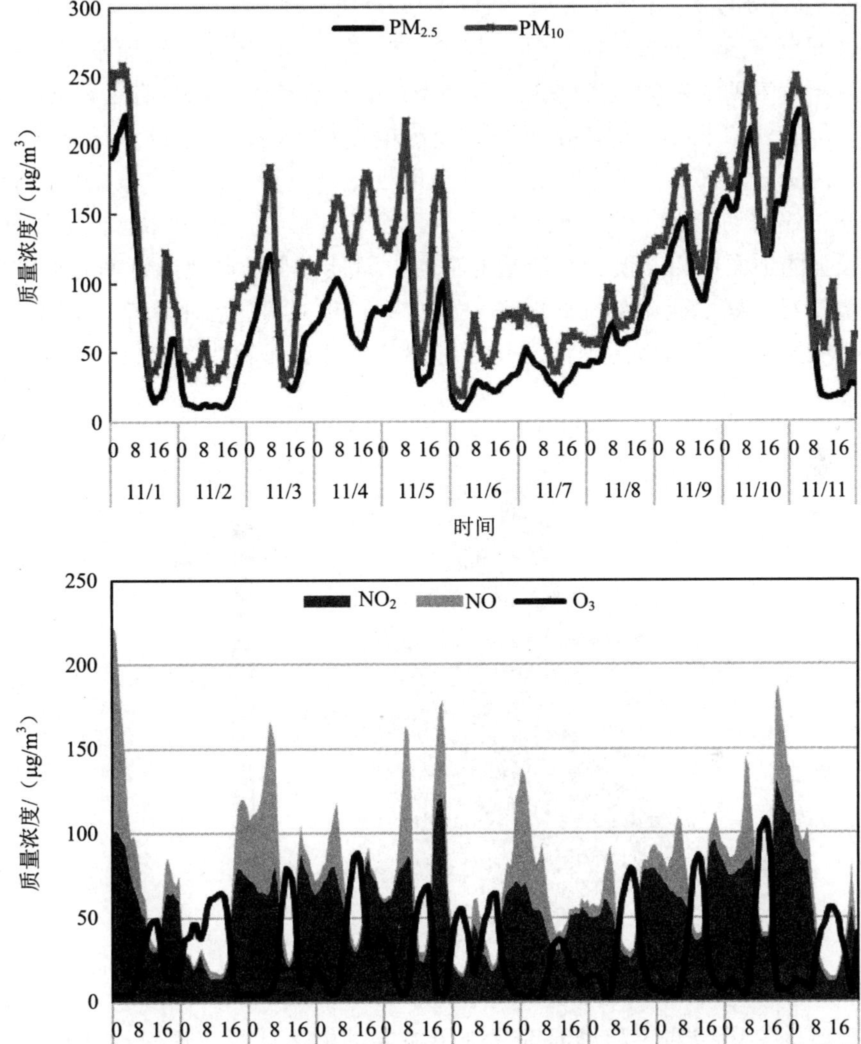

图 8-2　APEC 会议期间天津市大气主要污染质量浓度变化

SO_2 质量浓度，尤其是 6 日采取最高级别减排措施之后，NO_2 质量浓度高于 SO_2 质量浓度的情况更加突出；O_3 则与 NO_x 呈现出明显的质量浓度反相关，O_3 质量浓度峰值恰与 NO_x 质量浓度谷值相对应。可见 APEC 会议期间大气中 SO_2 和 CO 的污染来源较为一致，均主要来自于燃煤排放；而采取工业企业限产限排等应急减排措施之后，SO_2 污染明显下降，NO_2 污染有所显现。

从区域空气质量分布情况来看，受地理位置、人口密度、发展格局及社会功能影响，环境气象条件和污染源排放强度不同，环境空气质量也存在差异。APEC会议期间，天津市北部和东南部地区大气污染相对较轻，中部的主城区次之，西南部地区污染较重（如图 8-3 所示）。这与所处地理位置的污染气象条件及周边区域的污染传输密切相关，北部地区容易受到冷空气影响，东南部地区海陆风交换明显，较强的地面风力不仅带来清洁的空气，而且有利于本地污染物的水平扩散，空气质量相对较好；西南部地区毗邻大气污染较重的河北省中南部，在冬季盛行风西南风的影响下，本地污染排放与西南部区域污染传输累积叠加，环境空气质量明显较差。

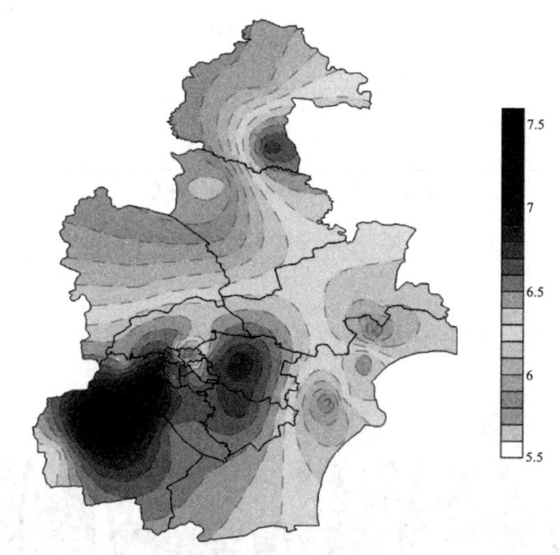

图 8-3　APEC 会议期间天津市空气质量综合指数空间分布

中心城区、环城四区和滨海新区 3 个主要功能区域空气质量比较结果表明，APEC 会议期间滨海新区空气质量相对较好，环城四区次之，中心城区差于其他两区。其中，SO_2 和 NO_2 质量浓度为中心城区较高，环城四区和滨海新区相当；PM_{10} 质量浓度环城四区明显高于中心城区和滨海新区，$PM_{2.5}$ 质量浓度也是环城四区略高于其他两区；CO 和 O_3 质量浓度则为中心城区和滨海新区相当，环城四区略低。总体而言，APEC 会议期间三区空气质量差异并不显著，但中心城区气态污染物相对偏高，环城四区的颗粒物污染比较明显，滨海新区的 CO 和 O_3 质量浓度略有偏高。APEC 期间天津市采取了工业企业限产限排、施工工地停止作业、机动车单双号限行等一系列应急管控措施，使集中源排放减少，各区域社会功能差异减小，对空气质量的差异化影响减弱。但中心城区较大的人口密度和机动车保有量、复杂的下垫面类型以及城市热岛效应影响仍然使其综合污染程度略高于环城四区和滨海新区；滨海新区则受海陆风影响，污染气象条件相对略好，空气质量略优于中心城区和环城四区；而环城四区空气质量监测点位多临近外环线，车流量较大，且夜间非限行时段经过的渣土运输重型车较多，同时相对更多裸露地面容易起尘，使其 PM_{10} 污染较中心城区和滨海新区更加明显。

8.1.1.2　空气质量改善情况

与 2013 年同期相比，APEC 会议期间天津市空气质量达标天数增加 1 天，AQI 仅 11 月 4 日、10 日和 11 日差于 2013 年同期（如图 8-4 所示），空气质量综合指数同比下降 25.0%。6 项主要污染物中，$PM_{2.5}$、PM_{10}、SO_2、NO_2 和 CO 质量浓度均同比下降，降幅分别为 23.5%、26.7%、59.1%、17.4% 和 26.9%；仅 O_3 质量浓度有所上升，升幅为 66.7%。

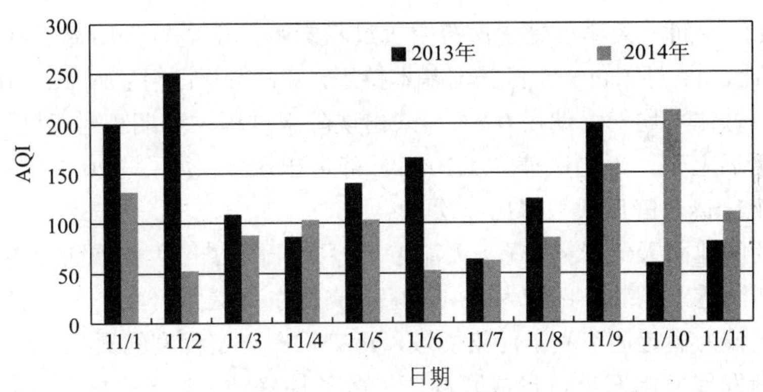

图 8-4　APEC 会议期间天津市 AQI 与 2013 年同期比较

与会议前期（10 月下旬）和会议后期（11 月中旬）比较，APEC 会议期间空气质量达标天数较会前和会后均分别增加 1 天，空气质量综合指数分别较会前和会后下降 21.6% 和 19.7%。6 项主要污染物中，NO_2、PM_{10}、$PM_{2.5}$ 和 CO 质量浓度均较会前和会后有所下降，O_3 质量浓度则明显上升，SO_2 质量浓度较会前上升、较会后下降（如表 8-1 所示）。

表 8-1 APEC 会议期间天津市污染物质量浓度与 2013 年同期及会前、会后比较

时段 \ 污染物		SO_2/(μg/m³)	NO_2/(μg/m³)	PM_{10}/(μg/m³)	$PM_{2.5}$/(μg/m³)	CO/(mg/m³)	O_3/(μg/m³)
会议期间		27	57	110	75	1.9	70
2013 年同期	质量浓度	66	69	150	98	2.6	42
	变化率 /%	–59.1	–17.4	–26.7	–23.5	–26.9	+66.7
会议前期	质量浓度	21	62	164	116	2.0	39
	变化率 /%	+28.6	–8.1	–32.9	–35.3	–5.0	+79.5
会议后期	质量浓度	65	70	126	87	2.5	56
	变化率 /%	–58.5	–18.6	–12.7	-13.8	–24.0	+25.0

8.1.2 预测预报结果评估

8.1.2.1 环境气象条件

APEC 会议期间，天津市受 3 次冷空气过程影响，出现较为明显的降温过程。与 2013 年相比，11 月 1 日—5 日气温基本持平，6 日—9 日明显偏低，10 日—11 日略微偏高，总体平均气温偏低 0.6℃。未出现降水过程，前期相对湿度较低，后期相对湿度明显上升。平均风速为 1.2 m/s，静风出现 41 次，与 2013 年相比，平均风速高出 0.2 m/s，静风次数多出 3 次。

从会议期间地面天气形势来看，天津市 11 月 1 日—3 日主要受西北高压控制，有冷空气不断渗透，扩散条件较为有利；随着高压东移减弱，4 日—5 日转为低压槽影响，大气较为稳定，不利于污染扩散，污染物有一定程度的累积；6 日—7 日大陆高压逐渐发展并向东推进形成寒潮，扩散条件好转；8 日—10 日，高压系统减弱，静稳天气极易造成污染物积累；11 日，随着新一轮冷空气来袭，大气扩散条件转为有利。

从探空情况来看，11 月 3 日—5 日、8 日—10 日天津市近地面出现了不同程度的逆温现象，厚度一般在 1 km 左右。与此相对应，天津市在 4 日—5 日、9 日—10 日出现了两次较为明显的污染过程。其中，3 日与 10 日逆温强度最强，但 3 日逆温层在午后逐渐消散，近地面污染累积时长不足，未出现较重污染；10 日则由于近地面逆温强度大，持续时间长，使近地层大气污染物充分反应、累积，环境空气质量达到五级重度污染水平。

使用 HYSPLIT 4.0 后向轨迹模式计算 APEC 会议期间天津市每日后推 24 h 的气团轨迹。11 月 1 日—3 日，影响天津市的气团主要来自东北及西北，气团较为清洁，有利于污染物扩散、清除。4 日—5 日，气团来向发生明显改变，由北方冷空气南下气团转变为冀鲁豫方向气团，且气团移动缓慢，在沿线停留时间较长，容易裹挟污染物移动，造成京津冀区域间污染物累积、传输。6 日—8 日，天津市主要受到北方气团影响，气团较为清洁，对前期积累的污染物有一定的清除作用。9 日—11 日，受来自太行山沿线气团影响，在本地污染排放及区域污染传输共同作用下，污染扩散条件极其不利。12 日，蒙古高压南侵，冷空气南下，污染得到清除，环境空气质量改善。

综上所述，2014 年 11 月 1 日—11 日，APEC 会议举办期间，天津市环境气象条件比较有利，冷空气活动有所增加，平均风速略有加大，平均气温略有降低，整体污染气象条件略优于 2013 年同期。其间共出现 3 次冷空气过程，分别为 APEC 初期（1 日—3 日）、中期（5 日—7 日）及后期（11 日），污染气象条件相对有利，污染物扩散良好；但 4 日、8 日—10 日受静稳天气影响，污染气象条件不利，污染物逐渐累积，甚至出现重污染天气，污染气象条件明显差于 2013 年同期。

8.1.2.2　预报结果评估

环境空气质量预报预警是 APEC 会议空气质量保障的重要任务之一，对于客观、有效、针对性地确定空气质量减排力度、采取空气质量保障措施意义重大。天津市高度重视 APEC 会议期间空气质量预测预报工作，市环保局会同气象局多次进行 APEC 会议期间空气质量预测预报专题讨论，并于 10 月底和 11 月初分别开展 2 次 APEC 会议期间天津市环境空气质量中长期预报，初步对污染形势进行预判；从 11 月 1 日起每日进行 2 次会商，密切跟踪空气质量变化趋势，连续开展短期精确预报。

同时，按照京津冀及周边地区大气污染防治协作小组办公室关于《京津冀及周边地区 2014 年亚太经济合作组织会议空气质量保障监测预报预警方案》的要求，依据“提前预报预警、提前采取措施、及时控制污染”的原则，京津冀及周边地区建立了协调联动监测预报预警机制，北京市、天津市、河北省、山西省、山东省、内蒙古自治区等六省、市、区联合开展京津冀区域空气质量预测预报，为 APEC 会议期间空气质量保障提供技术支持和决策参考。天津市环境监测中心自 10 月 28 日—11 月 12 日每日与中国环境监测总站、北京市环境保护监测中心、河北省环境应急与重污染天气预警中心、山西省环境监测中心站、内蒙古自治区环境监测中心站以及山东省环境信息与监控中心进行联合会商，对 APEC 会议期间未来 7 天空气质量进行滚动预报，并及时将预测预报信息推送市委、市政府、区县政府及相关委办局，为 APEC 会议期间天津市空气质量保障工作提供重要参考。

从 APEC 会议期间天津市环境空气质量中长期预报结果与实测结果的比较可以看出，整个 APEC 会议期间，11 月 1 日—5 日的空气质量预报结果与实测结果基本一致，但 11 月 6 日—11 日采取最高级别应急减排措施期间的空气质量预报结果大多比实测结果高 1 ～ 2 个污染级别，特别是 7 日—10 日，实测空气质量明显优于预报空气质量，且预报的连续重污染过程并未出现（如表 8-2 所示）。

表 8-2　APEC 会议期间天津市中长期预报结果与实测结果比较

日期	预报空气质量	实测空气质量
11 月 1 日	二级良～三级轻度污染	三级轻度污染
11 月 2 日	一级优～二级良	二级良
11 月 3 日	二级良	二级良
11 月 4 日	三级轻度污染～四级中度污染	三级轻度污染
11 月 5 日	二级良～三级轻度污染	三级轻度污染
11 月 6 日	二级良～三级轻度污染	二级良
11 月 7 日	三级轻度污染～四级中度污染	二级良
11 月 8 日	四级中度污染～五级重度污染	二级良
11 月 9 日	五级重度污染	四级中度污染
11 月 10 日	五级重度污染～六级严重污染	五级重度污染
11 月 11 日	二级良～三级轻度污染	三级轻度污染

11 月 7 日—10 日预报结果之所以与实测结果出现较大偏差，一方面由于实际气象条件与前期预测气象条件可能存在一定偏差，另一方面则与中长期预报过程中未考虑减排措施的影响有关。这在一定程度上说明最高级别应急减排措施对空气质量改善效果显著，对环境空气质量起到了明显的“降级”作用。

8.1.3　减排措施效果评估

8.1.3.1　空气质量保障措施

按照国家统一部署和《天津市 2014 年亚太经合组织会议空气质量保障方案》要求，天津市于 11 月 3 日—11 日实施了 APEC 会议期间空气质量减排措施。其中，

11 月 3 日—5 日主要对工业企业和土石方作业进行管控；6 日—11 日增加施工工地和机动车管控，启动最高级别应急减排措施。主要减排措施包括以下几个方面：

（1）严格限产限排。一是通过停产、检修、限产强化管理等措施，确保 9 家燃煤电厂和 75 家重点工业企业在达标排放的基础上，各项污染物排放量再减少 30%。二是不能稳定达标或未完成治理设施改造的企业，会议期间一律停产。

（2）严控扬尘污染。一是在严格落实“五个百分之百”扬尘治理要求基础上，全市 451 家土石方工地自 11 月 3 日起全部停止土石方作业和工程渣土运输，自 11 月 6 日起全市各类工地全部停工。二是中心城区及滨海新区核心区主干道路每日机扫水洗 2 次以上，和平、河西、北辰、津南、武清等区县重点道路达到每日机扫水洗 4 次以上。

（3）严控秸秆焚烧等面源污染。一是严控秸秆焚烧，利用环境卫星全天候监测重点地区秸秆焚烧动态，全市各涉农区县对辖区秸秆焚烧行为严防死守，坚决遏制。二是严控中心城区树叶和垃圾散烧行为。三是各宾馆饭店在会议期间禁止燃放烟花爆竹。四是进一步加强对露天烧烤的严格管控，坚决禁止。

（4）严控燃煤污染。一是对全市燃煤设施加强监管，确保各燃煤企业按时足量投加环保药剂，使环保设施处于最佳工作状态并稳定高效运行，最大限度地降低燃煤污染排放强度。二是严格按照法定日期供暖。

（5）严控机动车污染。会议期间严格实行“黄标车”城市建成区全时段限行，全面加强机动车超载、超限、超标路检路查。强化宣传引导，倡导“绿色出行”，增加公交车投放数量，提高公共交通占机动化出行比例。

（6）严格实施最高级别应急减排措施。11 月 6 日零时起，按京津冀协作小组启动应急减排措施的紧急通知要求，在原有措施基础上，全面实施最高级别重污染天气应急响应的减排措施。在工业企业方面，全市 414 家企业停产，1 539 家工业企业全部落实使用低硫优质煤、提高污染治理设施运行效率、压缩生产负荷要求，主要污染物排放浓度整体控制在了现行排放标准限值 70% 以下，全市各级环保部门大幅度提高了监督性监测抽查频次；在扬尘等面源污染控制方面，全市 5 903 个各类施工工地全部实现停工，滨海新区、红桥、河东、宁河、宝坻、蓟县等区县全面加大对秸秆、垃圾、树叶等焚烧行动和燃放烟花爆竹的管控力度，严格落实责任制；在机动车污染控制方面，在全市行政区域范围内实施机动车单双号限行，全市机动车流量整体下降 40%，公共交通运力上升 30%。

根据 APEC 会议期间全市大气主要污染物排放总量减排核算结果，11 月 3 日—11 日，天津市 SO_2、NO_x、PM 排放量比 2013 年同期分别减少 2 168 t、5413 t、

5 384 t，同比下降 40%、70% 和 42%。

8.1.3.2 减排措施效果评估

基于现有污染源排放清单，利用数值预报模型对 APEC 会议期间天津市气象条件进行模拟评估，通过对工业企业限产限排、建设工程全部停工、机动车单双号限行、冬季试供暖推迟等主要空气质量保障措施进行情境分析，评估减排措施对大气主要污染物浓度的影响。

（1）气象条件相对有利。

APEC 会议期间，天津市共出现 3 次冷空气活动，分别为 1 日—3 日、5 日—7 日和 11 日，较 2013 年同期增加 1 次；会议期间天津市平均风速为 1.2 m/s，较 2013 年同期加大 0.2 m/s；平均气温较 2013 年同期偏低 0.6℃；整体污染气象条件略优于 2013 年同期，但 8 日—10 日的污染气象条件明显差于 2013 年同期。

以 2014 年天津市“污染源清单”为基准，利用 2014 年 APEC 会议期间及 2013 年同期气象场对天津市环境空气质量进行模拟，结果显示，APEC 会议期间相对有利的气象条件对环境空气中 SO_2、NO_2、PM_{10} 和 $PM_{2.5}$ 等 4 项污染物质量浓度改善的贡献分别达到 27%、29%、22% 和 26%。

（2）工业企业限产限排。

11 月 3 日起，天津市对重点行业企业实行限产限排措施，要求在稳定达标排放基础上，各项污染物排放量再减少 30%。根据天津市 29 家通过污染源自动监控设施验收的国控废气企业在线监控数据，采取措施后工业企业的 SO_2、NO_x 和烟尘日均排放量分别较日常排放量下降 58%、46% 和 24%。以天津市现有污染源排放数据为基础，模拟工业企业限产限排措施，结果表明工业企业限产限排对环境空气中 SO_2、NO_2、PM_{10} 和 $PM_{2.5}$ 等 4 项污染物质量浓度改善的贡献分别为 22%、34%、18% 和 15%。

（3）建设工程全部停工。

根据颗粒物来源解析结果，扬尘是天津市大气中 PM_{10} 和 $PM_{2.5}$ 的主要来源，分别占 42% 和 30%。在 APEC 会议期间各项建设工程全部停工后，PM_{10} 和 $PM_{2.5}$ 浓度明显下降，扬尘对 $PM_{2.5}$ 的贡献大幅降低，约下降 10 个百分点。以和平区、东丽区和宝坻区为例，利用模型模拟各类工地停工对空气质量的影响，结果表明工地停工对环境空气中 PM_{10} 和 $PM_{2.5}$ 浓度改善的平均贡献分别为 35% 和 29%。

（4）机动车单双号限行。

11 月 6 日零时起，天津市在全部行政区域范围内实行了机动车单双号限行措施，机动车尾气 NO_2 排放减少，空气中 NO_2 浓度有所降低。经测算，天津市限行后环境空气中 NO_2 浓度约较限行前下降 20% 左右，滨海新区降幅高于中心城区。其中，早、晚高峰及夜间 NO_2 浓度下降尤为明显，降幅分别可达 26%、22% 和 32%。模型初步评估结果显示，机动车限行对 APEC 会议期间 NO_2、PM_{10} 和 $PM_{2.5}$ 浓度改善的贡献分别为 23%、10% 和 14%。

（5）冬季试供暖推迟。

为保障 APEC 会议期间环境空气质量，天津市 2014 年冬季采暖试供暖时间由 11 月 1 日推迟至 APEC 会议结束之后。根据环境空气质量监测结果，冬季供暖会使大气中主要污染物质量浓度明显上升，尤其对 SO_2 影响最大。因此，试供暖推迟也是使环境空气中主要污染物质量浓度同比下降的因素之一。模型模拟结果显示，试供暖推迟对环境空气中 SO_2、NO_2、PM_{10} 和 $PM_{2.5}$ 等 4 项污染物质量浓度改善的贡献分别为 43%、4%、8% 和 7%。

8.2　纪念抗战胜利 70 周年大会期间保障效果评估

2015 年 9 月 3 日，纪念中国人民抗日战争暨世界反法西斯战争胜利 70 周年大会在北京天安门广场隆重举行。本次纪念活动举世瞩目，意义重大，受到党中央、国务院的高度重视和海内外的普遍关注，是我国实施空气质量新标准以来，继 APEC 会议后的又一项重要保障任务。按照国家统一部署，天津市于 8 月 23 日—9 月 3 日实施了纪念活动期间空气质量保障措施，历时 12 天。多模式集合预测预警技术在此次活动保障工作中的空气质量预报、减排效果评估等方面发挥了重要作用。

8.2.1　活动保障期间空气质量分析

活动保障期间，天津市环境空气质量综合指数为 3.20，AQI 级别为一级优至二级良，空气质量状况整体较好（如图 8-5 所示）。6 项主要污染物中，SO_2、NO_2、PM_{10}、$PM_{2.5}$、CO 和 O_3 质量浓度分别为 10 $\mu g/m^3$、19 $\mu g/m^3$、46 $\mu g/m^3$、27 $\mu g/m^3$、1.0 mg/m^3 和 87 $\mu g/m^3$。活动保障的 12 天内空气质量均达标，首要污染物主要为 PM_{10}。

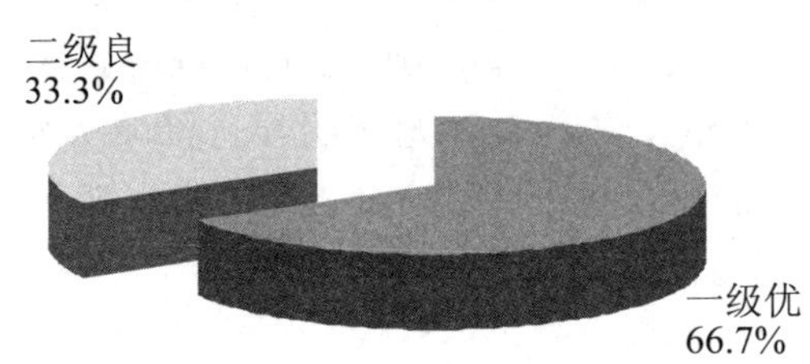

图 8-5　活动保障期间天津市环境空气质量级别分布

8.2.1.1　空气质量时间序列变化

空气质量是气象条件和污染源排放共同作用的结果。从活动保障期间 6 项污染物小时质量浓度变化曲线来看，环境空气质量与气象条件密切相关。SO_2、NO_2、PM_{10}、$PM_{2.5}$ 和 CO 等 5 项污染物的变化趋势较为一致，均在保障措施启动初期的 8 月 23 日—24 日以及受低压、弱小偏南风的静稳天气影响的 8 月 30 日和 31 日，略有污染累积过程；9 月 1 日—2 日则在偏北风和最高级别减排措施共同影响下各项污染物质量浓度持续维持较低水平；9 月 2 日夜间—3 日凌晨受短时气象形势变化影响，NO_2、PM_{10} 和 $PM_{2.5}$ 质量浓度有所上升。O_3 质量浓度整体维持在较低水平，随日照和温度变化呈现出中午峰、早晚谷的浓度变化特点，与 NO_2 和 NO 质量浓度呈现明显的负相关性（如图 8-6 所示）。

从 6 项污染物污染程度来看，PM_{10} 和 $PM_{2.5}$ 质量浓度尤其是 PM_{10} 质量浓度明显高于其他污染物质量浓度，是活动保障期间影响环境空气质量的主要污染物。气态污染物中，SO_2 和 CO 的变化趋势最为一致，二者质量浓度均处于较低水平；NO_2 质量浓度明显高于 SO_2 质量浓度，尤其是 2 日夜间—3 日凌晨受气象形势变化影响，NO_2 质量浓度高于 SO_2 质量浓度的情况更加突出；O_3 则与 NO_x 呈现出明显的浓度反相关，O_3 质量浓度峰值恰与 NO_x 质量浓度谷值相对应。

由此可见，活动保障期间大气中 SO_2 和 CO 的污染来源较为一致，其他污染物来源相对复杂；而采取工业企业限产限排等应急减排措施之后，SO_2 污染明显下降，NO_2 污染有所显现，机动车排放对空气质量影响更为明显。

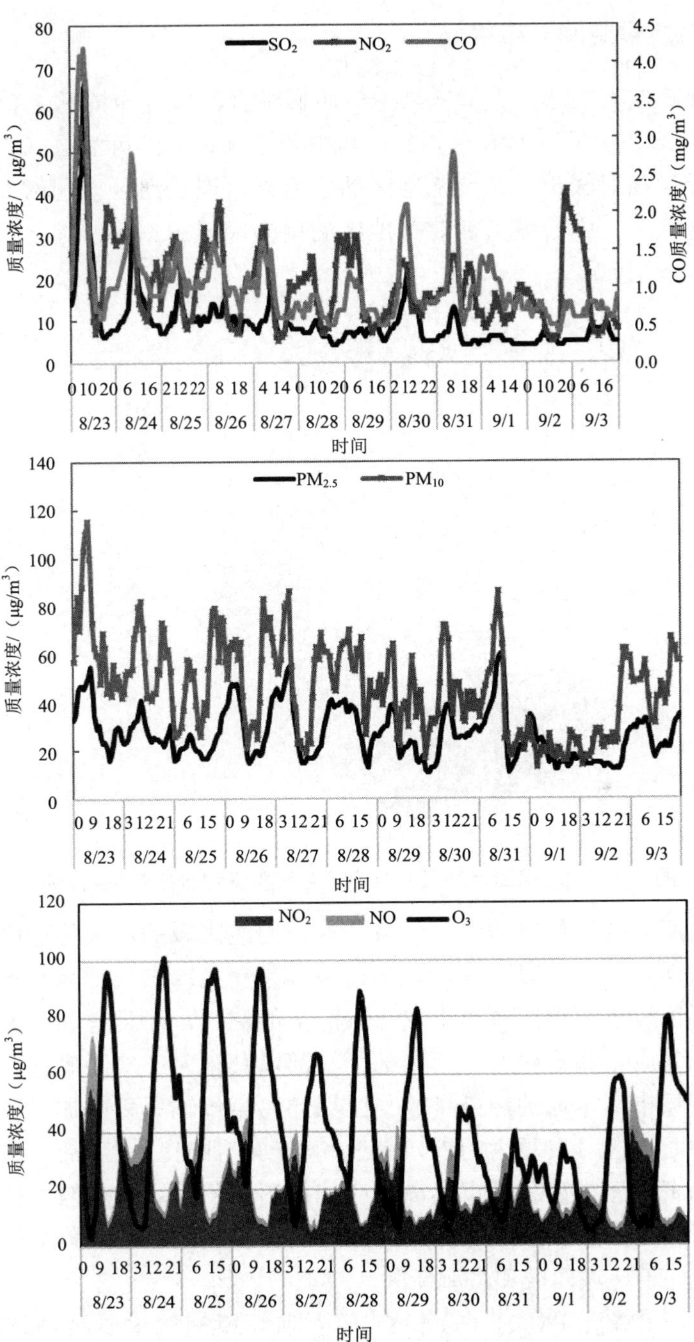

图 8-6　活动保障期间天津市大气主要物质量浓度变化情况

8.2.1.2 空气质量空间分布格局

从活动保障期间天津市整体区域空气质量综合污染分布情况来看，27 个点位的空气质量综合指数介于 2.48 ～ 4.25，其中西南部地区的静海县（现静海区）空气综合污染程度相对较重，东北部地区的宁河县（现宁河区）和南部地区的滨海新区大港地区次之，中心城区和北部地区的蓟县（现蓟州区）综合污染程度相对较轻（如图 8-7 所示）。

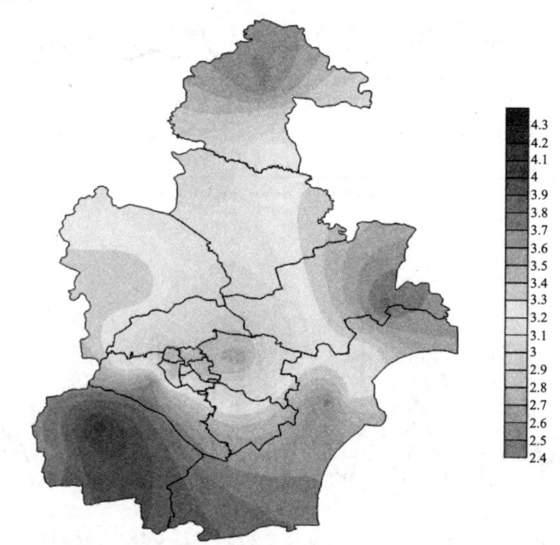

图 8-7 活动保障期间天津市环境空气质量综合指数空间分布

这可能与所处地理位置的污染气象条件、周边区域的污染传输以及减排措施的实施力度密切相关。一般而言，北部地区容易受到冷空气影响，东南部地区海陆风交换明显，较强的地面风力不仅带来清洁的空气，而且有利于本地污染物的水平扩散，空气质量相对较好；西南部、南部以及东北部地区毗邻大气污染较重的河北省部分城市，本地的污染排放与区域的污染传输累积叠加，环境空气质量相对较差。中心城区具有更大的人口密度和机动车保有量，生活污染排放强度较大，而复杂的下垫面类型和城市热岛效应使得污染物不容易扩散，往往是空气质量较差的区域。但在活动保障期间，由于中心城区污染控制措施的落实更为严格，空气质量明显好于环城四区和滨海新区。

SO_2、NO_2、PM_{10}、$PM_{2.5}$、CO 和 O_3 等 6 项环境空气主要污染物质量浓度也具有明显的区域性差异特征（如图 8-8 所示）。各点位 SO_2 平均质量浓度范围为

6 ～ 17 μg/m^3，西南部地区的静海县（现静海区）最高，西北部地区的武清区和宝坻区也处于较高浓度水平，中心城区和北部地区的蓟县（现蓟州区）最低。NO_2 平均质量浓度范围为 13 ～ 37 μg/m^3，西南部地区的静海县（现静海区）最高，东南部的滨海新区塘沽地区相对较高，中心城区相对较低。PM_{10} 和 $PM_{2.5}$ 的平均质量浓度范围分别为 23 ～ 62 μg/m^3 和 19 ～ 40 μg/m^3，二者的区域分布特点较为相似，均为西南地区、南部地区、东部地区和东北部地区污染相对较高，其中北部地区的宝坻区 PM_{10} 污染最重，西南部地区的静海县（现静海区）$PM_{2.5}$ 污染最重，中心城区、北部地区和西北地区则污染较轻，这与气象条件、区域传输及空气质量综合指数分布特点一致，进一步说明颗粒物是活动保障期间天津市环境空气的主要污染因子。CO 质量浓度范围为 0.7 ～ 2.4 mg/m^3，其分布情况与 SO_2 略有不同，北部宝坻区的宝白公路农村站、东北部的宁河县（现宁河区)CO 质量浓度明显高于其他区域 CO 质量浓度，说明这两个区 CO 与 SO_2 的来源不尽相同，CO 可能主要与农村散煤燃烧有关，SO_2 则受到电力企业、工业企业排放的影响较大。O_3 质量浓度范围为 72 ～ 172 μg/m^3，全市西部的武清、西青、静海一带浓度较高，这可能与污染较重地区 O_3 前体物容易积累并发生复杂的光化学反应有关。

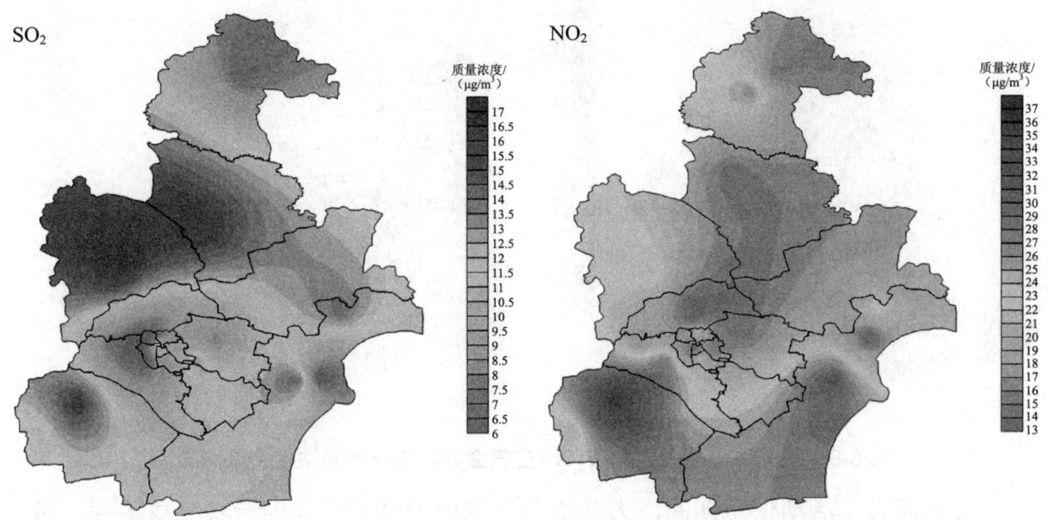

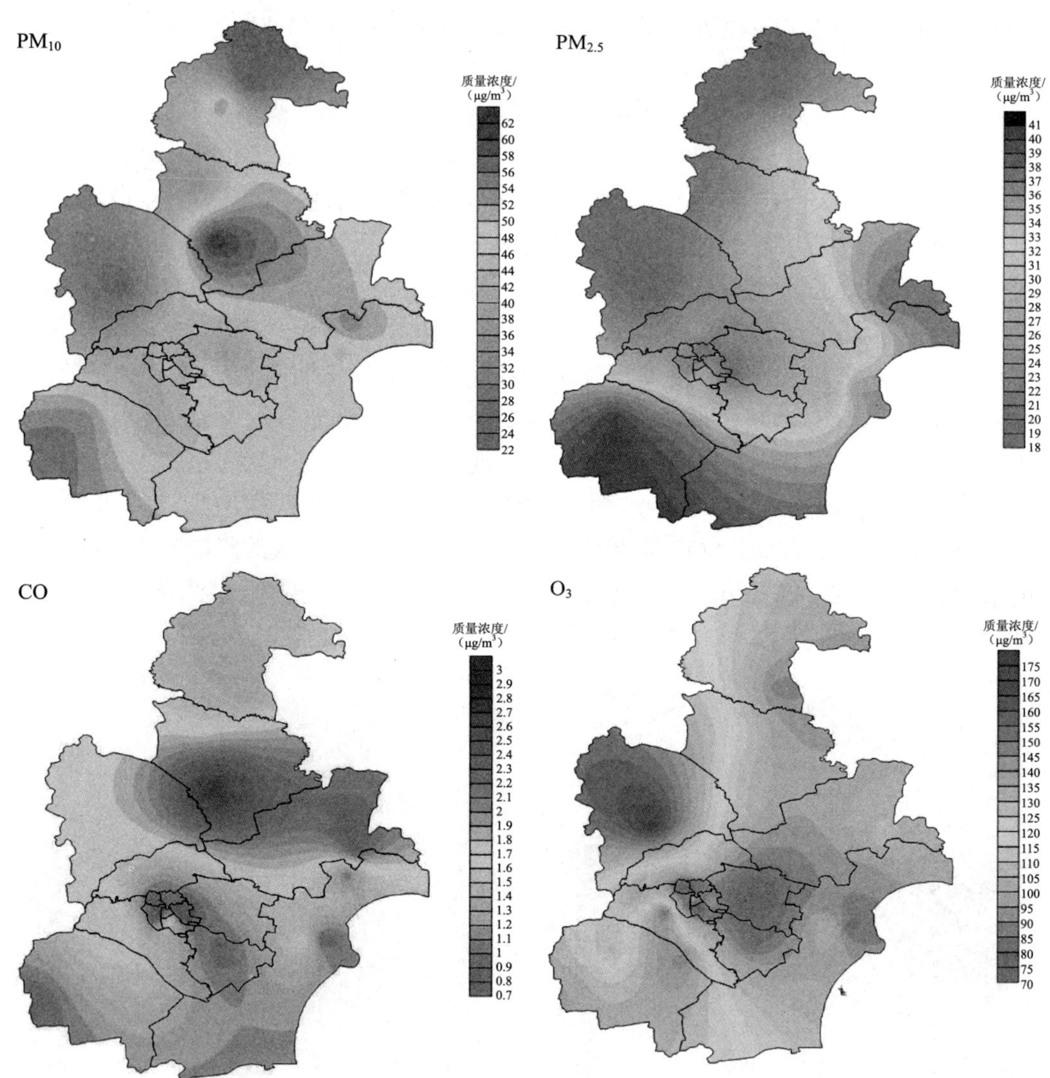

图 8-8 活动保障期间天津市环境空气主要污染物质量浓度空间分布

总体而言，活动保障期间，天津市各区域由于受到不同的污染气象条件、污染源排放强度和区域污染传输强度等因素影响，环境空气质量呈现出典型的中心城区和北部较好、中部次之、东北部和南部略差、西南最差的空间分布格局。

8.2.2　预测预报结果评估

8.2.2.1　天气形势分析

8 月 23 日—9 月 3 日空气质量保障期间，京津冀区域大气环流形势基本为径向型，华北地区处于冷涡后部偏北气流控制，冷空气活动较为频繁，出现多次降水过程。8 月下旬，受到 2015 年第 15 号台风“天鹅”北上影响，天津市大部分时间处于台风系统后部，受东北 - 西北气流控制，地面以高压系统为主，主导风向为东北风，风力虽然不大，但高低空形势均较利于污染物的稀释扩散，近地面大气流动性也较好。8 月末至 9 月初，500 hPa 高度场从高空槽前转为冷涡系统控制，降水明显，受降水沉降及冷空气的影响，天气条件有利于污染物的稀释扩散。

从风向、风速来看，活动保障期间京津冀区域近地面以偏北风为主，与 2014 年同期及保障期前相比，偏北风频率明显增加，带来的北部清洁空气对区域大气污染物稀释和扩散整体较为有利。天津市平均风速为 1.6 m/s，略高于 2014 年同期的 1.5 m/s，小风出现频率为 49%，少于 2014 年同期的 55%，北风—东北风出现频率为 44.6%，显著多于 2014 年同期的 28.4%，风向、风速明显较 2014 年同期更有利于大气污染物扩散。

从气温来看，活动保障期间天津市平均气温为 23.9℃，略低于 2014 年同期的 24.4℃，明显低于保障期前（28.3℃），略高于保障期后（20.8℃）（如图 8-9 所示）。说明保障期前天津市天气相对偏暖，大气环流形势较为稳定；而活动保障期间和保障期后由于冷空气活动较为频繁，气温低于 2014 年同期，大气污染扩散条件相对有利。然而，虽然保障期后有两次降温过程，其平均气温低于活动保障期间平均气温，但其污染物浓度要略高于活动保障期间污染物浓度，进一步说明除气象条件有利外，活动保障期间控制措施对污染物质量浓度下降起到了关键作用。

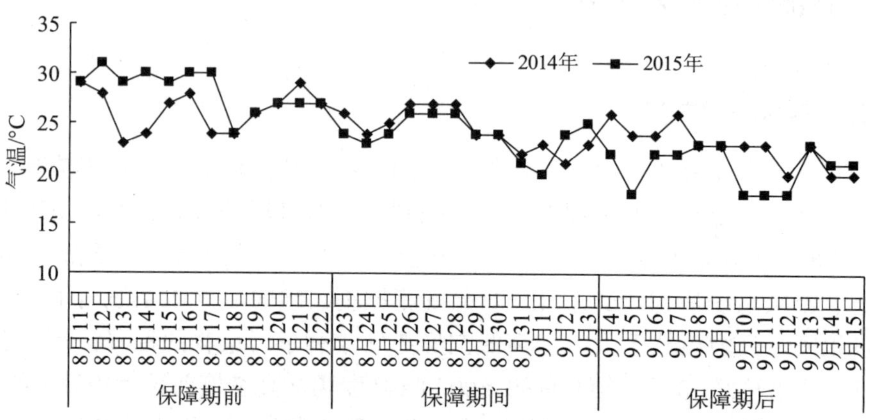

图 8-9 活动保障期间天津市气温变化及与 2014 年同期比较

从湿度和降水量来看，活动保障期间天津市平均湿度为 70.0%，略高于 2014 年同期（68.6%），明显高于保障期前（55.7%）和保障期后（62.7%）（如图 8-10 所示），可能与活动保障期间降水过程较多有关。从活动保障期间京津冀区域降水分布情况来看，天津市降水过程主要集中在空气质量保障期，特别是 9 月 3 日前后。降水总量为 77.3 mm，少于 2014 年同期的 98.4 mm，但 8 月 30 日—9 月 2 日的明显降水过程，对大气污染物起到了良好的湿沉降作用，使环境空气质量直至 9 月 3 日一直稳定在一级优水平。

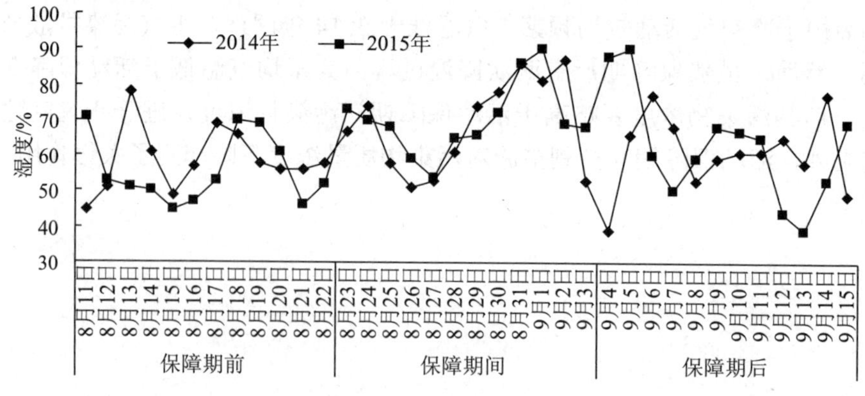

图 8-10 活动保障期间天津市湿度变化及与 2014 年同期比较

从混合层高度和能见度水平来看，活动保障期间天津市混合层高度与保障期前、保障期后差异并不明显，保障期后混合层高度略有增加。活动保障期间天津市平均能见度达到 6.8 km，明显高于 2014 年同期（4.5 km）和保障期前（4.8 km），与保障期后相当（如图 8-11 所示）。这也在一定程度上反映了活动保障期间和保障期后空气质量水平相对较好，雾霾和污染天气出现频率较低。

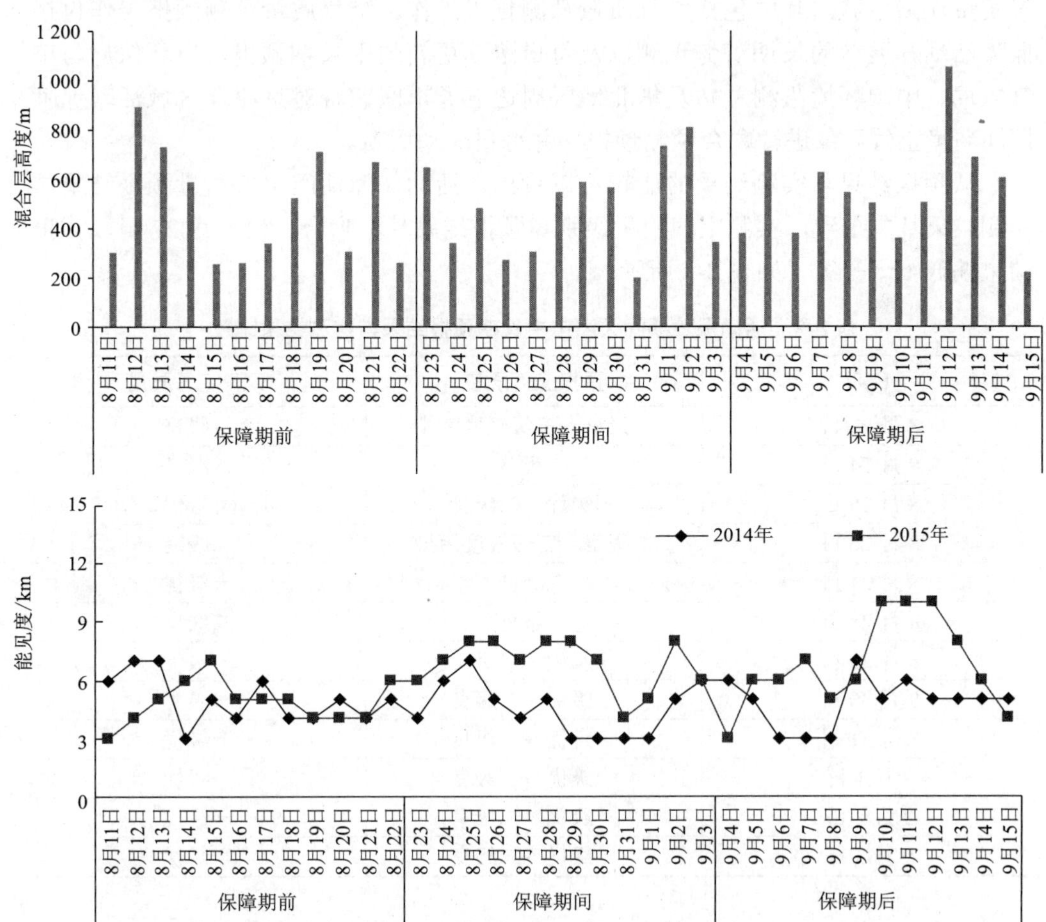

图 8-11　活动保障期间天津市混合层高度、能见度变化及与 2014 年同期比较

综上所述，活动保障期间天津市整体处于高空冷涡后部，主要受偏北气流影响，冷空气活动频繁，降水过程多，边界层内偏北风频率高，静小风频率少，基本无逆温现象出现，大气污染物的水平和垂直扩散条件均较好，且降水对大气中的污染物起到了良好的湿清除作用。与 2014 年同期和保障期前相比，活动保障期间和

保障期后大气污染扩散条件相对有利。

8.2.2.2 预测预报结果分析

8月中旬开始，按照环保部统一部署，天津市逐步落实活动保障期间各项空气质量保障措施，其中包括空气质量预测预报工作。空气质量预测预报工作包括保障活动开展前的长期潜势预测以及每日滚动更新的中长期预报，市环保局与市气象局、中国环境监测总站及华北地区周边五省市区联合对京津冀区域活动保障期间环境空气质量进行联合预测预报，并每日滚动更新。

从预报结果与实测结果的比较可以看出，活动保障期间空气质量预报结果与实测结果基本一致，实测空气质量级别与预报结果基本吻合，仅8月27日较预报结果偏低1个等级（如表8-3所示）。

表8-3 活动保障期间天津市中长期预报结果与实测结果比较

日期	预报空气质量	实测空气质量
8月23日	二级良～三级轻度污染	二级良
8月24日	二级良	二级良
8月25日	一级优～二级良	一级优
8月26日	二级良～三级轻度污染	二级良
8月27日	二级良	一级优
8月28日	二级良	二级良
8月29日	一级优～二级良	一级优
8月30日	一级优～二级良	一级优
8月31日	一级优～二级良	一级优
9月1日	一级优～二级良	一级优
9月2日	一级优～二级良	一级优
9月3日	一级优～二级良	一级优

活动保障期间，天津市环境空气质量不仅与2014年同期及会前、会后相比明显改善，与会前未考虑减排措施影响的中长期预报结果相比，空气质量也呈现出明显好转。二者之所以出现一定偏差，一方面由于实际气象条件与前期预测气象条件可能存在一定偏差，另一方面则与中长期预报过程中未能充分考虑减排措施的影响有关。据此可以看出，最高级别应急减排措施对环境空气质量改善能够起到显著的效果。

8.2.3　减排措施效果评估

8.2.3.1　活动保障期间减排措施

8 月 23 日—31 日主要对工业企业和建筑工地进行管控；9 月 1 日—3 日增加机动车管控，启动最高级别应急减排措施。

8 月 23 日零时起，一是在电力企业方面，实际关停 10 套机组（装机容量 346 万 kW），占总装机容量的 36%，其余在运机组全部基本达到燃气排放标准，燃煤电厂污染物整体减排由原计划的约 35% 提高至 50% 以上；二是在工业企业方面，实际关停企业 386 家（其中挥发性有机物排放企业 75 家），其余全部限产限排 30% 以上，经初步测算，工业企业整体实现减排约 42%；三是在施工扬尘控制方面，在全市范围内停止全部 1 451 家各类工地的土石方作业和渣土运输，关停全部 231 家混凝土搅拌站；四是在道路扬尘控制方面，环卫部门每日出动机扫洗路车 1 500 余台次、洒水车 400 余台次，全市主干道路和中心城区机扫水洗由原计划的 2 次 /d 提高至 3 次 /d 以上，重点道路平均达 4 次 /d，减少道路扬尘排放约 40%；五是在机动车管控方面，累计出动执法人员 1 473 人次，遥测、拦检机动车 26 351 辆次，处罚超标车辆 159 辆次，劝返进京国Ⅲ标准以下车辆 326 辆次，抽查加油站 326 座次；六是在全市范围开展专项行动，严格禁止露天烧烤、荒草秸秆焚烧。

8 月 28 日起分期分批启动实施最高一级应急减排措施：自 8 月 28 日零时起所有施工工地与建设工程有关的生产活动全部停工；9 月 1 日启动机动车单双号限行，全市机动车流量整体下降 50%，公共交通运力上升 20%。

据估算，8 月 23 日—9 月 3 日空气质量保障期间，天津市 SO_2、NO_x 和 PM 排放量分别同比削减 3 150 t、7 820 t 和 7 780 t，占比 40%、70% 和 42%，总体排放量明显降低。

8.2.3.2　活动保障期间减排措施效果评估

利用空气质量数值模式模拟天津市以及京津冀周边地区不同阶段实施的电厂、工业源、交通源、民用源的不同比例区域协同减排措施，以 $PM_{2.5}$ 为例，评估减排措施对大气污染物浓度和空气质量的影响。由于北京市在活动前的 8 月 22 日—30 日还举办了田径世界锦标赛，北京市的空气质量保障工作从 8 月 20 日开始，因此模拟的保障期设置为 8 月 20 日—9 月 3 日。按照区域减排力度的差异将保障期分为两个阶段，第一阶段为 8 月 20 日—27 日，第二阶段为 8 月 28 日—9 月 3 日。

模拟情境设计为：第一阶段为 8 月 20 日—27 日，北京、天津、河北采取减排控制，北京区域交通排放削减 50%，民用源削减 10%，工业源和电厂减排 20% ~ 30%，天津和河北减排 10% ~ 20%；第二阶段为 8 月 28 日—9 月 3 日，北京、天津、河北及周边地区协同减排，北京区域交通排放削减 50% ~ 60%，民用源削减 20%，工业源和电厂减排 30% ~ 40%，天津和河北减排 30% ~ 50%，周边地区减排 10% ~ 20%。

从协同减排对区域 $PM_{2.5}$ 质量浓度的削减效果来看，第一阶段北京、河北和天津的协同减排对 $PM_{2.5}$ 质量浓度影响较大的地区集中在北京城区及以南、天津及河北南部地区，此外，对山东西北部地区也产生了较弱的影响，这种情况与地面风场有关。8 月 20 日—27 日期间，地面平均风场以偏北风为主，$PM_{2.5}$ 质量浓度平均削减量在 2 ~ 10 μg/m³，其中城市人口集中地区削减量较高，$PM_{2.5}$ 质量浓度平均削减比例在 8% ~ 20%。对天津而言，区域减排使天津 $PM_{2.5}$ 质量浓度下降 10% ~ 15%（如图 8-14 所示）。

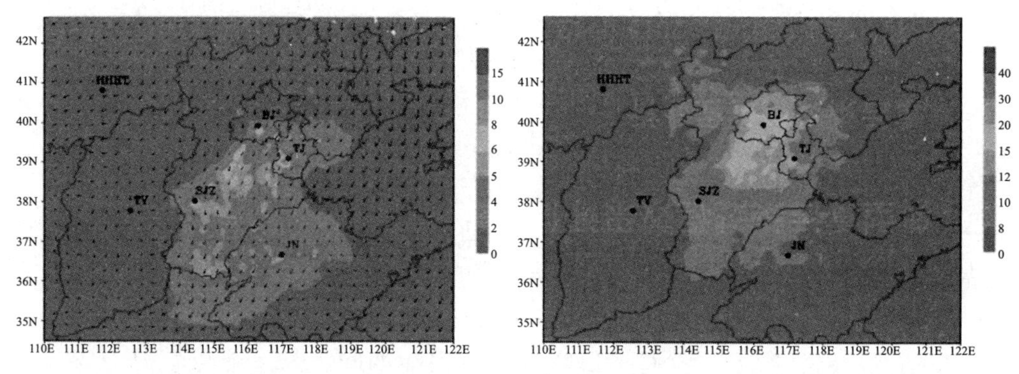

（a）$PM_{2.5}$ 质量浓度下降量 /（μg/m³）　　（b）$PM_{2.5}$ 质量浓度下降比例 /%

图 8-12　减排第一阶段区域 $PM_{2.5}$ 质量浓度下降量和下降比例

第二阶段京津冀区域及周边各省、市、区协同减排，减排力度也较第一阶段有所加大，使得 $PM_{2.5}$ 质量浓度削减的区域、削减量以及削减比例均有明显上升。北京城区以南、天津及河北南部等地区，$PM_{2.5}$ 质量浓度削减量在 10 ~ 15 μg/m³；削减比例最大的地区为北京城区，平均在 30% ~ 40%，天津市和河北省削减比例在 20% ~ 30%，其余省份在 10% ~ 20%（如图 8-15 所示）。

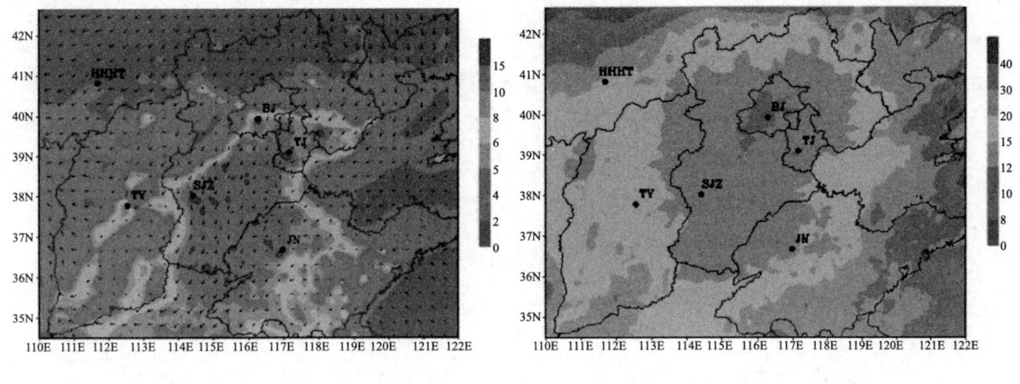

（a）$PM_{2.5}$ 质量浓度下降量 /（μg/m^3）　　（b）$PM_{2.5}$ 质量浓度下降比例 /%

图 8-13　减排第二阶段区域 $PM_{2.5}$ 质量浓度下降量和下降比例

8.2.3.3　不同级别保障措施影响分析

活动期间，天津市空气质量保障方案大致分为三个阶段：8 月 23 日—27 日为第一阶段，主要措施为全市煤电机组（除已达到燃气排放标准的）和 1 325 家重点行业工业企业限产限排 30%、1 451 家各类施工工地全面停止土石方作业和工程渣土运输作业、231 家混凝土搅拌站全部停止生产；8 月 28 日—31 日为第二阶段，保障措施在第一阶段的基础上，停止全市与建设工程有关的全部生产活动；9 月 1 日—3 日为第三阶段，保障措施进一步升级，在第二阶段基础上增加在全市行政区域内全天实行道路机动车（含外埠车辆）单双号限行，达到最高一级应急减排响应。

为分析不同级别减排措施对空气质量的影响，将 8 月 11 日—22 日称为无措施阶段，8 月 23 日—27 日称为措施 1 阶段，8 月 28 日—31 日称为措施 2 阶段，9 月 1 日—3 日称为措施 3 阶段，不同减排措施阶段对污染物质量浓度的影响如图 8-14、图 8-15 及表 8-4 所示。

与未采取措施阶段相比，各级别措施阶段颗粒物浓度大幅下降。措施 1 阶段燃煤电厂、工业企业限产限排，施工工地和土石方作业全部停工后，$PM_{2.5}$ 和 PM_{10} 质量浓度同步下降，降幅均超过 50%。$PM_{2.5}$ 平均质量浓度由未采取措施的 63 μg/m^3 降低到 29 μg/m^3，下降了 54.0%；PM_{10} 平均质量浓度由未采取措施的 115 μg/m^3 降低到 55 μg/m^3，下降了 52.2%。

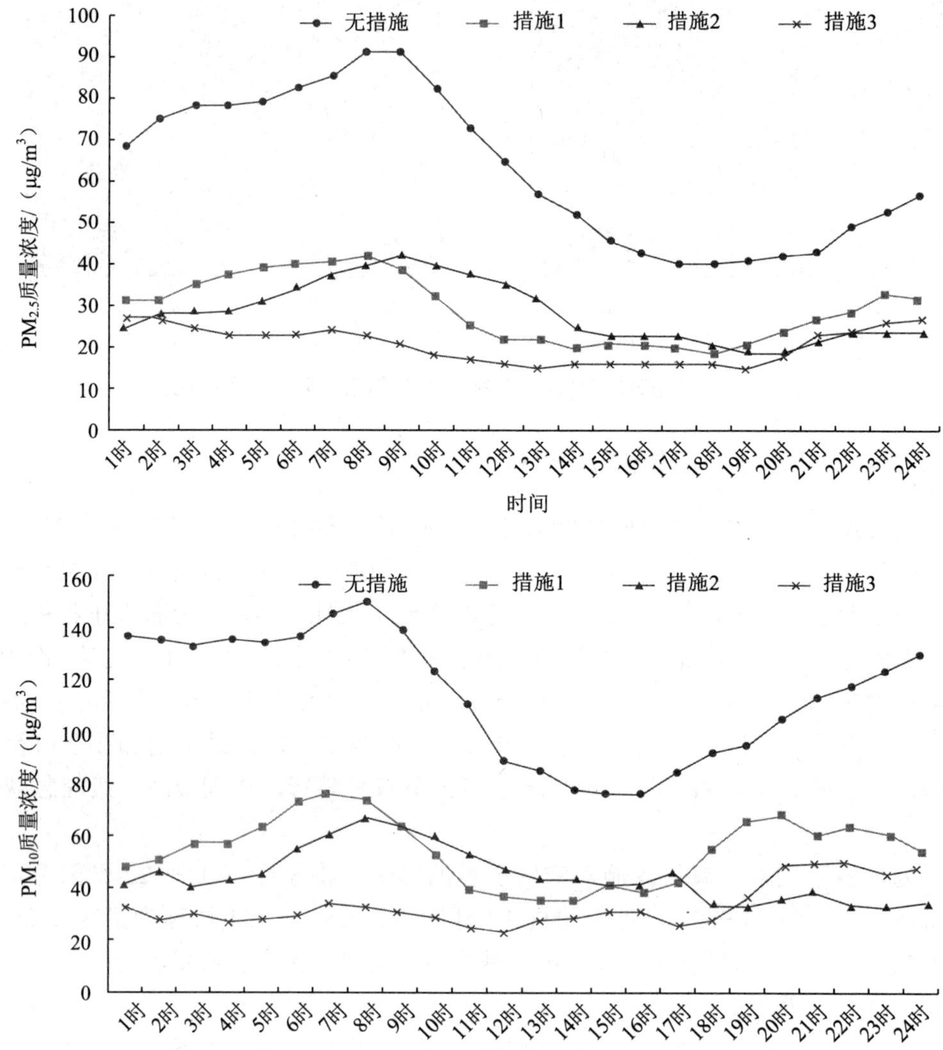
无措施
措施1
措施2
措施3
$PM_{2.5}$质量浓度/（μg/m³）
100
90
80
70
60
50
40
30
20
10
0
1时 2时 3时 4时 5时 6时 7时 8时 9时 10时 11时 12时 13时 14时 15时 16时 17时 18时 19时 20时 21时 22时 23时 24时
时间
无措施
措施1
措施2
措施3
PM_{10}质量浓度/（μg/m³）
160
140
120
100
80
60
40
20
0
1时 2时 3时 4时 5时 6时 7时 8时 9时 10时 11时 12时 13时 14时 15时 16时 17时 18时 19时 20时 21时 22时 23时 24时
时间

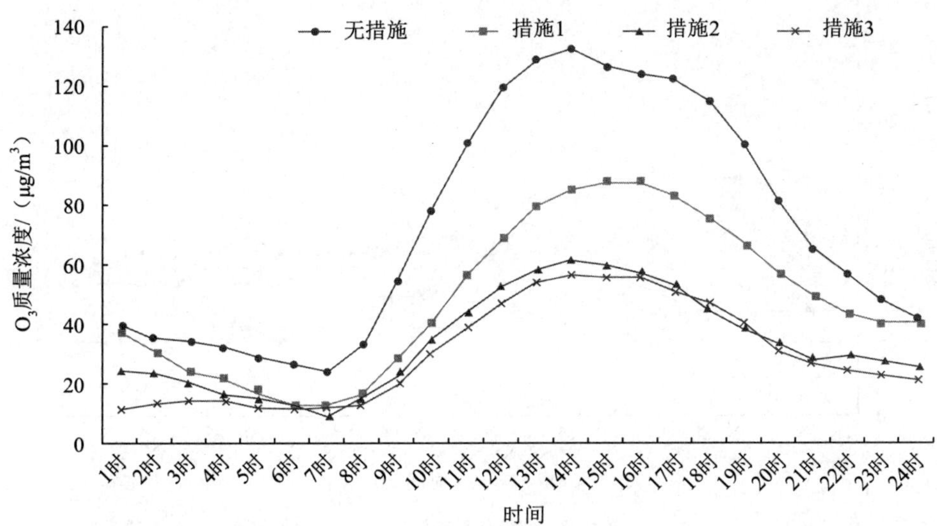

图 8-14　不同级别保障措施 $PM_{2.5}$、PM_{10} 和 O_3 质量浓度日变化对比

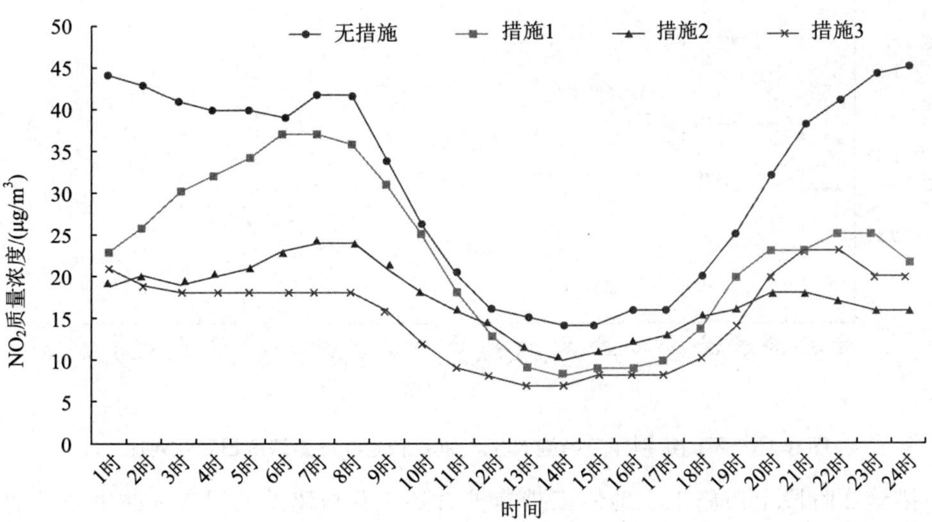

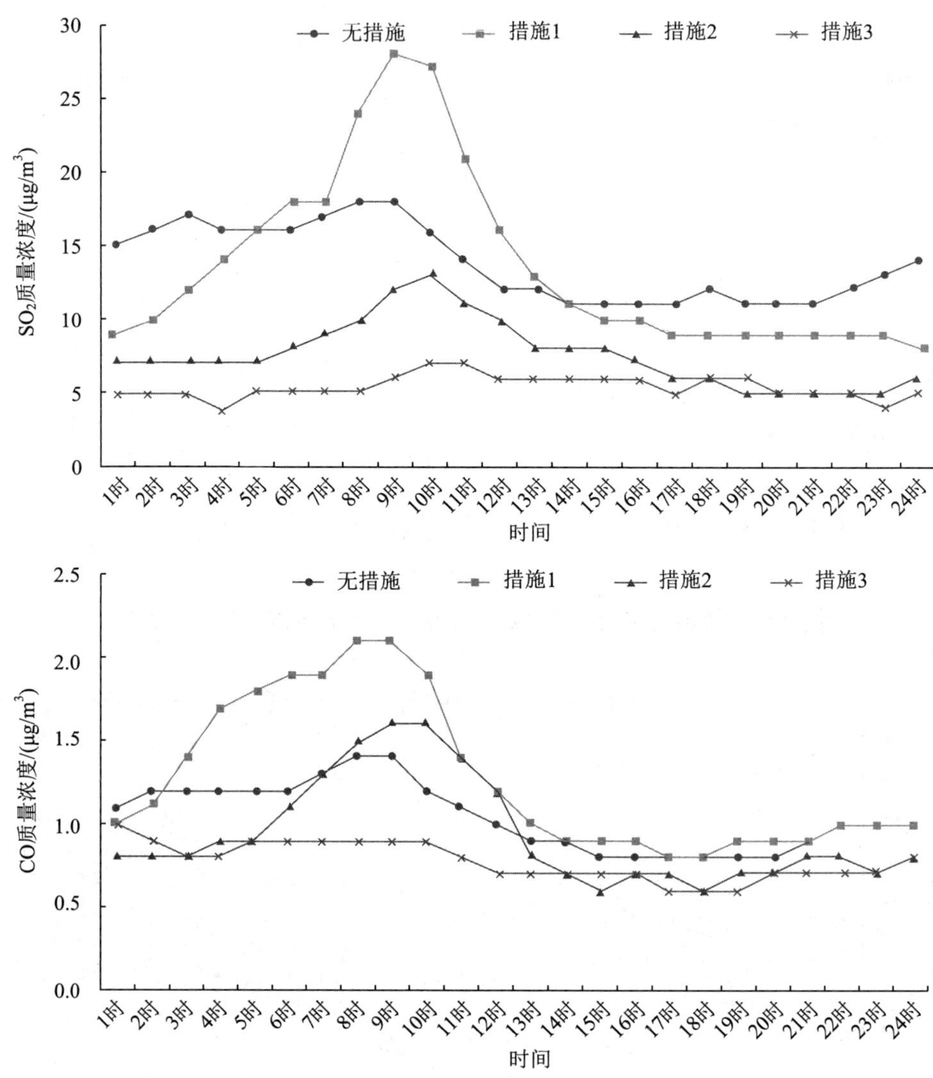

图 8-15　不同级别保障措施 NO_2、SO_2 和 CO 质量浓度日变化对比

措施 2 阶段全市施工工地停工措施扩大到所有与建设工程有关的生产活动全部停工，相比于措施 1 阶段，$PM_{2.5}$ 平均质量浓度保持不变，PM_{10} 平均质量浓度下降 9 μg/m³，下降比例为 16.4%，表明控制施工工地及与建设工程有关的生产活动能有效地降低 PM_{10} 质量浓度。措施 3 阶段在措施 2 的基础上增加了机动车单双号限行措施，且各项减排措施落实更加严格，相比于措施 2 阶段，$PM_{2.5}$ 平均质量浓度下降 8 μg/m³，下降比例为 27.6%，PM_{10} 平均质量浓度下降 13 μg/m³，下降比例为 28.3%，即机动车单双号限行会同步降低 PM_{10} 与 $PM_{2.5}$ 的质量浓度，对 $PM_{2.5}$ 质量浓度下降更有效。

各级别措施也促使了气态污染物质量浓度的降低，与未采取措施期间相比，措施 1 阶段 NO_2、O_3 质量浓度均有所改善，改善程度分别为 29.0%、28.5%。与措施 1 阶段相比，措施 2 阶段 SO_2、NO_2、CO、O_3 的改善程度分别为 42.9%、22.7%、23.1%、18.2%；与措施 2 阶段相比，措施 3 阶段 SO_2、NO_2、CO、O_3 的改善程度分别为 37.5%、11.8%、20.0%、8.3%。可见控制工业企业排放，尤其是燃煤电厂、挥发性有机物企业排放以及机动车排放可有效减低气态污染物质量浓度。

表 8-4　不同级别保障措施期间各项污染物质量浓度及变化幅度

时段 \ 污染物		SO_2/(μg/m³)	NO_2/(μg/m³)	PM_{10}/(μg/m³)	$PM_{2.5}$/(μg/m³)	CO/(mg/m³)	O_3/(μg/m³)
未采取措施期间		14	31	115	63	1.1	123
措施 1 阶段	质量浓度	14	22	55	29	1.3	88
	变化幅度 /%	0.0	–29.0	–52.2	–54.0	18.2	–28.5
措施 2 阶段	质量浓度	8	17	46	29	1.0	72
	变化幅度 //%	–42.9	–22.7	–16.4	0.0	–23.1	–18.2
措施 3 阶段	质量浓度	5	15	33	21	0.8	66
	变化幅度 /%	–37.5	–11.8	–28.3	–27.6	–20.0	–8.3

注：变化幅度表示该措施阶段质量浓度与上一措施阶段相比的变化情况。

8.3 典型重污染过程效果评估

8.3.1 重污染天气过程分析

受不利气象条件影响，2015 年 12 月 20 日—25 日天津市出现连续重污染天气过程，天津市于 19 日—22 日发布Ⅱ级（橙色）预警，23 日升级至Ⅰ级（红色）预警；24 日—25 日降为Ⅱ级（橙色）预警。

重污染过程期间，19 日空气质量为二级良，20 日快速增长至四级中度污染，21 日空气质量急剧恶化，AQI 达到 396，21 日—23 日连续 3 天维持六级严重污染，24 日—25 日连续 2 天五级重度污染，直至 26 日下午污染物浓度降到二级良水平，重污染过程结束（如图 8-16 所示）。

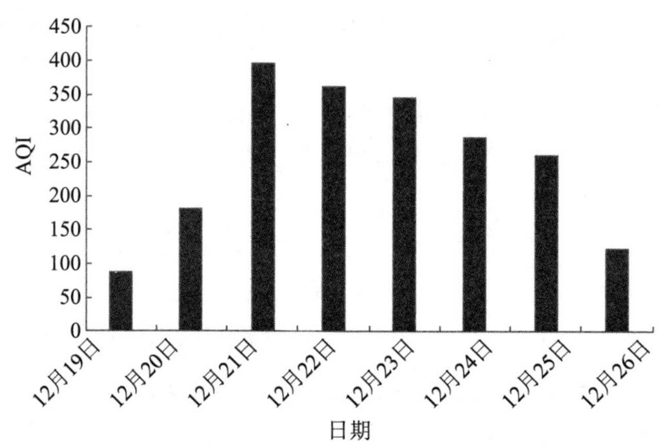

图 8-16 重污染期间 AQI 变化序列

本次重污染过程是《环境空气质量标准》（GB 3095—2012）实施以来，天津市集最高预警等级、最重污染程度和较长持续时间于一身的典型重污染天气过程。

8.3.2 预测预报结果评估

8.3.2.1 天气形势分析

12 月 19 日和 20 日，天津市高空受弱脊控制，垂直扩散条件在京津冀区域相对有利，在应急措施及相对有利的气象条件共同作用下，污染物浓度累积速度明显低于周边地区，空气污染水平控制在五级重度污染以下。

21 日高空弱脊势力减弱，垂直扩散条件明显恶化，随着天气系统推移，周边地区污染输送及边界层不断压低，污染物浓度累积速度明显上升，空气质量达到六级严重污染水平。22 日天津市高空转为弱槽前，地面受东南风影响，扩散条件略有好转，实时空气质量指数有所降低并稳定保持在 300 左右。23 日天津市高空为弱槽前，地面为偏北风，23 日白天边界层有所抬升，垂直扩散条件略有好转，但效果有限，污染物浓度仍有所累积。24 日，天津市高空转为槽后，地面为偏北风 2 级，弱冷空气来临，但风力较弱，对污染物驱散能力有限，空气污染不能彻底缓解，空气质量为五级重度污染。25 日，高空转为平直，地面受西南风影响，空气质量为五级重度污染。26 日午后，强冷空气抵达，污染过程结束。

8.3.2.2　预测预报结果分析

空气质量预报系统在 12 月 18 日预测出 12 月 20 日—25 日可能出现连续 6 天重度及以上重污染过程，根据模式预报结果，20 日—22 日及 25 日 4 天为六级严重污染，23 日—24 日 2 天为五级重度污染。受此次模拟气象条件过于不利影响，与实际观测结果相比，模式预报结果相对偏重（21 日—22 日 AQI 达到 500），但 19 日—21 日污染物浓度迅速累积、连续 3 天严重污染、23 日起污染逐渐缓解以及 26 日满足解除预警条件等重要因素及时间节点均准确报出，充分反映出整个过程空气质量的时空变化特征，为重污染预警的启动和解除提供了有力支持（如图 8-17 所示）。

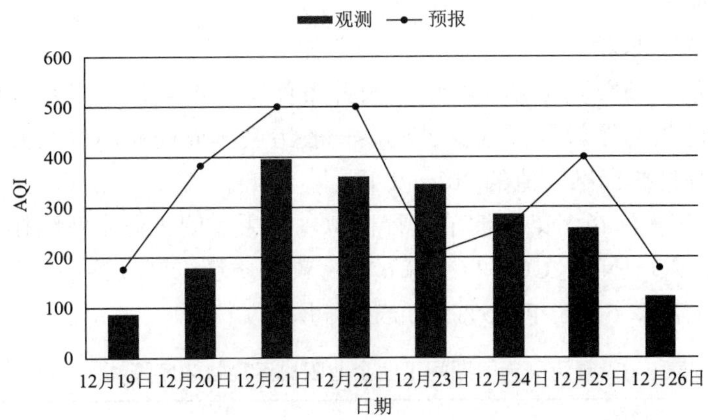

图 8-17　观测结果与模拟结果比较

8.3.3　减排措施效果评估

基于天津市 2015 年重污染天气应急清单核算Ⅱ级（橙色）预警及Ⅰ级（红色）预警条件下主要应急措施污染物减排占污染源排放总量情况（如表 8-5 所示）。

表 8-5　各应急措施对应污染源减排占比　　单位：%

措施等级	源类	$PM_{2.5}$	PM_{10}	SO_2	NO_x	CO	VOCs
Ⅱ级	工业源	–21.7	–15.5	–24.0	–16.4	–27.6	–25.3
	建筑施工	–5.0	–11.3	–0.1	–2.0	–0.1	–1.9
	机动车	0.0	0.0	0.0	0.0	0.0	0.0
	合计	–26.7	–26.8	–24.1	–18.4	–27.7	–27.2

续表

措施等级	源类	$PM_{2.5}$	PM_{10}	SO_2	NO_x	CO	VOCs
I 级	工业源	–21.7	–15.5	–24.0	–16.4	–27.6	–25.3
	建筑施工	–5.0	–11.3	–0.1	–2.0	–0.1	–1.9
	机动车	–1.8	–0.9	–0.2	–21.9	–6.1	–2.6
	合计	–28.5	–27.7	–24.3	–40.3	–33.8	–29.8

利用空气质量预报模型对此次重污染期间II级（橙色）预警及 I 级（红色）预警下上述主要应急减排措施进行模拟分析，得到各主要减排措施对大气主要污染物浓度影响如下。

（1）工业企业限排。

II级（橙色）预警及 I 级（红色）预警条件下，重点行业企业在稳定达标排放基础上各项污染物排放量再减少 30%，一般污染排放企业确保主要污染物排放浓度控制在现行排放标准限值的 70% 以下。

利用 2015 年天津市污染源清单进行模拟，结果表明工业企业限排对环境空气中 $PM_{2.5}$、PM_{10}、SO_2、NO_2、CO 和 O_3 等 6 项污染物质量浓度改善幅度分别为 3.6%、3.9%、6.8%、1.7%、5.9% 和 2.5%（如表 8-6 所示）。

表 8-6 重污染天气期间工业企业限排污染物浓度降幅 单位：%

情景 \ 污染物	$PM_{2.5}$	PM_{10}	SO_2	NO_2	CO	O_3
II级预警	–3.6	–3.9	–6.8	–1.7	–5.9	–2.5
I 级预警	–3.6	–3.9	–6.8	–1.7	–5.9	–2.5

（2）建设工程停工。

II级（橙色）预警及 I 级（红色）预警条件下，停止所有建筑工程作业，涉及建筑土石方施工、建筑装修、非道路机械和渣土运输等施工相关作业。

利用 2015 年天津市污染源清单进行模拟，结果表明建筑工程停工对环境空气中 $PM_{2.5}$、PM_{10}、SO_2、NO_2、CO 和 O_3 等 6 项污染物浓度改善幅度分别为 6.3%、8.4%、0.0%、0.9%、0.5% 和 0.0%（如表 8-7 所示）。

表 8-7　重污染天气期间建筑工程停工污染物浓度降幅　　单位：%

情景 \ 污染物	$PM_{2.5}$	PM_{10}	SO_2	NO_2	CO	O_3
Ⅱ级预警	–6.3	–8.3	0.0	–0.9	–0.5	0.0
Ⅰ级预警	–6.3	–8.3	0.0	–0.9	–0.5	0.0

（3）机动车限行。

Ⅱ级（橙色）预警条件下，对机动车出行与平时要求一致。Ⅰ级（红色）预警下要求全市行政区域内道路全天实行机动车(含外埠车辆)限行管理，限行 50% 车辆。

利用 2015 年天津市污染源清单进行模拟，结果表明机动车限行对环境空气中 $PM_{2.5}$、PM_{10}、SO_2、NO_2、CO 和 O_3 等 6 项污染物浓度改善幅度分别为 3.2%、2.1%、0.3%、7.7%、6.9% 和 1.5%（如表 8-8 所示）。

表 8-8　重污染天气期间机动车限行污染物浓度降幅　　单位：%

情景 \ 污染物	$PM_{2.5}$	PM_{10}	SO_2	NO_2	CO	O_3
Ⅱ级预警	0.0	0.0	0.0	0.0	0.0	0.0
Ⅰ级预警	–3.2	–2.1	–0.3	–7.7	–6.9	–4.5

（4）减排措施整体影响。

模拟结果汇总情况如表 8-9 所示。根据模拟结果，工业企业限排对 SO_2 和 CO 改善情况的贡献最高，对 $PM_{2.5}$ 和 PM_{10} 改善情况的贡献次之；建设工程停工对颗粒物，尤其是 PM_{10} 改善贡献较大；机动车限行对 NO_2 和 CO 改善情况的贡献最高，对 $PM_{2.5}$ 和 PM_{10} 改善情况的贡献次之。

表 8-9　主要应急减排措施对空气质量改善贡献　　单位：%

情景	措施	$PM_{2.5}$	PM_{10}	SO_2	NO_2	CO	O_3
Ⅱ级	工业企业限排	–3.6	–3.9	–6.8	–1.7	–5.9	–2.5
	建设工程停工	–6.3	–8.3	0.0	–0.9	–0.5	0.0
	机动车限行	0.0	0.0	0.0	0.0	0.0	0.0
	合计	–9.9	–12.2	–6.8	–2.6	–6.4	–2.5
Ⅰ级	工业企业限排	–3.6	–3.9	–6.8	–1.7	–5.9	–2.5
	建设工程停工	–6.3	–8.3	0.0	–0.9	–0.5	0.0
	机动车限行	–3.2	–2.1	–0.3	–7.7	–6.9	–1.5
	合计	–13.1	–14.3	–7.1	–10.3	–13.3	–4.0

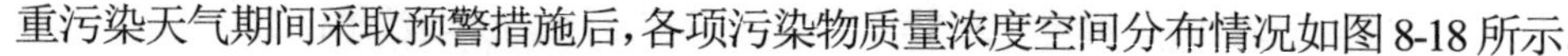
重污染天气期间采取预警措施后，各项污染物质量浓度空间分布情况如图 8-18 所示。

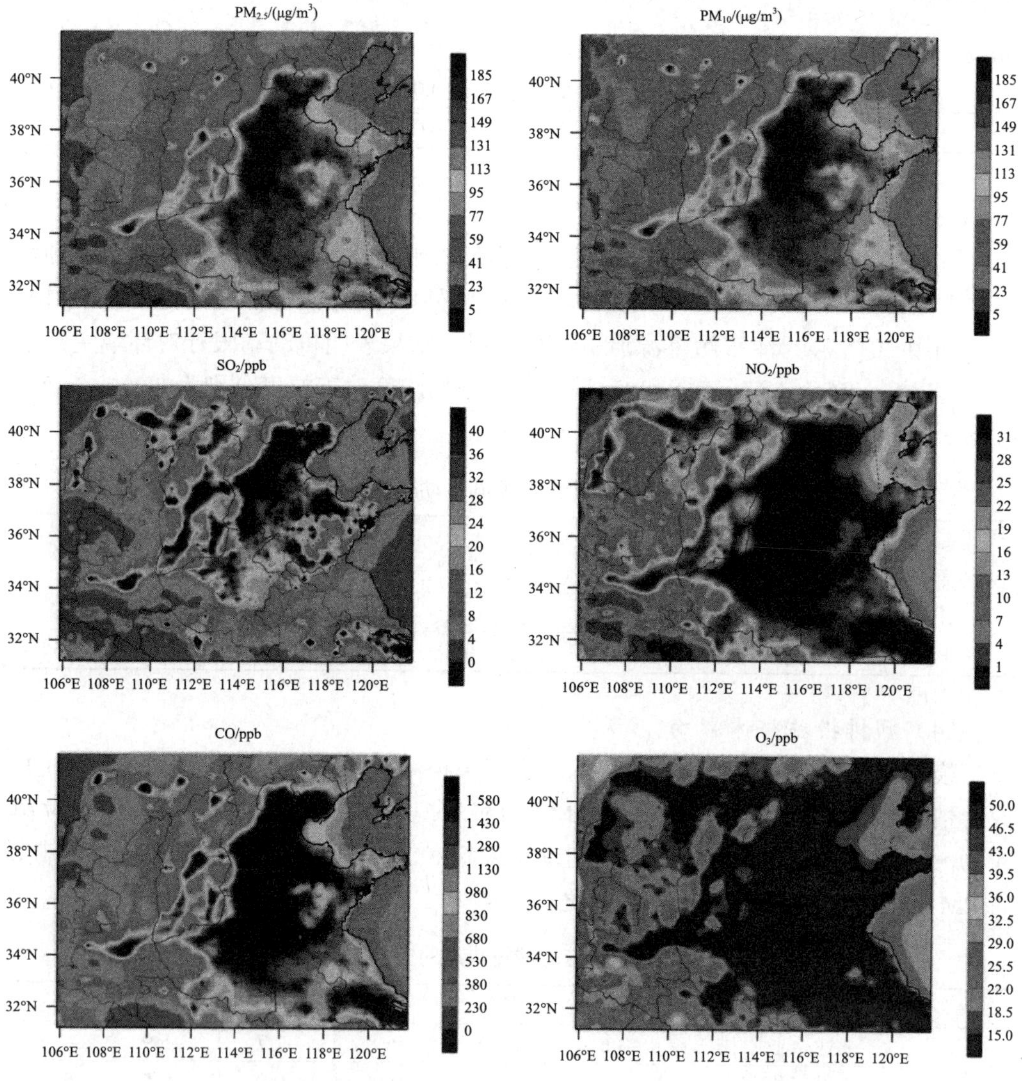

图 8-18　重污染天气期间各项污染物质量浓度分布模拟结果

注：1 ppb=（22.4/ 污染物分子量）μg/m^3。

采取预警措施后，预警期间 $PM_{2.5}$ 日均质量浓度普遍下降 11.3% ～ 31.6%，以此计算若此次重污染期间未采取重污染应急措施，则重污染天气至少增加 1 天，且连续六级严重污染天气过程由 3 天变为 4 天。

参考文献

蔡蕊，王和权，王伟良，等，2005. 不同边界层参数化方案在暴雨数值模拟中的对比分析 [J]. 广东气象，（1）：6-8.

蔡芗宁，寿绍文，钟青，2006. 边界层参数化方案对暴雨数值模拟的影响 [J]. 南京气象学院学报，29（3）：364-370.

陈训来，冯业荣，王安宇，等，2007. 珠江三角洲城市群灰霾天气主要污染物的数值研究 [J] . 中山大学学报（自然科学版），46（4）：103-107.

丁卉，2014. 华南与华北典型城市空气质量预报模型研究 [D]. 北京：华北电力大学 .

段凤魁，刘咸德，鲁毅强，等，2003. 北京大气颗粒物的浓度水平和离子物种的化学形态 [J]. 中国环境监测，19（1）：13-17.

高璟赟，肖致美，董海燕，等，2016. APEC 会议期间天津市 $PM_{2.5}$ 污染特征研究 [J]. 环境科学与技术，39（6）：96-100.

高璟赟，杨宁，毕温凯，等，2016. 天津市基于新标准的空气质量预报模型效果评估 [J]. 环境监控与预警，8（6）：9-14.

郭文帝，王开扬，郭晓方，等，2016. 太原市气溶胶中硫、氮转化特征 [J]. 环境化学，35（1）：11-17.

郝天依，陈树成，蔡子颖，等，2017. 天津地区海风对大气污染物浓度的影响 [J]. 中国环境科学，37（9）：3247-3257.

江勇，赵鸣，汤剑平，等，2002. MM5 中新边界层方案的引入和对比试验 [J]. 气象科学，22（3）：253-263.

蒋志方，2011. 城市空气质量预测模型与数据可视化方法研究 [D]. 济南：山东大学 .

李璐，2011. 基于自适应人工神经网络的城市空气质量预报模型研究 [D]. 广州：中山大学 .

刘漩，2007. 广东省空气污染统计预报系统研究 [D]. 广州：广东工业大学 .

马剑丽，2013. 上海宝山区 $PM_{2.5}$ 特征研究与源解析 [J]. 环境研究与监测，26（6-9）：6-9.
羌宁，2003. 城市空气质量管理与控制 [M]. 北京：科学出版社 .
曲丹，刘淼，廉秀凤，2007. 长春市空气质量预报的研究与发展 [J]. 广东技术师范学院学报，（12）：46-49.
盛裴轩，毛节泰，1997. 东北亚地区污染物输送的等熵轨迹分析——周边国家对中国的影响 [J]. 气象学报，55（5）：588-601.
孙峰，2004. 北京市空气质量动态统计预报系统 [J]. 环境科学研究，17（1）：70-73.
孙韧，肖致美，韩素芹，等，2017. 天津市冬季近地层颗粒物垂直分布特征研究 [J]. 环境科学学报，37（6）：2248-2254.
佟彦超，2006. 中国重点城市空气污染预报及其进展 [J]. 中国环境监测，22（2）：69-71.
涂丽娟，徐仲，张慧清，2008. 西安市 PM_{10} 污染预报仿真模型研究 [J]. 计算机仿真，25（12）：110-113.
王永红，2008. 边界层参数化方案对城市空气质量模拟效果的影响研究 [D]. 杨凌：西北农林科技大学 .
吴烈善，孔德超，孙康，等，2015. 香河夏季 $PM_{2.5}$ 水溶性无机离子组分特征 [J]. 中国环境科学，35（10）：2925-2933.
肖子牛，张万诚，段玮，等，2005. 中尺度数值模式在低纬高原地区的应用研究 [M]. 北京：气象出版社：237.
谢敏，2009. 人工神经网络在城市空气质量预报中的应用研究 [D]. 广州：中山大学 .
徐虹，肖致美，孔君，等，2017. 天津市冬季典型大气重污染过程特征 [J]. 中国环境科学，37（4）：1239-1246.
杨成芳，孙兴池，2000. 济南市空气污染潜势预报 [J]. 山东气象，20（2）：54-56.
杨复沫，贺克斌，马永亮，等，2002. 北京大气细粒子 $PM_{2.5}$ 的化学组成 [J]. 清华大学学报（自然科学版），42（12）：1605-1608.
元洁，陈魁，肖致美，等，2015. 新标准下天津市大气环境监测预警体系的构建 [J]. 环境与可持续发展，40（4）：75-77.
张 婷，曹军骥，吴枫，等，2007. 西安春夏季气体及 $PM_{2.5}$ 中水溶性组分的污染特征 [J]. 中国科学院研究生院学报，24（5）：641-647.
张伟，王自发，安俊岭，等，2010. 利用 BP 神经网络提高奥运空气质量实时预报系统预报效果 [J]. 气候与环境研究，15（5）：595-601.
张懿华，2011. 上海市典型霾污染过程二次无机气溶胶组分特征研究 [J]. 环境监测管理与技术，23（增刊）：7-13.

朱倩茹，2013. 组合式城市空气质量预报模型研究 [D]. 广州：中山大学 .

朱蓉，徐大海，2004. 中尺度数值模拟中的边界层多尺度湍流参数化方案 [J]. 应用气象学报，15（5）：543-555.

朱蓉，徐大海，孟燕君，等，2001. 城市空气污染数值预报系统 CAPPS 及其应用 [J]. 应用气象学报，12（3）：267-278.

An J L, Wang H L, Shen L J，et al., 2015. Charateristics of new particle formation events in Nanjing, China：Effect of water-soluble ions [J]. Atmospheric Environment,（108）：32-40.

Chen C F, Liang J J, 2013. Integrated chemical species analysis with source-receptor modeling results to characterize the effects of terrain and monsoon on ambient aerosols in a basin[J]. Environmental Science and Pollution Research,（20）：2867-2881.

Colbeck I, Harrison R M, 1984. Ozone-secondary aerosol-visibility relationships in North-West England[J]. Science of the Total Environment, 34（1-2）：87-100.

ENVIRON, 2012. User's Guide to the Comprehensive Air Quality modeling system with Extensions(CAMX), Version 4.4[R]. Novato, California：ENVIRON International Corporation.

Foltescu V L, Lindgren E S, Isakson J, et al.,1996. Gas-to-particle conversion of sulphur and nitrogen compounds as studied at marine stations in northern Europe[J]. Atmospheric Environment, 30（18）：3129-3140.

Fridlind A M, Jacobson M Z, 2000.A study of gas-aerosol equilibrium and aerosol pH in the remote marine boundary layer during the First Aerosol Characterization Experiment (ACE 1) [J]. Journal of Geophysical Research, 105（D13）：17325-17340.

Kaneyasu N, Ohta S, Murao N, et al.,1995. Seasonal variation in the chemical composition of atmospheric aerosols and gaseous species in Sapporo, Japan [J]. Atmospheric Environment, 29（13）：1559-1568.

Kang D W, Mathur R, Rao S T, 2010. Real-time bias-adjusted O_3 and $PM_{2.5}$ air quality index forecasts and their performance evaluations over the continental United States[J]. Atmospheric Environment, 44：2203-2212.

Ohta S, Okita T, 1990. A chemical characterization of atmospheric aerosol in Sapporo [J]. Atmospheric Environment, 24（4）：815-822.

Perez P, Reyes J, 2002. Prediction of maximum of 24-h average of PM_{10} concentration 30 h in advance in Santiago, Chile[J]. Atmospheric Environment（36）：4555-4561.

Schichtel B A, Husar R B, Falke S R, et al., 2001. Haze trends over the United States, 1980-1995 [J]. Atmospheric Environment，35（30）：5205-5210.

Singh K P Gupta S, Kumar A, et al., 2012. Linear and nonlinear modeling approaches for urban air quality prediction [J]. Science of the Total Environment，426：244-255.

Tripathi B D, Chaturvedi S S, Tripathi R D, 1996. Seasonal variation in ambient air concentration of nitrate and sulfate aerosols in a tropical city, Varanasi [J]. Atmospheric Environment, 30（15）：2773-2778.

Wu S J, Feng Q, Du Y， et al., 2011. Artificial neural network models for daily PM_{10} air pollution index prediction in the urban area of Wuhan, China[J]. Environmental Engineering Science, 28（5）：357-363.